数字经济创新驱动与技术赋能丛书

数据认责

有效数据管理与数据治理的实践指南

原书第 2 版

（David Plotkin）
［美］大卫·普罗特金◎著

本书翻译组◎译

DATA
STEWARDSHIP

An Actionable Guide
to Effective Data Management
and Data Governance

Second Edition

机械工业出版社
CHINA MACHINE PRESS

本书提供了关于如何在数据治理中建立和运行数据认责工作的适用且可操作的信息和说明，旨在为新任数据专员或数据治理经理提供在数据认责方面所需的知识，以确保其工作有效和高效。本书分为 11 章，包括：数据认责和数据治理：二者如何结合；了解数据认责的类型；认责管理的角色和职责；实施数据认责；培训业务型数据专员；数据专员的重要角色；衡量数据认责进度：指标；数据认责成熟度评估；大数据和数据湖认责；基于数据域开展数据治理和认责。

本书内容丰富，理论和实践相结合，易读性和可操作性强，可以作为数据质量管理的入门和进阶用书，还可作为数据治理、信息技术、数据分析等领域人员的参考用书，尤其适合对数据认责感兴趣的读者和负责组织以及运行数据认责工作的人员阅读。

Data Stewardship: An Actionable Guide to Effective Data Management and Data Governance, 2nd Edition

David Plotkin

ISBN: 9780128221327

Copyright ©2021Elsevier Inc. All rights reserved.

Authorized Chinese translation published by China Machine Press.

《数据认责：有效数据管理与数据治理的实践指南（原书第 2 版）》（本书翻译组 译）

ISBN: 978-7-111-77422-8

Copyright ©Elsevier Inc. and China Machine Press. All rights reserved.

No part of this publication may be reproduced or transmitted in any form or by any means, electronic or mechanical, including photocopying, recording, or any information storage and retrieval system, without permission in writing from Elsevier (Singapore) Pte Ltd. Details on how to seek permission, further information about the Elsevier's permissions policies and arrangements with organizations such as the Copyright Clearance Center and the Copyright Licensing Agency, can be found at our website: www.elsevier.com/permissions.

This book and the individual contributions contained in it are protected under copyright by Elsevier Inc. and China Machine Press (other than as may be noted herein).

This edition of Data Stewardship: An Actionable Guide to Effective Data Management and Data Governance, 2nd Edition is published by China Machine Press under arrangement with ELSEVIER INC.

This edition is authorized for sale in China only, excluding Hong Kong, Macau and Taiwan. Unauthorized export of this edition is a violation of the Copyright Act. Violation of this Law is subject to Civil and Criminal Penalties.

本版由 ELSEVIER INC.授权机械工业出版社在中国大陆地区（不包括香港、澳门特别行政区以及台湾地区）出版发行。

本版仅限在中国大陆地区（不包括香港、澳门特别行政区以及台湾地区）出版及标价销售。未经许可之出口，视为违反著作权法，将受民事及刑事法律之制裁。

本书封底贴有 Elsevier 防伪标签，无标签者不得销售。

注意

本书涉及领域的知识和实践标准在不断变化。新的研究和经验拓展我们的理解，因此须对研究方法、专业实践或医疗方法做出调整。从业者和研究人员必须始终依靠自身经验和知识来评估和使用本书中提到的所有信息、方法、化合物或本书中描述的实验。在使用这些信息或方法时，他们应注意自身和他人的安全，包括注意他们负有专业责任的当事人的安全。在法律允许的最大范围内，爱思唯尔、译文的原文作者、原文编辑及原文内容提供者均不对因产品责任、疏忽或其他人身或财产伤害及/或损失承担责任，亦不对由于使用或操作文中提到的方法、产品、说明或思想而导致的人身或财产伤害及/或损失承担责任。

北京市版权局著作权合同登记 图字：01-2022-5380 号。

图书在版编目（CIP）数据

数据认责：有效数据管理与数据治理的实践指南：原书第 2 版 /（美）大卫·普罗特金（David Plotkin）著；本书翻译组译. --北京 ：机械工业出版社，2025. 1.
（数字经济创新驱动与技术赋能丛书）. -- ISBN 978-7-111-77422-8

Ⅰ. TP274

中国国家版本馆 CIP 数据核字第 2025UZ7323 号

机械工业出版社（北京市百万庄大街 22 号 邮政编码 100037）
策划编辑：王 斌 责任编辑：王 斌 解 芳
责任校对：樊钟英 薄萌钰 责任印制：刘 媛
北京中科印刷有限公司印刷
2025 年 3 月第 1 版第 1 次印刷
184mm×240mm • 14 印张 • 326 千字
标准书号：ISBN 978-7-111-77422-8
定价：99.00 元

电话服务 网络服务
客服电话：010-88361066 机 工 官 网：www.cmpbook.com
010-88379833 机 工 官 博：weibo.com/cmp1952
010-68326294 金 书 网：www.golden-book.com
封底无防伪标均为盗版 机工教育服务网：www.cmpedu.com

本书翻译组

中国软件评测中心　吴志刚　王　闯　李天池　孔令瑶

中国信息通信研究院　姜春宇

中国电子技术标准化研究院　张　群

国家工业信息安全发展研究中心　彭文华

中国建设银行　车春雷　郭宝生

中国核工业集团有限公司信息中心　曹志远　赵奕然

中核核信信息技术（北京）有限公司　辛　超　姜懿宸

中国广核集团有限公司　范凌峰　庄　磊

中国星网网络创新研究院有限公司　张　达

申万宏源证券有限公司　石宏飞

国泰君安证券股份有限公司　苑　博

清华大学　袁　芳

御数坊（北京）科技有限公司　刘　晨　王少锋　赵　佳　马占有

程艳伟　方俊霆　吕　伟　韩璐麟

么艳丽　靳舜路　李晓溪　郭　星

关于作者

30 多年前，大卫·普罗特金（David Plotkin）在一家大型石油公司工作了 15 年后，从化学工程领域转型到了数据管理领域。之后，他一直从事数据建模、元数据、数据管理、数据质量和数据治理方面的工作。他的大部分职业生涯都在金融服务和保险领域，但他也花了 3 年时间担任企业信息管理的顾问，指导客户公司规划和实施数据治理——数据治理既是一项独立的工作，也是数据质量改进和主数据管理等其他举措的一部分。他在一家保险公司负责实施数据治理，指导另一家保险企业开展全球数据认责，还曾在一家大型银行管理运营数据治理能力中心，负责两家大型银行的数据质量改进工作。他在管理数据治理项目和数据质量商业工具的使用上拥有丰富的经验。

除了本书之外，他还编写并发表了一个关于"数据认责完整指南"的系列教程，该教程提供了广泛而详细的培训内容，目的是使数据认责工作在各种不同类型的企业中取得成功。

他是 DAMA 协会和多个专业峰会上备受欢迎的演讲者，也是与元数据、数据治理和数据质量相关的许多主题的主题专家。

致谢

本书是许多人共同的劳动成果。首先我要感谢我的策划编辑玛拉·康纳和项目执行经理约书亚·米尔恩斯，他们帮助我列出了本书应该包含的内容，然后一直"纠缠"着我，直到我同意撰写本书。同时我还要感谢项目经理斯瓦普娜·斯里尼瓦桑，她确保了所有工作的完成，并且很及时且礼貌地回答了我的所有问题。当然，还有勤奋的文案编辑埃尔斯佩思·门德斯和技术编辑英都玛娣·维斯瓦纳坦，他们确保了内容的准确性、连贯性和流畅性。

我特别想提到我的朋友达内特·麦吉利夫雷，她来自 Granite Falls 咨询公司，著有《数据质量管理十步法：获取高质量数据和可信信息》。多年以来，我和她一直是好朋友和好搭档，正是达内特不仅支持我撰写这本书的第 2 版，而且还向我伸出援手，确保我们的书使用了相同的术语。

我还特别想感谢我的朋友苏尼尔·苏亚雷斯，信息资产有限责任公司的创始人。在整合一些更复杂的话题方面，苏尼尔的帮助和建议是非常宝贵的。

有一群人似乎从未得到致谢，但应该得到致谢，他们相信我有足够的知识来完成工作，并取得成功。这些人包括李·克莱因（英博尔和朗斯药业）、布莱恩·基尔库克（朗斯药业）、大卫·哈伯森（富国银行）、拉尔夫·布洛尔（CSAA，后来成为 AAA NCNU）、乔治·阿科斯塔（美国银行）、玛莎·登伯和乔·多斯桑托斯（EMC 咨询公司）、吉姆·奇波拉（富国银行）和蒂姆·斯旺（MUFG）。

最后，我要特别感谢 Dataversity 的托尼·肖，他多次邀请我参加他的会议并在会上发言。多年来，托尼一直要求我开发他认为会有趣的新报告，或者将现有报告扩展到更长的演讲中。他一次又一次地为我提供了一个分享信息和学习他人经验的讨论组。感谢托尼！

目录

绪论

概述

当前，企业越来越重视数据管理，包括提高数据质量、理解数据的含义、利用数据获得竞争优势以及将数据视为企业应有的资产。但要做好数据管理工作，就需要责任制，也就是说，业务职能必须对其拥有和使用的数据负责。通过适当的架构、组织和资源来管理数据，被称为数据治理。数据认责是在数据治理体系之内的。各种类型的数据专员（在本书后面详细介绍）与其他主题专家和利益相关者密切合作，以实现数据治理工作制定的目标和交付成果。数据认责工作应由数据治理办公室管理和协调，并应得到公司高级领导的支持。本书提供了关于如何在数据治理中建立和运行数据认责工作的适用且可操作的信息和说明。本书旨在为新任数据专员或数据治理经理提供在数据认责方面所需的知识，以确保其工作有效和高效。本书还提供了承担数据专员职责的人员所需的详细信息。

问题陈述

使用数据过程中一定会面临挑战，包括：

- 数据无法解释自身。必须有人对数据进行解释，包括数据的含义、如何正确使用数据以及如何评估数据质量是否良好。
- 数据被许多人共享和使用，用于许多不同的目的。那么，谁拥有它？当数据出现"错误"时，谁对此做出决定并负责？
- 许多使用数据的流程都依赖于流程上游的人员对数据的"正确处理"，但谁来说什么是"正确"？当"出错"的时候，是由谁来判定？
- 软件开发生命周期需要在需求、分析、设计、构建和数据使用之间进行多次切换。在很多场合，切换可能会破坏数据并危及数据质量。
- 负责数据实现的技术人员不熟悉数据的含义或如何使用数据。
- 我们这些数据圈的人在容忍歧义方面有着悠久的历史和习惯，无论是在数据含义还是在数据内容方面。

所有这些因素都会导致人们对数据的理解不足，并导致人们认为数据质量差。这些因素还导致数据管理不善。

解决这些挑战的办法是积极有效地管理数据。但许多公司用来汇集元数据的相当随意的"方法论"并不是真实或有效的数据管理。一些失败的方法包括：

- 数据定义。这些定义通常是由项目工作人员匆忙编写的，并且定义在整个企业中没有合理化，导致同一术语的多个定义，通常使用不同的业务数据元素名称。
- 数据质量。通常没有制定明确的数据质量规则，也很少衡量质量本身。即使明确了规则，规则的上下文背景（规则适用的数据用途）也经常被忽略。所有这些都会导致人们对所需的数据质量以及所实现的数据质量感到困惑。
- 文档。包含元数据的文档很少被正式发布，而且经常丢失、藏在书架上或存档文件中。该文档知者甚少且不易获得，也没有一个强大的搜索引擎来让感兴趣的用户找到他们需要的东西。
- 创建和使用业务规则。通常对可以或应该创建实体（如客户或产品）的条件以及应该如何使用数据缺乏了解。这种缺乏了解的情况导致收集到的关于该实体的信息不完整或不准确，以及数据被用于并未设想过的目的。最终的结果是，基于数据的业务决策可能会导致非最优结果。

作为数据治理工作的一部分，数据认责对于企业管理数据和实现解决方案以应对以上挑战至关重要。通过数据认责，组织可以开始将数据视为资产。与其他资产一样，数据需要被盘点、拥有、明智地使用、管理和理解。这需要使用与物理资产不同的数据技术，但需求是相同的。对于数据资产，通常结合元数据存储库，以正式发布的业务术语表的形式来盘点及理解数据。

建立所有权需要了解数据是如何收集的以及谁使用数据，然后确定谁最能对数据元素的内容和质量负责。最后，确保数据得到合理的使用意味着了解和管理数据是如何创建的，创建数据的目的是什么，以及它是否适合在可能出现的新情况下使用，甚至是否适合在当前使用的情况下使用。

数据专员在数据管理中的职责

已被正确管理的数据使企业能够在较少的失误和更少浪费人力物力的情况下获得成功。业务型数据专员在数据管理工作中发挥着重要作用，他们决定了以下内容。

（1）**在数据仓库中**

- 需要什么维度以及它们的含义。
- 需要什么事实以及它们所依赖的维度。
- 如何定义事实以及派生规则和聚合规则。
- 统一维度或事实提出的不同术语（实际上是相同的）。
- 谁必须对构成维度和事实的数据元素负责。
- 如何转换数据以及在数据仓库中使用它。

（2）**在主数据管理中**

- 应管理哪些数据实体（客户、产品、供应商等），以何种优先级管理，以及这些实体的含义（例如，什么是客户？）。

- 需要哪些特征属性（具有良好的质量）来实现实体解析。
- 确定实体唯一性的敏感度是什么（对假阳性和假阴性的敏感度）。
- 枚举属性的适当参考数据值是什么，以及如何从可用数据中导出这些值。

（3）**在数据质量改进方面**

- 既定的目标需要什么样的数据质量等级。
- 应该对哪些数据进行剖析以严格检查这些值。
- 什么构成数据的"期望"值。这些期望可以包括范围、特定值、数据类型、数据分布、模式和关系。
- 导致数据质量差的根本原因有哪些。
- 为了解决根本原因和/或清洗数据，必须将哪些要求给到 IT 部门。

（4）**在系统开发中，数据专员作为关键的角色来确保以下几方面**

- 系统使用的数据定义是完善的，并且业务定义和业务规则符合企业标准。如果定义或规则缺失、质量低下，业务型数据专员需协助提供较高质量的业务定义和规则。
- 这些数据模型符合企业标准和项目要求。
- 将数据作为资产进行管理的要求不会因为项目进度而被忽视。

（5）**数据湖中的"大数据"管理**

- 数据的含义是什么。
- 数据被摄取的优先级和顺序，以及数据必须满足的业务需求。
- 每个区域适当级别的数据治理和数据认责。
- 满足业务需求所需的数据转换。

本书详细讨论了这些主题以及数据专员所扮演的角色。

本书涵盖内容

本书分为 11 章，每章都聚焦在数据认责的一个方面。

- 第 1 章　数据认责和数据治理：二者如何结合。本章讨论了数据治理项目的交付成果、项目参与者（包括数据专员）的角色和责任，以及数据专员如何融入数据治理项目。
- 第 2 章　了解数据认责的类型。本章介绍了每种类型的数据专员，讨论了该角色所需的人员类型，以及如何选择和指派各种类型的数据专员。
- 第 3 章　认责管理的角色和职责。本章详细列出了每种类型的数据专员的职责，描述了这些专员如何在数据认责专委会中合作，以及代表数据治理管理认责工作的企业级数据专员的角色。
- 第 4 章　实施数据认责。本章介绍了如何启动数据认责工作，描述了如何获得支持，确定组织的结构，确定所需的数据专员类型，厘清信息在组织中的流动方式，确定已经拥有的文档，并决定需要什么工具和已经拥有什么工具。本章还介绍了如何确定哪些元数据已经可用，例如，有效的值列表和数据质量规则。
- 第 5 章　培训业务型数据专员。本章讨论了如何培训业务型数据专员，因为大多数被选中担任该职位的人员都不知道如何履行职责，讨论了课程规划、各类培训以及数据专员需要学习的工具。本章还提供了如何充分利用培训工作的指导方针。

- 第 6 章 数据认责实践。本章描述了数据认责的主要任务和职责的实践层面。其中包括识别关键业务数据元素和收集有关这些元素的元数据，确定所有权，以及使用问题日志和可重复的流程处理日常问题。还讨论了不同类型的专员如何合作，以及会议时间表和工作组等后勤问题。本章还介绍了基本工具。

- 第 7 章 数据专员的重要角色。数据专员在所有数据管理活动中都发挥着极其重要的作用，在某些领域发挥着特别关键的作用。本章描述了数据专员如何为提高数据质量、提高元数据质量、管理参考数据、确定特征属性（用于实体解析）以及主数据管理的其他方面做出贡献，包括信息安全管理、元数据管理、支持质量保证、编制数据血缘、管理过程风险，以及支持数据合规管理（对于新隐私法规的合规管理已经越来越普遍）。

- 第 8 章 衡量数据认责进度：指标。数据认责工程需要资源和精力。本章展示了如何在两个主要领域识别和衡量从这些努力中获得的结果：业务成效指标（衡量支持数据行动计划的有效性）和运营指标（衡量对行动计划的接受程度和数据专员的表现）。

- 第 9 章 数据认责成熟度评估。数据认责工作可以随着深入开展而逐渐提高成熟度。本章描述了一个具有多个级别和维度的成熟度模型。该模型可以帮助您评估自己的成熟度，并确定一个完善的数据认责项目应该是什么样子。它还讨论了如何使用衡量成熟度的结果来弥补工作中的差距。

- 第 10 章 大数据和数据湖认责。"大数据"（通常存储在数据湖中）需要在数据认责方法上有一些差异，尽管这些差异并不像许多人想象的那么大。本章解释了数据专员如何与在体量及速度上都在不断增长的数据进行交互，以及数据认责的重要性如何随着数据湖中的大量复杂转换而增加。还讨论了控制数据治理的程度，这是与数据湖灵活性之间的适当平衡。

- 第 11 章 基于数据域开展数据治理和认责。越来越多的公司正在从基于业务职能的数据认责（表现为数据拥有方来自产生关键业务数据元素或受到关键业务数据元素严重影响的业务职能）迁移到基于数据域的数据认责（表现为数据被分组到由业务型数据专员小组管理的"数据域"中）。本章详细介绍了如何为数据确定正确的数据域，使用一组业务型数据专员和其他角色来一起管理数据，以及企业在转型过程中面临的挑战。

- 附录 A 定义和派生规则示例。本附录提供了一个业务数据元素的完善定义和派生规则示例。

- 附录 B 培训计划大纲范例。本附录提供了技术型数据专员和项目经理的培训计划。其他培训计划见第 5 章培训业务型数据专员。

- 附录 C 用于命名业务数据元素的类词。本附录提供了一个"类词"列表，这些词汇用于业务数据元素名称的末尾，以指示业务数据元素表示的数据类型。

本书未涵盖内容

尽管本书讨论了数据认责如何融入数据治理，但它并没有针对如何建立和运行更广泛的数据治理工作提供所需的所有信息。为此，本书提供了参考资料。

谁需要本书

本书是为任何对数据认责感兴趣的人设计的。对于负责组织和运行数据认责工作的人来说，本书十分有用，因为它是基于很多人的实际经验总结提炼出来的。本书对那些即将成为业务型数据专员的人也很有用，因为它描述了对这些人的期望，提供了技巧和窍门，并详细说明了这个角色如何为公司和该角色代表的业务职能增加价值。最后，本书将对那些负责支持数据认责和数据治理的人（包括高管）很有帮助，因为它描述了应该发生的事情以及如何衡量进展和成熟度。

第1章

数据认责和数据治理：二者如何结合

无论组织规模大小，数据对绝大部分组织的成功都至关重要，许多组织都在尝试实施数据治理工程。如果数据治理完成得好，可以提供管理整体数据集合（数据资产）的方法，包括管理关键数据元素所需的结构、流程、人员和组织等。数据治理工程的一个重要组成部分是数据认责。但要理解数据认责在数据治理中扮演的角色，需要了解整个数据治理工程本身，包括目的、交付物、角色和职责，以及数据治理对企业的价值。还需要了解数据认责如何与数据治理工程的其他方面相互作用，以及数据认责对于该工程的成功扮演了什么角色。

本章定义了数据治理和数据认责，并解释了支持这项工作所需的组织结构和内部工作机制。详细说明了每一类参与者的职责，包括高管、数据总监、数据专员、数据治理办公室（DGPO）成员，以及 IT 支持人员。此外，还提供了一个"目标"——良好的数据认责工作能够并且应该实现的最终成果。

1.1　什么是数据治理

如果询问一位数据治理从业者数据治理是什么意思，每个人的回答可能都不一样。我遇到过的最好回答来自我的朋友——数据治理研究所的格温·托马斯（Gwen Thomas）：

数据治理是对数据相关事务行使决策和权力的活动集合。它是一套关于信息相关流程的决策权和责任的制度，根据约定的模式执行，该模式描述了谁可以使用什么信息采取什么行动，以及何时、在什么情况下、使用什么方法。

从这一定义中可以得到的关键信息是，数据治理主要是关于人员如何建立角色和责任，从而管理好数据并做出与数据相关的决策，而不是关于数据本身。也就是说，数据治理和数据认责都是为了确保人员得到适当的组织安排并开展适当的工作，使得数据是可理解的、可信的、高质量的，并最终适合且可用于实现企业的价值。

1.2　驱动数据治理的一些最佳实践

以下介绍的数据治理的一些固有原则可以推动数据认责，没有这些原则，就不能正确地管理数据：

- 数据是战略资产，必须加以管理。如果数据没有得到管理，它通常最终会走向重复、劣质，并且无法产生洞察，而洞察是高质量数据的宝贵产物。
- 数据需要认责和责任制。此原则要求指派专人作为数据专员和管理员。有关数据认责的信息是有价值的元数据，必须加以维护。
- 数据质量维持并增强了数据的价值。如果数据质量不佳或不确定，那么数据提供的洞察将有严重风险。此外，还存在做出错误的业务决策的风险，以及在第 7 章数据专员的重要角色中详述的其他问题。
- 数据必须确保安全并遵守隐私法规。数据泄露的可怕后果，以及给企业和企业客户带来的风险和损失是众所周知的，比如对声誉的损坏、身份被盗和罚款。错误的隐私分类会导致数据共享不当、违规并受到处罚，以及无法保护数据。
- 元数据必须易于查找并且具有很高的质量。数据专员在评估和改进元数据的质量方面发挥了关键作用。如果元数据被隐藏或质量不佳，它描述的数据将被误解并可能被误用。保持元数据的干净和准确在第 7 章数据专员的重要角色中有所描述。

【说明】

本书专注于数据治理，并不打算全面地定义和讨论数据治理。相反，本书的重点是数据认责的实际细节，这是数据治理的一个必要组成部分。为了更好地了解数据治理，建议参阅由约翰·拉德利（John Ladley）撰写的《数据治理：如何设计、开展和保持有效的数据治理工程》，该书由 Elsevier 出版。

1.3　什么是数据认责

数据认责是数据治理的操作层面——数据治理的大部分日常工作在这里完成。达内特·麦吉利夫雷（Danette McGilvray）认为：

数据认责是数据治理的一种方法，它以组织的最佳利益为出发点，正式规定了代表他人管理信息资源的责任制。

正如 Danette 在她的《数据质量管理十步法》中指出的那样，专员是代表他人管理某些事物的人。具体到数据认责，"他人"是指拥有和使用数据的业务部门，这些业务部门派出的数据总监（Data Governor）参与数据治理委员会作为该业务职能的代表。

换句话说，数据认责由人员、组织和流程组成，需要确保任命合适的专员对受管理的数据负责。

数据认责对于数据治理的成功至关重要（而数据治理又对于数据管理的成功至关重要）。这是因为所有的元数据（定义、业务规则等）都是通过数据认责（和数据专员）来收集和记录的。此外，应设置数据专员并制定一套规程，规程要求在做出关于数据的决策时要征询相关负责专员的意见，这有助于确保任何决策都是有理有据的，并符合数据使用者的最佳利益。拥有了受委任的专员和流程，并以各方最佳利益为目标来管理数据，这将最终提升数据资产质量，并使数据能够用于推动业务的竞争优势和法规遵从。

1.4 数据认责的总体目标

那么，"优秀的"数据认责是什么样的？也就是说，数据认责工程应该努力实现什么目标，或者说，我们要努力实现什么目标？目标应与企业决定实现的最高成熟度水平保持一致（在第 9 章数据认责成熟度评估中讨论），应包括：

- 一个运作平稳的数据认责专委会。
- 已制定政策和规程，并成为企业文化的一部分。
- 已任命业务型数据专员，他们从每个拥有数据的业务职能而不是不拥有数据的业务职能而来参与管理。数据治理和数据认责包括外部业务合作方。
- 已任命技术型数据专员，他们来自于所有企业应用程序、数据存储、数据仓库、数据集市以及提取、转换和加载 （ETL）流程。
- 数据认责已集成到了企业流程中，如项目管理和系统开发方法。数据专员被认为是数据管理不可或缺的一部分。
- 明确定义了所有数据专员的角色和职责，定义了这些角色和职责的执行绩效的评定方法，并将其纳入每个专员的薪酬目标。
- 所有员工对数据的管理责任已被认为是公司文化的一部分。
- 高层对于数据认责的支持和认可。高管们必须公开支持这些政策，并积极促进遵守这些政策以及制定实施这些政策的规程。
- 由数据认责带来的价值被明确定义并被认可。
- 识别和定义了关键业务元素（KBEs），确定了业务规则并将其链接到数据的物理实例。在适当的情况下，确定数据血缘，开展数据剖析以理解和纠正数据质量。
- 数据认责决策已被清晰记录在案，并使用经批准的沟通方式发布给相关方。
- 已编写所有相关方（包括专员、项目经理和开发人员）的培训计划，并定期开展。
- 已安装并支持经常使用支撑工具（例如，元数据存储库、业务术语表、核心问题清单和数据剖析工具）。
- 在维护数据质量愿景、修复数据问题方面鼓励创新，同样鼓励使用高质量数据的创造力和竞争优势。
- 管理层和数据治理的人员紧跟上数据管理的重要新兴趋势，并做出相应调整。
- 为实现以下目标编制、批准和使用的流程和规程：
  - 识别 KBEs。
  - 收集、评审并批准 KBEs 的业务元数据。
  - 记录、分析数据和数据质量问题，确定优先级并修复这些问题。

- 支持项目。
- 当基于数据域安排和管理业务数据元素时（请参阅第 11 章基于数据域开展数据治理和认责），KBEs 与有明确定义的数据域保持一致。每个数据域都由业务型数据专员团队代表业务职能管理，这些部门制造或依赖数据来运行其业务。
- 数据专员根据需要快速更替。
- 定期审查分析数据质量改进机会。
- 记录了已完成的数据认责工作，并通过适当的渠道发布给全企业。

【说明】

"关键业务元素"（KBEs）通常也称为"关键业务术语"。本书将使用业务元素用语，但两者都是通用且正确的。

1.5　将数据转变至受控状态

在最简单的层面上，执行数据治理的目的是将数据从未被治理的状态转变为受控状态。未被治理的数据是指企业拥有的大部分数据，至少在数据认责工作初期是这样，这类数据很少被定义，质量是未知的，不存在业务规则，或者有业务规则但相互冲突，并且没有人对数据负责。受控数据是受信任和可理解的数据，且数据本身和数据相关问题的解决都有负责人。

此外，在完全受控的数据中，下面列出的所有因素都会是已知的：

- 业务数据元素的标准化业务名称。这是在企业的任何地方（在理想情况下）都会使用的标准业务名。如果业务部门需要用其他名称指代该业务名称，则记录该别名。
- 业务数据元素的标准化业务定义。正如应该有一个标准业务名称一样，业务数据元素也应该只有一个标准业务定义。如果对定义存在分歧，则必须解决这些分歧。如果无法解决，如第 6 章数据认责实践中所述，通常表明定义中包含多个业务数据元素。在这种情况下，必须定义一个新的业务数据元素（或多个新的业务数据元素）并赋予新名称。
- 计算或派生规则（用于计算或派生的业务数据元素）。该规则需要非常具体，以便不会困惑数量或数值是如何派生的。与标准业务定义一样，如果存在分歧，要么必须更改派生规则，要么定义新的业务数据元素（具有不同的派生规则）。
- 业务数据元素在一个或多个数据库/系统中的物理位置。一个物理数据元素本质上是业务数据元素在系统中数据库表的列或等价物的映射。这种映射有时是直接的（业务数据元素到物理数据元素），有时是通过逻辑层（有时称为"数据属性"）来完成映射，该逻辑层是物理数据元素更为业务人员熟知的名称。此数据属性可能是物理数据元素的屏幕显示名称或字段名称。
- 在上下文背景中的数据质量规则。这包括对高质量做了具体明确定义（例如，格式、范围、有效值和样式等），也应定义每个预期数据用途所需的质量水平。
- 创建业务/物理数据元素的规则。这些是在创建数据元素实例之前必须遵循的规则。

当应用于实体层面时（例如，客户、产品和政策等），拥有并遵循创建规则可以确保在创建新实体（客户等）之前所有需要的数据都存在且质量足够好。当实施主数据管理（MDM）时为了确保不会创建"半生不熟"的数据，这些规则至关重要。

- 业务/物理数据元素的使用规则。使用规则明确规定了数据可以用于/不可以用于什么目的。例如，药房中患者的姓名可能可以用于填写处方，但不能用于生成再次配药提醒的邮寄标签。
- 负责业务数据元素的个人。这些个人担当数据的权威和决策者，也是对数据负责的人。重要的是要知道，对该清单中的任何项目提出变更必须得到这些个人的授权。当业务职能组织数据认责时，负责人是所属业务职能的业务型数据专员。在数据认责由数据域组织的情况下，由委任的数据专员团队为该数据域做出决策（由数据专员组长管理）。不咨询负责人可能会导致无法预料的后果。

【说明】

业务数据元素通常在许多对整体业务不重要的物理位置进行物理表示。试图将它们全部映射出来可能较困难，而且价值不大。相反，应该映射到关键位置，例如，数据的生产地和已知的高质量源，这里有已清洗的数据，可被用于重要目的。这些数据源通常被称为"黄金来源"或"授权供应点"。这个类型的数据源通常有严格的控制措施以捕获（和纠正）错误，从而提供高质量的保证。在许多公司中，将数据映射到生产者和黄金来源或授权供应点足以让数据被视为"受控的"。

除了在业务或物理数据元素层面确定和记录目标项外，受控数据是指严格按照批准的规程和流程进行变更管理和解决问题的数据。也就是说，即使数据元素的所有元数据是已知的，如果管理流程和规程未用于管理数据，那么数据未能"受控"。

【错误使用数据】

这是我早期职业生涯中遇到的错误使用数据的一个故事。一家大型连锁药店的药房记录了患者姓名，并使用数据来开处方。然而，由于在旧系统中没有位置放置某些关键数据，药剂师们开始在患者姓名的末尾添加各种字符，以示意他们需要跟踪的某些情况。例如，如果患者没有保险，药剂师可能会在姓氏后附加一个"$"。或者，如果处方与工伤赔偿（Work Compensation）申请相关（个人因工受伤而需要药物），药剂师可能会在姓氏后附加"（WC）"。

一切都很顺利，直到有人决定使用该数据制作续开药物提醒信件的标签，这是这些数据从未预料到的用途。当然，在生成邮寄标签并发出信件时，问题发生了，所有这些字符串都被打印在标签上，引起了客户的混乱和一些愤怒的反应。当时没有正式的业务型数据专员负责这些数据，但公司有一位知名专家是非正式的数据专员。如果有人先和她核实过这件事，她会指出这个问题，并且可以制定计划将数据质量改进到可以使用的程度。

在数据认责工作初期，大部分数据是未被治理的，如图1.1中外部矩形所示。使数据进入受控状态的驱动因素有很多，如图中内圈所示。这些驱动因素包括构建数据仓库，构建MDM，改进数据质量，执行信息安全、隐私和合规性，以及将数据迁移到新的系统。以上部分活动的数据认责角色在第7章数据专员的重要角色中进行了更全面的讨论。

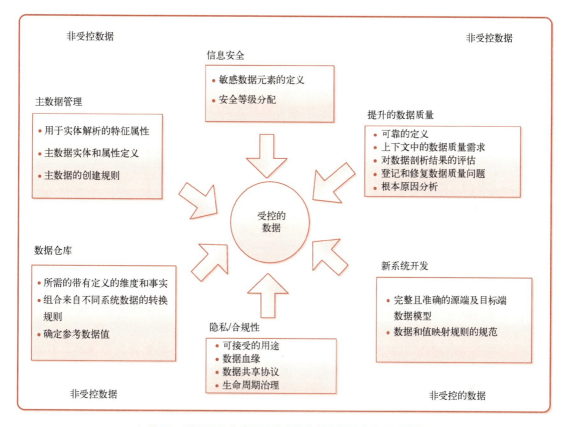

图 1.1　将数据从非受控的状态转换到受控状态的驱动因素

尽管在没有数据治理和数据认责的情况下可以（并且已经）尝试这些工作，但很容易出现延期、质量较差的结果和失败等情况。这是因为没有明确的数据决策者，很多工作在揣度中进行，通常由 IT 人员尽最大努力解决问题并在最后期限内交付。想想有多少次，一场富有成效的讨论已经演变成争论某条数据意味着什么或者是如何计算得出的。有了书面委任的业务型数据专员或数据专员团队作为该数据的权威机构，所要做的就不是争论而是询问。数据权威机构可以提供答案或者负责寻找答案，从而减轻其他人原本不应该承担的责任。

【说明】

术语 "数据总监（Data Governor）" 和 "数据拥有方/者（Data Owner）" 在许多组织中可互换使用，在本章后面进行了定义。从这里开始，本书将数据治理组织中的中层称为数据总监。业务型数据专员在第 2 章了解数据认责的类型中做了定义。

1.6　三个 P：政策、流程和规程

为了实现有效的数据治理和数据认责，必须具备三个 P，即政策、流程和规程（Policies，

Processes，Procedures）。以上三项内容是数据治理工作早期的关键交付成果之一。

政策建立了一套目标，并在企业层面上声明"这是需要做的"。流程（可由流程图表示，例如，泳道图）表示遵守政策所需的内容。流程说明了一组高层级的任务、任务流程、决策点以及谁负责完成每项任务。最后，规程详细描述了如何确切地执行任务。

一个例子可能有助于说明这三个 P。企业可能有一条政策声明不允许有冗余的业务数据元素，并定义了"重复"的含义。那么流程将规划任务和工作流（查询业务型数据专员/数据专员组长，按名称在业务术语表发起搜索，进行定义比较，解决潜在的重复项，创建新的业务数据元素）。然后，规程将准确说明如何执行搜索、定义中有多少重叠复将预示潜在的重复项，如何具体解决重复项以及如何创建新的业务数据元素。

数据治理工作建立的通用政策可能包括数据治理本身、数据质量、数据修复措施、沟通和变革管理的政策。由于政策需要高层的授权才能给予其"威慑力"，所以政策往往倾向于在公司的高管层面获得批准。

虽然业务型数据专员不编写政策，但他们必须知道制定了哪些政策。在许多方面，政策驱动的正是业务型数据专员负责达到的、并由数据认责所正式确定的目标。流程和规程则是为了实现政策所制定的目标。

业务型数据专员对流程和规程有很多话要说。流程和规程说明了工作实际是如何完成的，包括必须采取哪些步骤以及由谁来批准决定。例如，当一个数据问题浮现时，有流程（或者应该有）来分析该问题，分配负责人，修复（或选择忽略）该问题，并由数据总监批准相关决策。正是业务型数据专员的工作，通过流程和规程以达到最终结果。因此，为了实现政策的目标，需要根据业务型数据专员的大量输入来设计、测试和修改流程和规程，这不足为奇。

【说明】

高管实际上很少会亲自撰写政策。数据治理政策通常由数据治理项目办公室的人员起草，通常会听取数据总监和业务型数据专员的意见。然后，高管负责批准这些政策，并在违反政策时采取必要的行动。

1.7　数据认责如何与数据治理相结合

简而言之，数据认责是整个数据治理工程的运营层面——企业数据治理的实际日常工作在这里完成。业务型数据专员在数据认责专委会中工作，执行多项任务，这些任务在第 2 章了解数据认责的类型中有详细说明。坦率地说，如果没有数据认责，数据治理只是一个永远无法实现的良好愿景框架。

显而易见的是，到目前为止，数据治理的整体工作涉及多个级别并得到来自组织的支持。有很多种建设数据治理项目的途径，但图 1.2 展示的是一个在许多组织中运行良好的简单结构，它还说明了项目中各个部分之间的关系。

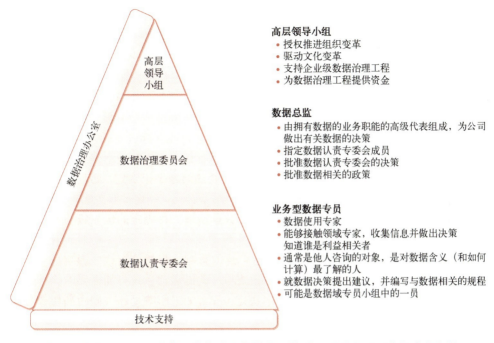

高层领导小组
- 授权推进组织变革
- 驱动文化变革
- 支持企业级数据治理工程
- 为数据治理工程提供资金

数据总监
- 由拥有数据的业务职能的高级代表组成，为公司做出有关数据的决策
- 指定数据认责专委会成员
- 批准数据认责专委会的决策
- 批准数据相关的政策

业务型数据专员
- 数据使用专家
- 能够接触领域专家，收集信息并做出决策知道谁是利益相关者
- 通常是他人咨询的对象，是对数据含义（和如何计算）最了解的人
- 就数据决策提出建议，并编写与数据相关的规程
- 可能是数据域专员小组中的一员

金字塔左侧文字：数据治理办公室

金字塔内部从上到下：高层领导小组、数据治理委员会、数据认责专委会、技术支持

图 1.2　数据治理工程通常以金字塔形式排列，得到 IT 和数据治理办公室的支持

金字塔结构既说明了数据的责任级别，也说明了每个级别的参与者的典型数量。数据治理工程需要高层领导提供支持，包括必要的文化变革，以及驱动行动计划的动力。有时，他们也可能做出影响深远的决定，例如，改变对人们的激励方式以驱动提高数据质量的积极性。数据总监具备各自相应的业务职能，他们任命业务型数据专员，并根据业务型数据专员的建议做出决策。参加人数最多的是业务型数据专员，他们了解数据的使用，数据变更带来的影响，以及数据必须适用的规则。业务型数据专员创建元数据（如定义等）并为数据总监采取的行动提出建议。

1.7.1　高层领导小组

数据治理金字塔的顶端是高层领导小组。因为任何一个像数据治理一样成规模且具有影响的工程都需要高层支持并明确问题升级路径。高层领导小组负责：

- 驱动必要的文化变革，以便将数据视为资产，并跨业务领域边界对数据进行有效管理。将数据视为资产并做出有利于整个企业的决策需要高层支持和仔细平衡优先事项。另外，组织文化可能不会立即有利于数据治理。在许多组织中，"数据资产"的概念是陌生的，所有的决策都是通过协商一致做出的。但是数据治理要求有人对关于数据的决策承担职责（Responsible）与责任（Accountable），两者是不同的，这很可能意味着不能达成共识。有时，为了获得最大利益，甚至不得不让部分群体感到不满。作为数据治理的一部分，高管需要通过沟通让人们接受和期待这些变革。
- 为了有效开展数据治理，对组织和工具进行必要的变革。组织变革是实施数据治理所必需的。通常需要新的人员编制，至少对于数据治理经理来说是这样，随着整项工程步入正轨，可能需要其他支持人员。此外，可能需要添加 IT 工具，如元数据存储库、业务术语表、数据质量分析工具和基于互联网的协作软件。添加工具不仅需要资金（用于软件许可和硬件），还需要花费精力明确需求、评估供应商提案、安装和维护新工具。在通常情况下，组织变革和早期的资金投入需要高层支持。

- 创建并宣传数据治理工程的愿景。由于数据治理工程的成功开展需要变革，员工期待高管们陈述他们想要实现的愿景，才能了解并坚定地支持这一愿景。

- 批准数据治理委员会的预算。虽然并非总是可行的，但为数据治理委员会的管理工程提供预算拨款，使得治理主体不仅能够对重要的问题做出决定，而且能够为具有足够高优先级的决定提供资金以整改问题。在大多数公司，制定预算拨款需要高层的批准。

- 平衡整个企业的业务优先级和运营需求。数据治理工程确定的优先级与保持正常运行之间可能存在冲突。例如，像对派生业务数据元素的计算方法进行标准化处理，这样"简单"的事情可能会对运营系统产生广泛的影响。虽然分析这些影响属于业务型数据专员的工作，但平衡标准化带来的好处与对关键运营系统可能需要的修改是一项决策，必须在数据治理委员会层面做出决定（或者如果影响足够大则由高层领导小组做出决策）。

- 批准数据治理政策。政策为企业制定了一套规则（可能还有处罚）。数据治理会生成一套政策，为了使这些政策对组织具有可信度和影响力，它们必须得到高层的批准。

- 对数据治理绩效和有效性进行审查、评估，并向发起方高管汇报。在理想情况下，数据治理的执行发起方是高层领导小组的成员，但如果不是这样，领导小组需要审查和评估进度报告（通常由数据治理经理和数据总监创建），并向发起方高管提供摘要。

- 向数据总监（数据治理委员会成员）提供建议、指示、咨询和反馈。数据总监和高管之间需要有一条开放的沟通渠道，特别是因为数据总监可能需要高管支持来推动数据治理工程。反馈的形式可能各不相同，但通常是高层领导小组会议讨论得出的结果，然后通过会议主持人和会议记录反馈给数据治理委员会。

- 确保有关数据的决策支持组织的战略方向。高管处于衡量组织长期需求的最佳位置，并根据这些需求评估决策。很可能数据总监甚至不知道即将推出的举措，因此，他们的决定可能会产生尚未意识到的负面影响。

- 确保业务和 IT 的积极参与。数据治理经理（经常主持高层领导小组会议的人）能够很好地了解业务和 IT 参与是否足以使数据治理有效。例如，终止或组织调整可能会使某个业务职能缺少足够的代表性，或者可能需要在计划中添加新的业务领域。无论哪种情况，高管都需要确保指定合适的人员履行必要的职责。此外，如果指定的参与者没有达到所需的水平，这种情况也需要处理。

- 在采纳和部署企业政策和实践方面，代表业务职能的方向和观点。高管代表不同领域的业务，必须评估被提议的政策和实践，以确定它们如何影响业务方向。如果发生冲突，必须在高管层面做出决定，要么改变政策或做法，要么调整方向。

- 从业务职能中任命数据总监。代表业务部门的高管有权也有责任任命在数据治理委员会中代表该部门的数据专员。

- 解决数据治理委员会升级产生的问题。可以合理地预期，与数据使用和管理相关的大多数问题将在数据治理委员会层面上解决。然而，当数据总监拒绝在某个问题上做出让步时，有时可能有必要将决策升级到更高级别，因为他们主张的用于保护自己业务领域数据使用的"解决方案"，有可能损害整个企业的利益。例如，一个业务领域拥有的前端应用程序（用于在保险公司中编写保单）仅被允许用于获取该领域所需的数据，即便它能够记录其他业务领域所需的其他数据。如果拥有该应用程序的数据总监拒绝让用户花额外的时间记录额外的数据，那么这个问题可能需要升级。

【数据治理参与者来自哪里？】

　　数据治理工程的每个级别的参与者都由上一级别任命，如图 1.3 所示。从业务发起方开始，业务发起方有权请求业务条线（如销售、营销、财务等）高管的合作，这些高管需要任命代表其业务的数据总监。然后，这些数据总监任命业务型数据专员在数据治理的日常运营中代表他们。如果需要项目型数据专员，则由数据治理经理或企业级数据专员任命（可能雇佣或外包）。在 IT 方面，需要一位 IT 发起方，他有权请求 IT 应用程序拥有方的合作，以任命技术型数据专员。

业务发起方　⟹　首席运营官（或同等职位）

IT发起方　⟹　首席信息官（或同等职位）

角色和关系		
组织高管（例如，销售高管）	与谁合作	数据治理经理
数据总监	由谁任命	组织高管
业务型数据专员	由谁选中	数据总监
企业级数据专员	由谁雇用或任命	数据治理经理
项目型数据专员	由谁任命	企业级数据专员
企业IT应用程序拥有者	由谁任命	IT发起方
技术型数据专员	由谁任命	企业IT应用程序拥有者

图 1.3　对数据治理工程参与者的任命职责

1.7.2　数据治理委员会

　　数据治理金字塔的中间层是数据治理委员会。委员会成员（称为数据总监或数据拥有方）往往是主要决策者，根据数据认责专委会的建议采取行动。如果一个业务条线有自己的首席数据官（CDO）就像许多业务条线一样，这些人可以在数据治理委员会上代表该业务条线。

　　数据治理委员会做出关于改变数据用途、提高数据质量的决定，以及做出需要花费资源（资金和人员）的决定。更具体地说，数据总监考虑要整改的问题的优先级（或批准业务型数据专员分配的优先级），并分配资源来整改高优先级问题。

然而，不是所有业务型数据专员提出的"建议"都上报给数据总监做出决定，因为这根本不可行。在基于业务职能开展数据认责的情况下，元数据决策（如定义、派生规则和数据质量要求）由业务型数据专员（代表拥有相关业务术语的业务部门）根据需要从利益相关者那里获得输入来确定。例如，尽管销售部门可能拥有特定的业务数据元素并设置数据质量要求，但财务部门也需要对数据质量要求有发言权，因为该元素用于报表中。只有当利益相关者与业务型数据专员不能就质量要求达成一致时，才会将其上报给数据总监。

对于基于数据域的数据管理（请参阅第 11 章基于数据域开展数据治理和认责），为业务术语对应的数据域任命业务型数据专员小组，该小组应该已经包含数据生产者与数据消费者/用户，因此将由该小组就变革达成一致。

在任何一种情况下，如果就质量达成的协议要求花费资金用于升级系统以防止数据质量下降，则该决定需要提交给数据治理委员会。

数据治理委员会的主要职责如下。

- 有权将预算用于改进数据管理。理想的情况是，数据总监有能力花费预算资金来纠正高优先级的数据管理问题。这使他们能够纠正问题，而无须完成通常繁重的项目审批和资金投入任务。数据总监拥有资金支出权力也是有意义的，因为他们负责优先考虑问题，并决定哪些问题足够重要，需要整改。

- 对有关数据的决策进行优先级排序，以满足与组织关系最密切的需求。毫无疑问，会有许多关于数据的问题被提出，数据专员需要对其进行优先排序，以便在有限的可用资源中解决最重要的问题。在理想情况下，数据管理者能够了解公司的大部分情况并采取相应行动。

- 审查、评估数据治理绩效和有效性，并向高层领导小组报告。数据治理委员会需要与数据治理经理合作，为高层领导小组会议创建进度报告。

- 确保年度绩效指标符合数据治理和业务目标。当数据治理工程首次启动时，参与者是从业务和 IT 部门中选择的，以推动其向前发展。最初，这些参与者的业绩目标（通常与可变薪酬挂钩）不包括数据治理交付成果。不幸的是，如果这种情况保持不变，那么参与能带来额外收益的工作很可能会优先于参与数据治理工作。为了解决这一问题，被指派参与数据治理的人员应该调整他们的业绩目标，以反映参与数据治理的重要性。数据总监通常会与高管和人力资源部一起做出这些决定。

- 审查和批准数据治理政策和目标。数据总监审查数据治理办公室（DGPO）制定的政策和目标，通常在调整政策和目标以匹配企业优先事项方面发挥积极作用。然后，由数据总监批准，并将政策发送给高层领导小组进行最终批准。

- 对业务数据的使用、数据质量和问题的优先级最终负责。正如将要讨论的那样，业务型数据专员负责针对如何使用数据、所需的数据质量，以及哪些问题足够重要而需要解决提出大量建议。然而，正确使用数据的最终责任在于数据总监，因为他们有权（或应该有权）确保业务数据的使用和数据质量得到适当的确定和记录，并确保问题得到适当的优先排序并采取行动。当数据总监担任其业务流程的首席数据官（CDO）时，情况尤其如此。

- 制定战略和战术决策。简而言之，数据总监负责对数据做出决策。其中一些决策是战略性的——是否应该更换一个正在破坏数据质量并导致监管问题的老化系统。其他决策都是战术性的——一线客户服务人员是否有必要记录电子邮件地址和手机号码，即使他们不需要这些地址和号码来达到自己的目的。决策的输入主要来自业务型数据专员的建议。

- 审查并在适当的情况下批准数据认责专委会成员提出的建议。业务型数据专员通常是那些直接感受到数据使用质量差或对数据的含义和规则感到困惑的人。他们也是最了解数据的人（这是选择合适的业务型数据专员的标准之一，参见第 2 章了解数据认责的类型）。然而，业务型数据专员在组织中的地位很少高到能够做出其他人会关注和执行的决策。因此，业务型数据专员需要向数据总监提出建议，数据总监的职位足够高，可以做出这些决定。然而，并非所有"建议"都需要向上提及才能生效。例如，如果业务型数据专员被指定为某些业务条款的专员，则该业务型数据专员通常可以定义和分配业务规则，而不必由数据总监做出"决定"。

- 委派业务型数据专员给数据认责专委会。数据总监代表一个业务职能，业务型数据专员也是如此，因此数据总监为该部门委派业务型数据专员是有意义的。数据总监可能会委派多个业务型数据专员，因为业务型数据专员需要更详细的数据知识以及管理元数据的直接责任。例如，数据总监可能被指派处理业务的保险部分，但可能需要单独的业务型数据专员来处理索赔、承保运营和精算，因为没有人知道并使用这些领域的数据。这项职责的一个更有趣的方面是，所选的业务型数据专员在组织关系上不一定是向数据总监汇报的人员——数据总监可以在组织中挑选几乎任何人。这可能会让所任命的数据专员的主管感到不舒服，但在数据治理工程中，数据总监有权选择最适合这份工作的人。当然，必须在数据治理与其他业务职能之间保持平衡。

【说明】

数据总监和业务型数据专员必须是不同的人，这一规则也有例外。当高层管理人员也直接使用数据，并同时担任数据总监和业务型数据专员时，就会发生这种情况。这可以在具有扁平结构的小型组织中看到。

- 代表数据治理过程中的所有数据利益相关者。确保在整个企业的数据治理中有适当的代表性和参与度。十分重要的一点是，数据总监要采取"企业视角"正确地管理数据、保护与数据有利害关系的每个人的利益。事实上，将问题升级到上一级（高层领导小组）的为数不多的原因之一就是数据总监未能代表所有数据利益相关者。此外，出现以下情况时，需要特别确保在数据治理中有适当的代表和参与度。这些情况包括：
  - 缺乏来自业务领域的代表。随着数据治理工程逐渐开展，会出现待议数据没有数据总监的情况。当数据治理工程扩展到公司的一个新领域，或者当数据总监意识到待议数据实际上是另外业务职能的一部分时会发生这种情况。例如，一位参与某项业务的财务数据总监意识到，正在讨论的数据是会计数据，而他对这些数据并不熟悉。他会建议在会计领域增加一名数据总监和一名业务型数据专员，来完成并填补空白。

- 业务型数据专员配备不足。业务数据认责工作应配备充足的人员，并在数据专员更换时保持连续性。由于正常的组织变化，例如，当有人变更职责或离开公司时，可能需要更换业务型数据专员。正如数据总监最初的任务是任命业务型数据专员一样，数据总监也必须任命继任者。
- 管理产生数据的业务流程。数据总监必须负责结识业务流程拥有方，并从他们那里获得输入。这些业务流程在其职能域产生了数据。这种协调活动很重要，因为割裂的流程或定义不清的流程通常会产生糟糕的数据。尽管业务流程拥有方的名称中有"流程"一词，但他们本身在数据治理中也发挥着至关重要的作用。他们知道自己的流程支持业务的哪一部分，清楚业务数据元素和流程中使用的数据之间的联系。
- 识别并提供数据需求，这些数据需求可以满足企业业务目标及其业务职能目标。平衡企业（或其他业务职能）的需求与数据生产部门的需求可能很棘手，需要数据总监密切合作，以达成有利于所有数据利益相关者的解决方案。
- 根据业务战略和要求定义数据战略。数据战略必须不仅要满足数据生产组织的需求，还要推动整个企业的业务战略。
- 向数据认责团队传达有关数据的顾虑和问题。由于数据总监定期相互联系，因此同事或其他相关方可能会向他们提出问题。在这种情况下，必须将顾虑和问题传达给业务型数据专员来以研究、验证，并对于修复措施或被提议的解决方案的可行性提出建议。

1.7.3　数据认责专委会

数据治理金字塔的底部是数据认责专委会，由业务型数据专员组成。这些人是谁、他们的资格条件、是什么造就了一个好的专员，以及他们的日常任务，将在本书的其余部分进行更详细的讨论。但不要误解，尽管他们位于金字塔的底部，但他们非常重要，就像真正的金字塔的底部一样，他们是数据治理的基础。我见过在没有高层领导小组或数据治理委员会的情况下，数据治理工作依然取得了相对成功，但我从未见过在没有业务型数据专员的情况下能取得成功。认责意味着"代表他人管理好某些事物"，在没有正式的数据治理结构的情况下，当员工明白他们的数据质量对组织的成功有影响时，认责可以发生也的确会发生。同样重要的是，员工们都希望工作顺利运转。

【说明】

数据认责专委会的组成在某种程度上取决于有多少业务型数据专员。在拥有相对较少业务型数据专员（例如，少于 50 人）的小型组织中，所有业务型数据专员通常都会参与。在大型组织中，包括那些拥有高度多样化的商业模式、许多国际子公司或大量数据域的组织，更典型的是由代表其团体的"首席数据管理专员"参与。

1.7.4　通过技术型数据专员提供 IT 支持

IT 技术型数据专员的主要职责是提供技术专业知识以支持数据治理工程，包括对系统和应用程序的被提议的变更和数据质量问题的影响分析。IT 资源由 IT 管理层正式分配给该职位，作为其常规职责的一部分，及时响应数据治理部门的援助请求。技术型数据专员通常是程序员主管、数据库管理员和应用程序拥有方，他们的详细职责将在第 2 章了解数据认责的类型中讨论。

1.7.5　数据治理办公室

数据治理工程，包括记录、沟通和执行，由数据治理办公室（DGPO）负责。DGPO 必须配备充足的资源来完成这项工作，包括至少一名全职的数据治理经理。未能创建 DGPO 并为其配备足够的人员，或者依靠兼职资源承担其他责任，肯定会导致失败。所以不要这么做。

【说明】

数据治理办公室的负责人被称为数据治理经理或首席数据专员。在本书中，使用了数据治理经理，但这两个名称都很常见。

数据治理工程的协调由 DGPO 负责，包括协调三个委员会，即高层领导小组、数据治理委员会和数据认责专委会。DGPO 还负责确保数据治理工程所做的一切都有充分的文件记录，并向所有相关方提供。表 1.1 概括了 DGPO 的职责，其中许多条例将在本书中进一步讨论。

表 1.1　数据治理办公室职责

角色	责任
数据治理办公室	
	● 支持、记录和发布高层领导小组、数据治理委员会和数据认责专委会的活动。
	● 在数据治理中定义和记录最佳实践。
	● 创建并提供教育课程和培训交付计划以支持数据治理。其中包括对数据治理委员会成员、数据专员、项目经理以及数据和技术支持人员的培训。
	● 执行与数据相关的政策和规程，并在必要时升级。
	● 管理日志以记录风险和问题。
	● 获取企业发出的"数据治理沟通信息"，包括项目的愿景、战略、流程、价值。
	● 记录、发布和维护与数据治理相关的政策、规程和标准。
	● 建立数据治理指标，并衡量数据治理项目的进展
数据治理经理	
	● 跟踪高层领导小组、数据治理委员会和数据认责专委会的成员情况。确保所有适当的业务领域都得到充分的代表。
	● 和数据总监在数据治理战略上达成共识。
	● 获得支持数据治理组织的适当参与，必要时上报给数据治理委员会或高层领导小组。
	● 与跨组织的领导层协作，以确定业务需求并实施数据治理能力和流程。
	● 与高层领导小组和数据治理委员会合作，确保年度绩效指标符合数据治理和业务目标。
	● 确保数据治理流程集成到适当的企业流程（例如，项目管理和软件开发生命周期或 SDLC）。监控流程的实施。
	● 向高层领导小组报告数据治理绩效。
	● 负责解决上报的问题和冲突。
	● 定义和执行数据治理项目指标（参阅第 8 章"衡量数据认责进度：指标"）；跟踪并发布结果。
	● 确保数据治理交付成果（例如，政策、规程和沟通计划）使用合适的工具正确记录并可供企业使用。
	● 管理问题解决流程（参阅第 6 章数据认责实践），包括审查问题并与业务型数据专员和利益相关者会面，以了解他们的需求和提议方案的可行性。
	● 最终负责将数据治理的沟通信息和愿景发送到整个企业。
	● 从数据治理的角度管理数据专员社区。此责任通常由企业级数据专员承担，在履行其数据认责的职责时，协调和管理数据专员

1.8　整体数据治理组织

通过金字塔展示数据治理组织的各个级别是一种有效的方式，但它并未显示所有参与者之间的关系。图 1.4 显示了不同个体如何聚集在一起参与数据治理。

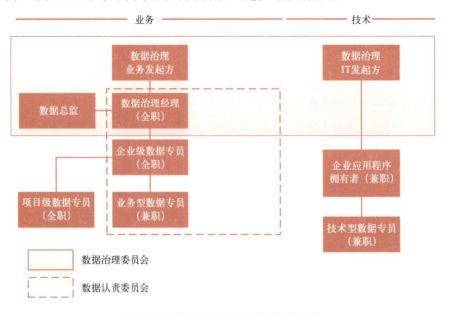

图 1.4　数据治理组织的业务和技术视图

图 1.4 有一些需要注意的地方。首先，数据治理项目既有业务发起方，也有技术发起方。这些职位对于数据治理工程的成功至关重要，因为它们提供了关键的高管支持。业务发起方通常是 CDO 或同等职位，而技术发起方通常要么是首席信息官（CIO），要么直接向 CIO 汇报的人。然而，这些并不是硬性规定。在没有 CDO 的情况下，业务发起方通常是首席财务官（CFO），因为财务人员习惯于必须遵守严格的规则，当数据管理不当时，他们往往会感到不安。另一种选择是首席运营官（COO）或首席风险官（CRO）。

数据治理经理负责数据治理委员会。"企业级数据专员"负责管理数据认责专委会。在小型组织中，企业级数据专员这个角色可能由数据治理经理担任。通常该职位由单独一人承担，作为 DGPO 的一部分向数据治理经理汇报。

另请注意，技术型数据专员需要由技术经理任命并提供足够的授权。

图 1.5 展示了组织的不同视图（作用与图 1.4 相同），包括 DGPO 内的汇报关系。

这两张图之间的主要区别在于，图 1.5 展示了高层领导小组、数据总监（数据治理委员会成员）和业务型数据专员。此外，它还展示了 DGPO 成员（数据治理经理和企业级数据专员）的汇报关系。需要注意的是，它建议将数据治理经理作为高层领导的直接下属。

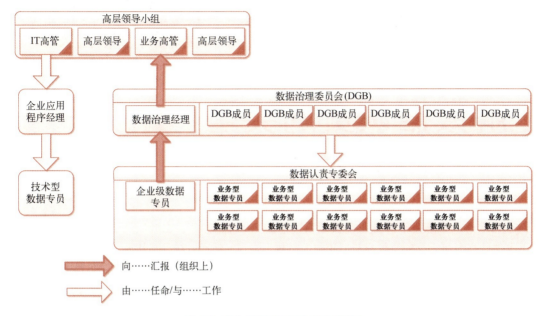

图 1.5　整体数据治理组织的汇报关系

1.9　小结

数据治理是关于人们如何一起做出关于数据建议和决策的工作，也就是说，人是这个工作中最重要的部分。业务型数据专员代表了这些人中最大的群体，也是最了解数据的人，因此，他们是一切数据治理工程的基石。

一个成功的数据治理工程的关键是建立所需的组织并为其配备人员，理解和普及数据治理参与者的角色和责任。组织中最关键的部分之一是业务型数据专员，他们必须共同确定数据的所有权、含义和质量要求。如果没有顺利运作的数据认责专委会，数据治理就无法产生数据相关的重要交付成果，而这些成果是衡量工作成功与否的最重要指标。

第 2 章

了解数据认责的类型

通用术语"数据认责"（定义见第 1 章数据认责和数据治理：二者如何结合）中主要包含两种不同的数据专员：业务型数据专员和技术型数据专员。然而，在某些情况下，还需要补充另一种数据专员：项目型数据专员。这是一种辅助角色，他会在业务型数据专员无法处理好全部事情的时候，帮助其承担一部分的工作。除此之外，业务型数据专员可能还会从另一种辅助角色：操作型数据专员那里得到一些帮助。在本章中，我们将要对每一种不同的数据专员展开讨论，分析何时以及为何需要他们，以及他们如何协同工作以实现数据治理的目标。在第 3 章认责管理的角色与职责中我们会进一步解释并详细说明每一种类型的数据专员的责任。

图 2.1 展示了不同类型的数据专员如何交互。以下是对于各种类型数据专员的一个简要描述：

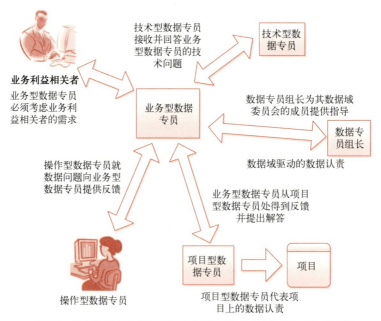

图 2.1　各种数据专员之间的交互以确保问题得到有效和正确的回答

- 业务型数据专员代表他们的业务职能。在业务职能驱动的数据认责体系当中，业务型数据专员是业务职能所拥有数据的责任人。在数据域驱动的数据认责体系当中（见第

11 章基于数据域开展数据治理和认责），业务型数据专员参与所有管理与其业务职能相关的数据的数据域委员会。此外，业务型数据专员也有可能在数据域委员会中担任数据专员组长，其业务职能是数据域的主要生产者或者主要拥有方。

- 操作型数据专员是专门帮助业务型数据专员的一类数据专员。操作型数据专员通常是直接和数据打交道的人（例如，输入数据），而且可以在他们发现数据出现问题（包括数据质量下降）时迅速向业务型数据专员进行反馈。
- 项目型数据专员在项目上对数据负责。在项目上的数据出现问题或者必须纳管新的数据时，他们会向相应的业务型数据专员进行报告。
- 技术型数据专员是了解应用程序、数据存储和 ETL（提取、转换和加载）流程如何工作的 IT 代表。

在本章接下来的内容中，我们还要更进一步对这几种数据专员类型进行讨论。

2.1　业务型数据专员

一个业务型数据专员是在组织中对一个特定业务领域中数据的质量、用途和含义负责的关键人员。业务型数据专员对数据总监提供对数据具体的建议。

业务型数据专员通常是了解数据并紧密围绕数据工作的人，拥有"数据分析师"或"业务分析师"等头衔的人通常是成为业务型数据专员的不错人选。当然，没有人可以懂得关于全部数据的一切。业务型数据专员需要知道在他们的领域与谁交谈以获得完成任务所需的信息。一旦收集到了这些信息，那么业务型数据专员（而不是给他提供信息的人）将会成为这些数据的责任人。业务型数据专员能够获得与数据工作相关的其他资源支持，这意味着他们有权力获得其他资源方的时间来帮助开展数据认责工作。如果他们对其他资源的申请未得到答复或被拒绝，那么应上报给数据总监。

2.1.1　选择合适的业务型数据专员

在业务领域选择合适的人选成为业务型数据专员至关重要，这不仅关乎工作的成功与否，也同样关乎员工本身的职业满意度。如前所述，被选为业务型数据专员的人需要了解数据以及数据的问题。他们应该知道数据在哪里不满足业务的需要，以及哪些数据元素不能够被很好地理解或成为争论的焦点。大多数业务领域都有关心数据甚至可以说是对数据充满热情的人，这些人通常是业务型数据专员的理想人选。事实上，许多业务领域都有"您去问他就行了"的那个人来回答大家的问题。他们已经习惯于回答有关含义、业务规则、数据用于什么目的等问题。事实上，这些本部门的专家经常一遍又一遍地花费大量的时间去回答同一个问题。在很多情况下，业务数据认责可以将这一部分的工作和责任正规化。而这一举措将会给业务型数据专员带来如下好处：

- 一个问题仅需回答一次。一旦一个问题得到解答并记录在业务术语表中（无论以何种形式），业务型数据专员就可以在他们再次被问到的时候说"去业务术语表中找"。
- 更少的争论。由于业务型数据专员在数据上是权威的并且具有决策能力（在数据总监的支持下），所以工作中会产生更少的争论并节省时间。而拥有这样的权威性是人们想要成为业务型数据专员的巨大动力。对于关心数据的人来说，如果他们全部所能做的就只有向其他人提供建议，那么他们可能会非常沮丧，然后他们可能会离开并做其他他们想做的事。

- 可重复的变更管理流程。如果某个已经做出的数据决定（无论是由拥有数据的业务职能的业务型数据专员做出还是由拥有数据的数据域委员会做出）对其中一个利益相关者失效后，可以执行一个可重复的流程，让决策制定者们重新参与其中并重新评估该决策。这将比原先那种花很多力气找谁参与，然后开很多会，再很艰难地做出决定的方式要高效许多，而且会让大家都很满意。

- 额外的奖励和认可。"数据专家"这样的头衔很少被认为是有价值的，并给予实质上的奖励。随着此角色的正规化，可以调整个人的业绩目标（通常与薪酬挂钩），并且这种专业知识和责任都会得到正式认可。

总而言之，对于关心他们的数据的人来说，让他们负责数据是非常有吸引力的，这样其他人就不能以不当的方式使用它或破坏它。

【说明】

成为一名业务型数据专员可以节省时间。

并非每个被指定为业务型数据专员的人都会对这项任务感到开心。乍看之下，这似乎又是另一个增加在通常已经忙碌的个人身上的"工作"。还有需要负责的新任务，需要熟悉的工具，以及需要参加的会议。但很快同事们带来的不断的打扰和关于数据的无休止会议将成为过去，因为人们开始使用业务术语表并按照正式设计的流程与业务型数据专员进行交流。一个现实生活中的例子是一家保险公司的精算业务型数据专员。她估计在实施数据治理之前，她大约花费了 40% 的时间处理数据问题，而不是创建和运行风险模型。在实施了大约 6 个月的数据治理后，处理数据问题的时间已经减少到不足 10%。她成为"将内容加入术语表"并让其他分析师使用工具自己找答案的最大支持者之一。

2.1.2 成功的业务型数据专员所具备的特征

除了对数据感兴趣（或充满热情）和了解之外，一个成功的业务型数据专员还需要具备其他几个特征。这些特征可能比数据相关知识更难具备。

- 写作能力。由于业务型数据专员参与编写定义和业务规则，所以文笔好是非常有益的。此外，业务型数据专员在起草规程中起到积极的作用；所以再次强调，文笔好是一个巨大的优势。

- 致力改进。最好的数据专员是那些追求卓越并且不满足于现状的人。要获得定义清晰、高质量的数据需要额外的工作（尽管有投资回报），但如果这项工作完成了，人人都会受益。显然，如果一个业务型数据专员对改进的数据环境不感兴趣，那么他就不会取得很好的效果。

- 良好的人际交往能力。数据专员不仅需要彼此合作，还需要与其他利益相关者合作，努力就数据的含义、位置和所需的质量达成一致。这可能意味着召开和主持会议、多人合作、跟进问题并发布结果（即写作）。这一切都需要领导力、组织和协调能力，以及一定的政治敏锐度。这些技能对于数据域委员会的数据专员组长特别有用。

【认责和信任】

当今业务世界中最大的"陷阱"之一是人们倾向于不信任数据。当数据分析师检查数据、追踪溯源并将其提取到他们自己的环境中以便对其进行操作时，不信任会导致大量的额外工作（并可能浪费精力）。为什么分析师不信任数据？因为数据常常充满意外。这些意外（如图 2.2 所示）可能由许多变量引起，包括未记录的业务流程变更、转换问题、源数据问题、数据定义的不确定性，以及技术应用和流程的变更。

如果没有落实认责机制，在变更影响分析、执行变更或传递变更方面，几乎就没有正式的责任制来约束。IT 人员可能很想与业务部门合作，以明确被提议的系统变更带来的影响，但他们在业务部门找不到任何愿意站出来与他们合作的人。数据专员（包括业务和技术）消除了这些流程的大部分不确定性，并且可以大大减少数据意外的数量，从而提高对数据的信任级别。

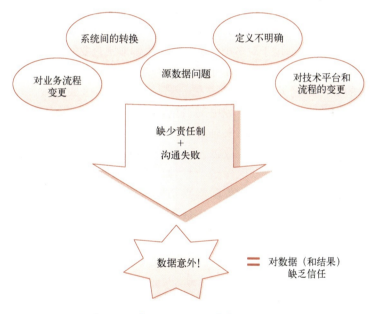

图 2.2　认责可以防止数据意外和缺乏信任

【说明】

在偶然情况下，即使没有正式程序，也可能存在"认责"。如果关键流程依赖于数据，人们通常会"挺身而出"承担责任，因为如果他们不这样做，流程就会失败。这在财务数据方面尤为真实。然而，如果没有正式的数据认责，这种责任感可能会在个人度假、接受其他任务或退休时消失。

2.1.3　业务型数据专员与数据

正如我们之前所说，业务型数据专员管理对其所代表的业务职能最关键，同时也是最了解数据的。这种对应关系必须明确（即，专员负责什么数据），被记录在案并提供给所有人。
有多种方法可以将业务型数据专员与他们管理的数据对应起来。

- 单一责任方。在许多企业中，业务职能由单个业务型数据专员（或者是一个小组）代表。业务职能的业务型数据专员代表本部门，管理各个业务数据元素。这在所有权相对明确的情况下效果很好，也就是几乎不需要讨论各种业务数据元素的责任方，因为答案相当明显。归属于财务、营销、核保、贷款服务、患者、供应商等部门的数据很明确。在这种情况下，业务型数据专员的责任在于了解谁使用数据（利益相关者），并在执行变更前与之协商。

- 共同责任方。在一个企业中，数据广泛应用于业务职能，并且单个业务型数据专员很难了解或与所有部门协商，此时业务数据元素可能有几个（或更多）业务职能参与管理。业务型数据专员有责任声明他们需要参与决策，然后参与讨论并投票表决结果。这种方法记录了业务数据元素级别的利益相关者，并设置流程让他们参与进来。但是，这可能导致难以维护业务数据元素所涉及的业务职能或人员，因为每个业务数据元素都可以有自己的一组决策参与者。实际上，这项"解决方案"并不能很好地适用于所有业务数据元素。但是，它可能适用于对多个业务职能来说都非常重要的关键数据元素。

- 数据域。正如我们将在第 11 章基于数据域开展数据治理和认责中详细介绍的，数据域将相关的业务数据元素集合绑定在一起，形成一个"数据域"。业务数据元素与单个数据域相关。针对该数据域中的数据，决策和问题将提交给相应的决策机构。该机构称为数据域委员会，由来自所有业务职能的业务型数据专员组成，这些业务职能需要在该数据域中的业务数据元素管理方面拥有发言权。此外，数据域委员会的组成应包括适当的成员以确保统一参与，并确保委员会高效运行。但是，确定数据域合适的层次结构，哪些业务职能需要参与每个数据域委员会，以及将业务数据元素分配到正确的数据域是一项重大任务。这项任务需要企业的大量投入和相对成熟的数据治理工作。

表 2.1 总结了这三种方法。

表 2.1 组织数据认责的各种方法的优缺点

数据认责方法	优点	缺点
单一责任方	<ul><li>组建简单</li><li>适合入门</li><li>易于定位个人决策者</li></ul>	<ul><li>业务型数据专员必须结识并与所有利益相关者协商</li><li>不能很好地处理被大范围共享的数据</li></ul>
共同责任方	<ul><li>能够处理和记录需要多名专员的大范围共享的数据</li><li>可以很好地用于一组有限的多个拥有方数据元素（例外情况）</li></ul>	<ul><li>需要更多的前期准备来确定专员</li><li>复杂,每种业务数据元素都有一组不同的专员</li><li>随着人员变动而难以维护</li></ul>
数据域	<ul><li>每个数据域的数据专员数量相当稳定</li><li>有效处理多重所有权和变更所有权（参见第 11 章"基于数据域开展数据治理和认责"）</li><li>所有利益相关者在决策过程中都有明确的代表</li></ul>	<ul><li>数据域的确定可能既困难又复杂</li><li>各个数据域委员会都需要监督</li><li>需要成熟的数据治理能力来建立、运行和维护数据域委员会</li></ul>

2.1.4 业务型数据专员的关键角色

虽然还有许多其他类型的专员（如本章其余部分所述），但业务型数据专员是数据上的权威，因为他们知道数据应该代表什么，意味着什么，以及与之关联的业务规则。业务型数据专员与企业中的其他人相互协作，包括技术型数据专员和企业的利益相关者。在就数据做出决定时，必须考虑利益相关者的顾虑。业务型数据专员、技术型数据专员和利益相关者之间的关系如图 2.3 所示。

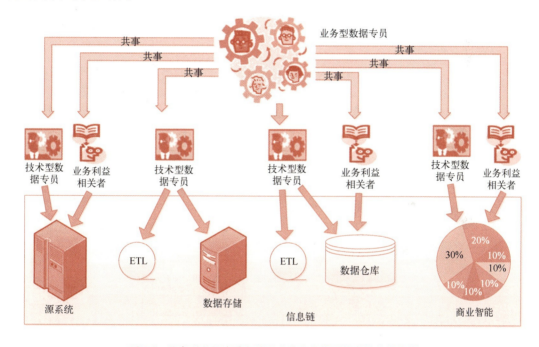

图 2.3 业务型数据专员与其他人员协作管理信息链上的数据

如图 2.3 所示，业务型数据专员与技术型数据专员和业务利益相关者在紧密合作，以影响整个"信息链"中的数据（从数据源到像商业智能那样的各种终端）。数据专员和利益相关者的合作关系，使得数据在流经企业时对其进行管理成为可能。

【说明】

"信息链"是数据的供应链。它显示了数据的来源、修改和存储方式以及使用地点。信息链是一个重要的概念，因为数据必须在整个生命周期中进行管理。许多有主见的领导者认识到，信息链生产数据的概念类似于生产实际产品的供应链。在最精细的层面上，信息链是"技术血缘"，包括数据在各个数据存储系统中的物理位置，以及数据在系统和应用程序中流动时发生的转换。

2.2　技术型数据专员

技术型数据专员是在支持数据治理方面发挥重要作用的 IT 人员。但是业务型数据专员与数据域或特定数据元素相关联，并代表特定的业务职能，技术型数据专员提供技术支持并与特定系统、应用程序、数据存储和像实体解析那样的技术流程（用于主数据管理）、数据质量规则实施，以及提取、转换和加载（ETL）工作相关联。

在图 2.4 中可以更清楚地看到这种关系。技术型数据专员是了解数据如何在技术系统中创建、操作、存储和移动的人员。他们可以回答有关数据如何以某种形式形成的问题。业务型数据专员通过技术型数据专员提供的 IT 应用程序或技术流程与技术型数据专员相关联。这种关联有以下两条路径：

- IT 资产（应用程序、数据存储、技术流程）支持由业务型数据专员所代表的业务领域。
- 在现实中，由业务型数据专员纳管的业务数据元素，在由技术型数据专员支持的 IT 资产中实施。

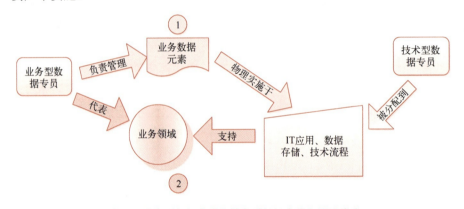

图 2.4　业务型数据专员与技术型数据专员之间的关系

例如，在一个会员卡管理系统中，数据剖析显示出生日期分布存在显著异常。尽管一年中大多数日子每天出生的成员数量大致相同，但 12 月 31 日出生的成员数量比其他任何一天都多 150 倍以上。该系统的技术型数据专员解释了这种异常情况：以前的系统（数据从中转换而来）仅包含出生年份。在转换到新的系统时，12 月 31 日被用作默认日期。在另一个例子中，发现被列为受保汽车有超过 4000 种"车身类型"（例如，四门轿车、皮卡车等）。技术型数据专员解释说，应用程序中捕获车身类型描述的字段是一个没有验证的自由格式文本字段，因此代理人可以输入他们想要的任何内容。此外，技术型数据专员透露，车身类型字段中的杂乱数据并不重要，因为应用程序没有使用这部分数据——相反，车身类型的数据是由同一应用程序的另一部分在汽车的 VIN 号码中提取的。

此类信息不仅有价值，而且对于稳健的数据治理或数据质量工作也至关重要。通过对系统数据的更多了解，数据消费者可以更好地选择要使用的字段以及要修复的字段。了解这些信息会增加对数据的信任。在许多组织中，IT 人员可以在问题出现时回答解决，但技术型数据专员与这些"非正式的"贡献者有很大不同，因为技术型数据专员是：

- 由 IT 管理层委派。从事数据治理被认为是他们工作的重要组成部分，而不是"有时间就做"的任务。
- 负责及时提供方案。他们了解数据治理和数据认责工作的重要性以及他们在这些工作中的作用。
- 数据认责团队的一员。也就是说，他们不是在无目的的提出问题；他们随时了解数据管理活动的最新情况，计划数据管理任务并将其整合到他们的日程表中。如果技术型数据专员对他们的参与程度和完成工作的能力有顾虑，他们需要将这些顾虑告知其所在的汇报链条（其中包括数据治理经理）。

2.3　项目型数据专员

在理想情况下，所有大型项目都应有数据认责代表，以提供支持并就数据的含义、用法、所需的质量和业务规则做出决策。然而，尤其是在同时进行多个项目的公司中，让业务型数据专员出席所有会议和工作对话，以确定是否需要他们是不现实的。为了帮助减轻业务型数据专员的负担，但仍让他们参与到需要的地方，可以使用项目型数据专员。项目型数据专员经过培训可以识别需业务型数据专员提供输入的事件和问题，并将该信息带给业务型数据专员。然后业务型数据专员提供输入，项目型数据专员将其带回项目。项目型数据专员被分配到项目，根据项目的大小，可能涉及多个项目。

项目型数据专员可以是已经委派给项目的分析师（如果他们接受过适当的培训）、数据治理办公室的成员，甚至是承包商。大型项目预计将为数据认责涉及的额外成本提供资金，因此非常有必要将数据治理任务纳入项目实施方法，以便在项目预算中考虑这些成本。

但通常预算较少的小型项目呢？小型项目通常可以利用项目上的分析师或隶属于数据治理办公室的一位项目型数据专员的较少或适中比例的工作时间来实现所需的目标。事实上，在我的上一个数据治理角色中，我们资助了一个全职人员为小型项目提供这项服务。她在那里工作了 30 多年，在整个公司都很受欢迎和尊重。

【项目型数据专员不是业务型数据专员】

项目型数据专员不负责关于数据的决策。这种区别很重要，因为一旦项目型数据专员获得一些经验并了解数据，就可能有倾向开始自行做出决策。这种行为必须及早制止，因为由项目型数据专员做出的任何"决定"都不具备业务型数据专员或数据治理工程的权威性。项目型数据专员负责：

- 认识并记录需要业务型数据专员参与的问题和疑问。
- 与其他业务型数据专员协调问题和疑问的清单，因为多个项目可能会出现相同的问题和疑问。
- 将清单呈现给适当的业务型数据专员，并记录决定和输入。
- 将结果作为项目的输入提供回馈。

2.4   操作型数据专员

操作型数据专员是业务型数据专员的"帮手"。操作型数据专员可以介入一些与其工作相关的职责。例如，他们可以帮助确保遵循数据创建规则，或协助研究问题。通常，操作型数据专员是在一线工作的人，他们看到了提高数据质量将使某些群体受益的早期机会。他们还可能注意到对业务有害的行为（例如，总是使用默认值）。业务型数据专员可以指定操作型数据专员来帮助他们。虽然业务型数据专员仍然负责数据，但操作型数据专员通常是负责准确收集（和输入）数据的人员。

2.5   小结

数据专员有多种不同类型，包括业务、技术、项目和操作型数据专员。每种类型的专员都有一组职责，如表 2.2 所示。这些专员都需要共同工作（如图 2.1 所示），以充分管理数据。

表 2.2   认责职责概述

专员类型	职责
业务型数据专员	● 主要负责其业务职能拥有的数据 ● 代表其业务职能的数据利益而参加数据域委员会，并可能是数据专员组长 ● 支持项目型和操作型数据专员 ● 与业务利益相关者合作，就数据问题提出建议 ● 管理其数据的元数据 ● 向其业务领域倡导数据认责
技术型数据专员	● 提供有关应用程序、ETL、数据存储和信息链中其他环节的专业知识 ● 由 IT 领导指派以支持数据认责
项目型数据专员	● 在项目中代表数据认责 ● 由项目资助并提供属于数据认责的交付成果 ● 与业务型数据专员合作，获取有关由业务型数据专员管理的数据的信息并提出建议 ● 将由项目提出的数据问题通知业务型数据专员
操作型数据专员	● 为业务型数据专员提供支持 ● 为提高数据质量提出改进建议 ● 帮助实施与他们使用的数据相关的业务规则 ● 经常负责数据的准确输入

第 3 章

认责管理的角色与职责

数据认责是数据治理的一部分，在我们详细介绍如何建立和运行数据认责机制之前，需要探讨不同的数据认责方在参与过程中的具体任务。这些任务不仅包括数据专员独立执行的任务，还包括他们作为一个组织（数据认责专委会）执行的任务。这些信息不仅在阅读本书后续部分的时候可以开始构建职位描述（如果刚刚开始），而且基于此处解释的角色与职责，也能更深入理解后面的章节。

每种类型的数据专员都有一组任务，可以进一步分为不同的类别。

【说明】

本书中所示的数据治理和数据认责结构是推荐的结构。现实中由于缺乏资金、人员或兴趣，可能无法立即实现推荐的结构。但是，目标应该是朝着推荐的结构发展。

3.1 数据认责专委会

一方面，业务型数据专员作为独立的个体肩负许多责任（在本章后面讨论）；另一方面由他们组成的数据认责专委会作为一个组织承担责任。

3.1.1 什么是数据认责专委会

数据认责专委会是由业务型数据专员组成的正式组织，其主要目的是指导企业整体的数据认责工作。尽管有多种不同的数据治理和数据认责组织方式（主要有业务职能驱动和数据域驱动），但总会需要一个讨论会来协调一致性。对数据认责的流程和目标达成共识对于避免混乱和拥有共同的指标是至关重要的。业务型数据专员做出的许多决策仅适用于他们所在的业务职能或数据域，虽然数据治理委员会也可能会制定一些这样的流程和目标，但远不能达到执行层面所需的细粒度。通常，这些工作还是会留给业务型数据专员来做，他们必须（如前所述）相互协作。

3.1.2 数据认责专委会成员

推荐的数据认责总体结构如图1.4所示（虚线框内）。图3.1展示了一个数据认责专委会的示例（在本例中为保险公司），每个方框代表一个业务职能。无论以何种方式（业务职能或数据域）组织的数据治理工作，结构都是相同的，但专委会的成员可能略有不同。专委会成员可以概括为：

- 对于基于业务职能的数据认责，成员必须包括一名或多名业务型数据专员，代表所有适当的业务职能。
- 对于基于数据域的数据认责（如第 11 章基于数据域开展数据治理和认责）业务职能为数据域委员会提供了数据专员组长，就应由该数据专员组长代表其利益。对于未提供数据专员组长的业务职能，由来自该业务职能的业务型数据专员去参加数据认责专委会。在任何情况下，所有拥有数据的业务职能都必须有人代表。

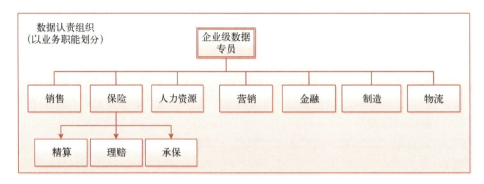

图 3.1　数据认责专委会结构示例

【说明】

可能会有一种误解，认为数据域委员会经理（在第 11 章"基于数据域开展数据治理和认责"中提到，"数据域管理委员会"）可以替代数据认责专委会，这完全是错误的。数据域委员会经理主要负责为业务型数据专员提供指导行动，以围绕关键事项（例如，数据元素定义）做出决策。数据域管理委员会的目的是标准化地管理数据域委员会。数据域管理委员会缺乏代表其委员会成员的业务知识，无法替代数据认责专委会。数据域委员会经理可以参加数据认责专委会会议，以便为业务型数据专员了解业务驱动力。

关于数据认责专委会的结构，有几点需要注意。首先，该委员会由企业级数据专员领导，这个角色最初可能由数据治理经理担任，但在理想情况下应该由数据治理办公室的专职人员担任角色。另请注意，每个业务职能（例如，保险服务）可能会进一步细分，例如，精算、索赔和承保业务。这可能是必要的，以便指定业务型数据专员，他们可以管理相关部分业务的关键数据。在这种情况下，没有一个单一的业务型数据专员可以负责所有的保险数据，因此必须按照所示进行细分。

换句话说，业务型数据专员的委任取决于业务的结构和需要管理的数据的复杂性。例如，一个大型的医疗保健提供者围绕会员资质与资格具有业务职能。但是，他们为广泛的不同类型的客户提供服务，例如，企业会员计划和政府会员计划。不同类型的计划在数据采集以及数据保护所必须应用的规则方面有相当大的差异。因此，需要不同的业务型数据专员来代表企业会员计划的资质/资格和政府会员计划的资质/资格，尽管事实上业务职能看起来是相似的（都是关于资质和资格）。

3.1.3　数据认责专委会职责

数据认责专委会的职责包括：

- 关注组织在数据获取、管理、利用方面如何提升，以及如何从数据中获取价值。数据代表有价值的资产，数据认责专委会应该寻找改进资产质量的方法，并利用数据获得竞争优势。
- 成为企业级数据标准、指导原则和政策的顾问机构。标准和原则给业务型数据专员设置了指南，因此委员会在起草和修改它们时必须有发言权。推荐需要什么政策和政策需要说什么也是一项重要的任务，因为业务型数据专员在第一线，因此，他们在极佳的位置能够看出需要什么政策才能使数据治理取得成功。
- 调解或仲裁解决问题。数据认责专委会必须作为一个团队共同努力解决任何数据问题的出现。其中可能有很多，包括对含义或规则的分歧、对数据质量的不同要求、对数据使用方式的修改，以及哪些业务职能应该拥有关键的数据元素。

【说明】

通常使用数据的人会告诉数据专员数据质量不高。这些问题必须作为业务型数据专员日常职责的一部分进行记录和评估。

- 传达数据认责专委会和数据治理委员会的决策。如果不把关于数据的决策传达给使用数据的人，那么实施数据治理和数据认责就没有多大意义。例如，如果专委会确定某些数据当前的质量不足以适用于特定用途，那么专委会需要确定使用该数据的人员，并告知他们数据不适合。
- 确保数据治理工作与业务保持一致。开始设计数据治理草案（包括流程和规程）时非常容易与业务不一致。毫无疑问，这样做会导致失败。如果数据治理被认为是一个障碍，与业务优先级不同步，或者根本不相关，那么工作将很快被取消。
- 在数据治理流程中参与并做出贡献。每家公司用于执行数据治理和数据认责的日常流程略有不同。专委会（作为一个团体）需要界定和设计流程，因为这些是期望大多数人（或代表人）去遵循的流程。他们还将提供有关流程的反馈，以确定哪些流程运行有效，哪些需要更改或丢弃。这些流程以及流程的微调，是设计及实施数据治理的关键部分。在没有数据认责专委会支持的情况下尝试设计和建立流程不是一个好主意。
- 在组织中传递数据治理愿景和目标。在大多数组织中，数据治理的愿景和目标对公司来说都是新的，而且几乎没有员工了解需要做什么。数据认责专委会必须传达愿景和目标，尤其是他们所代表的业务职能。这种持续的沟通是专委会负责的最重要的事情之一。

【说明】

很多被列为数据认责专委会责任的工作实际由专委会成员来执行，但被列在这里作为专委会的责任，是因为这些工作需要与其他专员讨论并达成共识，因为这些工作不仅影响拥有方的业务职能，也对组织的其他领域影响较大。

- 传达使用数据的规则。围绕数据的严格业务规则对大多数员工来说都是陌生的，但按照规则使用数据是每个人的责任。
- 评审并评估数据治理绩效和效果。业务型数据专员需要"接受"对绩效和效果的度量标准，就像员工应该对如何以其他方式衡量他们的绩效有发言权一样。拥有有效的业务型数据专员的最佳方式是让他们想要参与，这就要求他们成为度量流程的一部分。
- 为数据治理目标和记分卡开发提供输入。数据治理的目标必须与绩效和有效性度量标准（上一个要点）保持一致，因此就像对于度量标准一样，业务型数据专员对于数据治理努力希望实现的成果（目标）以及如何向管理层呈现工作进展（记分卡）方面，也应该有话语权。
- 在规程上进行协作。规程说明如何实现结果（由政策决定）。业务型数据专员必须对规程提供输入，因为他们负责实现制定的许多目标并执行既定规程。如果只是将规程"移交给"业务型数据专员而没有得到他们的意见，则很难让他们合作。
- 在管理定义和数据问题上与其他相关方合作。在业务职能驱动的数据认责中，数据认责专委会为业务型数据专员提供了一个公共讨论场所，讨论并就数据元素的定义和数据质量问题达成协议（或至少达成共识）。
  - 定义：许多人（通常称为利益相关者）对如何定义术语感兴趣，利益相关者对数据名称和定义有共同的理解尤为重要。管理定义需要在初始定义阶段和对定义有任何变更时向利益相关者征求意见。
  - 数据质量问题：管理数据和数据质量问题是数据认责专委会的一项关键工作。必须评估问题的影响，必须制定被提议的整改方案，还必须评估各种整改方案的影响，并确定优先事项。这项工作最好由专委会成员和识别的利益相关者完成，并有明确的工作流程。建立解决问题的工作流程需要在委员会内部进行讨论并达成一致。
  - 强制使用商定的业务术语。当数据用户使用不同的术语来表示相同的概念时，会产生混淆。由于业务数据元素已命名，给出了稳健的定义，并定义了业务规则，因此应在业务中一致地使用这些元素，业务型数据专员应积极劝阻使用同义词。也就是说，当在对话、讨论和文档中使用同义词时，业务型数据专员应该坚持用正确的术语替换。当错误使用的术语实际上被定义为不同的含义时（例如，"客户"与"用户"与"账户"），这一点尤其重要。

【说明】

根据第 11 章基于数据域开展数据治理和认责，在数据域驱动的认责中，关于定义和数据质量问题的讨论和协议是由该数据域的数据域委员会进行的，因为该机构代表了所有利益相关者。

3.2　数据治理经理

数据治理经理负责数据治理工作，是数据治理办公室的负责人。虽然数据治理经理有许多任务，但与保持有效数据认责最相关的任务包括：

- 管理并确保数据治理办公室的人员具有足够的水平。
- 确保所有适当的业务职能都在数据治理委员会和数据认责专委会中有代表。
- 获得支持组织的适当参与。这些团队可以包括企业架构、项目管理办公室、IT 应用程序支持和人力资源（用于编写职位描述、招聘和调整绩效管理目标和薪酬）。
- 向数据治理委员会报告数据治理绩效。
- 与整个组织的领导层合作，以确定业务需求并实施数据治理和数据认责。
- 确保将数据治理和数据认责流程整合到适当的企业流程中并与之保持一致。

3.3　企业级数据专员

企业级数据专员负责通过数据认责专委会开展日常工作。这些职责可以分为三大类，即领导力、工程管理（Program Management）和衡量。

领导力的职责包括：

- 向数据治理经理汇报。企业级数据专员是数据治理办公室的一部分，因此也是数据治理经理的团队成员。
- 通过数据认责专委会领导数据认责组织。企业级数据专员的主要职责是为整个组织的数据专员提供领导。在缺乏数据域驱动认责的情况下，企业级数据专员是指导角色。即使有数据域驱动认责，任何跨越数据域的事情都需要领导力，并推动最佳实践。尽管业务型数据专员在职能上不向企业级数据专员报告，但数据认责专委会的成员与企业级数据专员需要密切合作。
- 与数据总监/业务负责人、数据域委员会经理或其任命的人员以及 IT 和业务项目负责人/PMO 保持联系，以实施和维护数据认责。企业级数据专员与所提到的每一个角色密切合作。
  - 数据总监（数据治理委员会成员）根据需要指导业务型数据专员。
  - 数据域委员会协助他们解决诸如业务型数据专员未参与或业务型数据专员缺位且必须更换等问题。企业级数据专员还可以解决个别数据域委员会经理无法自行解决的问题。
  - IT 和业务项目负责人/PMO。IT 主管/分析师和项目经理可能都不熟悉业务型数据专员在数据驱动项目和解决"日常业务"（Business As Usual，BAU）的数据问题期间必须履行的角色。企业级数据专员通常是最擅长提供这些信息和教育的人。
- 与数据治理经理共同开发数据治理愿景和框架——短期和长期。与业务型数据专员密切合作，企业级数据专员处在一个独特的位置去理解和推动数据专员所在的工作框架。即便某些框架是由数据域提供的，业务型数据专员所做的很多工作仍然会超出数据域的范围（如第 11 章基于数据域开展数据治理和认责所述）。

- 确定并启动实施愿景的项目。尽管业务型数据专员（作为数据认责专委会一起工作）可能会提出解决特定数据问题的项目，但是实现数据治理愿景的项目需要由企业级数据专员提出并推动启动。这些项目可能包括建立一套处理数据质量违规的整体流程，与界面设计人员共同制定数据录入标准（从而提升数据输入的质量），以及与 IT 一起安装工具确保业务数据和元数据能够面向整个企业可用。

- 确保所有数据治理工作努力符合业务总体目标和数据治理愿景。这主要意味着将业务型数据专员和 DGPO 员工的精力集中在对企业最重要的项目和工作上。例如，如果公司高管提议新的数据，则企业级数据专员可能需要让业务型数据专员立即开始工作以定义这些数据，暂时停止处理其他业务数据元素或他们正在处理的数据问题。

- 定义优先级准则。业务型数据专员负责就纠正数据问题的多个竞争项目的优先级达成协议。但是，需要一套标准化的优先级排序准则，这样就不会根据"谁喊得最大声"来进行排名。企业级数据专员负责提出这些准则并获得同意，这可能包括降低成本、增加收入、违反监管的可能性、无法实现企业目标以及数据质量的恶化。

- 为业务和 IT 团队提供指引。企业级数据专员了解（或应该了解）正在发生什么以及驱动数据认责向前发展需要什么。在理想情况下，如果需要从数据认责团队获取信息或服务支持，企业级数据专员应该是统一的联系人。

- 领导实施数据认责组织。由于需要开展组织变革，包括确定是否需要增加或更换专员，企业级数据专员牵头确定需要什么变革以及实施这些变革。在开展数据域驱动的认责时，企业级数据专员与数据域委员会经理协作开展组织变革。

【说明】

如果确定需要新的（和未纳管的）业务数据元素，企业级数据专员可以召集数据认责专委会的适当成员讨论，以确定哪个业务职能或数据域应拥有该元素并继续定义它。

工程管理的职责包括：

- 设计数据认责流程和规程。企业级数据专员需要从业务型数据专员收集关于如何管理数据的规范，并将它们制定为一套业务型数据专员可以使用的流程和规程。对这些流程和规程的变更是不可避免的，因为最初似乎是个好主意的步骤可能无法按预期进行。企业级数据专员需要进行必要的更改，并获得业务型数据专员（以及存在的数据领域委员会经理）的支持，并在必要时重新发布。

- 构建和推动数据认责专委会会议的议程。企业级数据专员负责收集需要讨论的问题、工作状态更新和其他议程项目、安排专委会会议并自行主持会议。公布会议纪要也是其中的一部分。

- 维护信息和决策的存储库。企业级数据专员必须确保完成并发布由业务型数据专员完成的工作成果文档。文档可以包括：
    - 必须放入业务术语表的定义、数据质量要求和业务规则。

- 在数据治理/数据认责网站上发布和列出的新流程和规程。
- 在数据治理/数据认责网站上发布的信息和培训演示文稿。
- 数据认责参与数据问题的规则。
- 通过流程改进提升企业整体数据质量和可靠性。这包括：
  - 制定和实施信息生命周期流程。精心规划、记录和执行的信息生命周期流程通过确保正确完整地捕获数据，并持续应用数据的业务规则，来保护数据的质量。
  - 改进捕获和处理数据的流程。尽管"数据认责"的焦点在于数据本身，但糟糕的数据质量通常是表象，是由于破损流程导致的。企业数据专员处于一个独特的位置，能够全面了解数据质量问题，与业务型数据专员合作，寻找主动改进数据的机会，并识别流程问题并加以纠正。

【说明】

在数据域驱动的数据认责情况下，数据域委员会经理负责确保将数据域委员会运行过程中产生的信息提供给企业级数据专员。

- 评审和管理问题，并与业务会面了解用户和需求的技术可行性。问题管理包括关注问题日志，确保正确记录问题、评估影响并确定优先级。有了这些信息，企业级数据专员可以与受影响的群体和业务型数据专员会面以制定数据整改方案。

【说明】

根据 Danette McGilvray 所著的《数据质量管理十步法》的说法，信息生命周期是"管理信息资源整个生命周期所需的流程"。生命周期中的六个高级阶段称为 POSMAD：计划、获取、存储和共享、维护、应用、处置。

- 与数据总监和业务型数据专员合作，促进问题解决过程。在数据治理委员会或高层领导小组参与之前作为问题解决的推动方。
- 为项目提供辅导，确保项目符合数据治理工程的愿景。项目（尤其是重大项目）可以在数据治理的目标上有显著的影响。例如，如果没有数据治理的指导，关键的数据业务元素可能会被错误定义或误用，并且可能会缺失某些适当代表的参与和数据治理任务。企业级数据专员可以对项目管理人员进行必要的培训，并向项目提供资源（以数据专员的形式，在本章后面描述）以确保数据治理的目标得到保障。

衡量的职责包括：

- 定义、实施和管理数据治理度量标准。数据专员在帮助定义度量标准方面承担一定职责，但企业级数据专员负责定义和实施度量标准，以及实际执行度量并生成记分卡的措施。
- 跟踪、监控和发布数据治理记分卡。记分卡会定期生成，并提供有关数据治理的总体目标达成情况以及参与程度的信息（请参阅第 8 章衡量数据认责进度：指标）。

3.4　业务型数据专员

业务型数据专员的职责可分为三大类，即业务一致性、数据生命周期管理以及数据质量和风险。

业务一致性责任包括：

- 与其他业务型数据专员密切合作。该协作将取决于数据认责的组织方式。
  - 数据认责专委会是业务型数据专员在整个企业内协同工作的主要平台。在基于数据域开展认责的组织中，数据认责专委会主要由来自数据域委员会的数据专员组长组成。
  - 数据域委员会（请参阅第 11 章基于数据域开展数据治理和认责）是一个管理一组数据域的工作组。在每个工作组中，业务型数据专员管理与该数据域关联的数据（和元数据）。例如，对业务数据元素定义的确定和更新是在数据域委员会范围内对该业务数据元素所关联的数据域进行的。
- 与业务职能保持一致。业务型数据专员代表一个业务职能，而不是组织架构的一部分。例如，在一家保险公司中，可能有理赔、精算和承保的业务型数据专员——尽管在组织架构中可能没有称为"理赔"的部门。如第 4 章实施数据认责中所述，以这种方式组织业务型数据专员，使他们相对不受组织架构调整的影响。
- 负责本职能领域的数据治理执行。每个业务型数据专员（连同数据总监一起）在本职能领域中代表了数据治理和数据认责。业务型数据专员提供对其业务职能中正在发生的情况的可见性，并必须积极确保遵循政策、流程和规程，如有问题则向企业级数据专员升级汇报。
- 识别和定义关键业务数据元素。由于不可能一次将所有数据置于治理下，业务型数据专员必须确定最重要的数据（关键业务数据元素）。正如第 6 章数据认责实践中所讨论的，可以开发并使用标准化的流程用于识别关键的业务数据元素。一旦确定了关键的业务数据元素，业务型数据专员将负责：
  - 定义业务数据元素。业务型数据专员负责为他们管理的数据建立业务定义，以满足数据治理办公室对于数据定义稳定性的要求。
  - 为业务数据元素创建一个标准化的唯一名称。该名称必须符合数据治理办公室制定的命名标准。在理想情况下，该名称在整个企业中是唯一的。
  - 确定数据质量的要求，以便数据可用于业务的预期用途。此步骤通常在完成数据定义之后进行，此时至少已初步确定了数据的物理来源，因此数据质量要求（规则）可用于测试数据的质量。
  - 将数据定义和任何其他已知元数据传达给数据总监和利益相关者。这可能包括业务数据质量规则，关于数据用途的规定限制，以及派生数据的正确方法（如果适用）。

【说明】

对于业务职能驱动的数据认责，业务型数据专员同意业务职能"拥有"业务数据元素，并且业务型数据专员编写定义并与利益相关者一起确定协作中的其他元数据。对于数据域驱动的数据认责，数据认责专委会（主要由数据专员组长组成）通常会审阅提议的业务数据元素，就他们属于哪个数据域达成一致，然后与数据域委员会的成员进行验证。届时，数据域委员会的成员将创建名称、定义和其他适当的元数据并达成一致。与业务职能驱动的数据认责相似，通常有某一个业务职能的业务型数据专员有更大话语权（通常是数据生产者）并因此在这项工作中发挥带头作用。

- 为数据治理度量标准提供输入。如前所述，企业级数据专员负责将数据治理度量标准组合在一起，但这需要业务型数据专员为此提供输入。与大多数其他类型的度量标准一样，如果业务型数据专员对度量标准的构成没有发言权，他们很难接受这些度量标准。
- 代表数据总监的利益。当数据总监对数据有问题或疑虑时，业务型数据专员有责任与其他成员一起处理这些事项。需要与数据认责专委会或数据领域委员会的成员沟通，以获得反馈并提出建议。
- 与数据总监合作，确保业务用户对数据有实际的理解。所有数据分析师和其他数据用户都需要理解数据的含义以及必须遵循的业务规则，这是至关重要的。这种理解将有助于分析师正确使用数据，及早发现潜在问题，并将其提请业务型数据专员注意。在这种情况下，数据分析师和数据用户群成为业务型数据专员的"耳目"，从而更有效地治理和管理数据。
- 参与流程和标准定义。业务型数据专员处于一个良好的位置，能够定义既有效又不过于烦琐的流程和标准。由于他们需要遵守流程和标准，因此将他们的意见纳入流程定义非常重要。然后，企业级数据专员采纳这些意见并创建相应的流程和标准。
- 确保数据决策得到沟通以及业务用户了解数据决策对其业务的影响。对使用数据的人沟通有关数据的决策及其影响是非常重要的。如果有关数据的决策没有与数据用户沟通，数据的质量和业务决策的质量可能会严重恶化。例如，如果在特定系统中发现了出生日期数据质量方面的问题，就需要将这一问题通知使用这些出生日期的人员，或许还可以提出建议，告知他们可以获取可靠的出生日期数据的途径。
- 代表业务职能提出业务需求。业务型数据专员需要代表其所属的业务职能提供数据质量和使用方面的业务需求，以便可以发现问题并在项目中确保数据满足这些要求。

数据生命周期管理的职责包括：

- 在变更控制流程中支持数据总监。数据总监承担着审批业务型数据专员提出建议的职责，因此是变更控制流程的一部分。但是通常需要来自业务型数据专员的输入和帮助才能有效地完成该任务。
- 在所管理数据的特定业务领域内协调业务需求和请求。这项职责不仅包括在业务职能中建立优先级，还涉及审查需求和请求，以确保没有重复，并确定哪些需求可以合理地合并处理。
- 与数据总监合作对数据度量标准负责，满足数据治理政策和标准的合规要求。业务型数据专员需要与数据总监合作，对衡量合规性的度量标准负责，这些度量标准是数据治理政策和标准提出的。没有其他人可以做到这一点，因为业务型数据专员最理解数据的含义、用途以及如何保护和改进数据质量。
- 参与解决冲突。尽可能解决问题或管理整个问题升级流程。不同的业务领域使用数据的方式不同，这些差异会导致定义、数据的使用方式以及所需的数据质量的冲突。当这些冲突出现时，负责处理有问题数据的业务型数据专员必须发挥领导力作用并尽力以满足所有利益相关者的满意度（如果可能）的方式解决问题。但是，业务型数据专员并不总是能够在他们的级别解决冲突，在这种情况下，必须根据业务型数据专员的建议将问题升级到数据总监。企业级数据专员可以指导这个过程，但业务型数据专员必须负责解决冲突。

- 评估与数据变更相关的企业影响。当关于数据的适当使用方式、所需的数据质量以及数据的含义得到决定之后，这些决定会对企业产生影响，如图 3.2 所示。

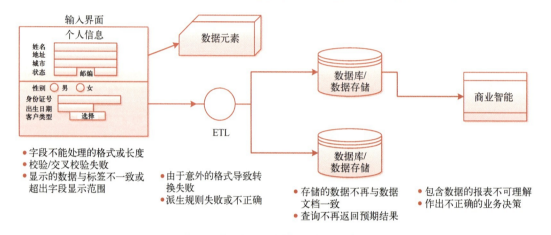

图 3.2　关于数据的决策影响整个信息链

- 组织并参与数据认责工作组。业务型数据专员的一小部分人员通常需要合作确定数据的正确使用方式以及解决数据使用相关的问题。业务型数据专员需要与这些数据认责工作组中的同行合作。这样做比涉及整个数据认责专委会或数据领域委员会更有效，因为一些业务型数据专员对特定的数据使用或问题没有兴趣或利益。
- 代表数据总监工作，以确保对数据的一致使用并分享最佳实践。业务型数据专员获得数据总监的授权，以确保其业务职能中的每个人都了解数据的最佳实践。这项工作包括确保每个人都知道：新的数据使用方式必须由业务型数据专员审查。
- 与业务利益相关者合作，为其负责的业务领域内所有的业务数据元素和派生数据定义适当的获取方式、使用方式和数据质量业务规则。定义这些规则并让每个人都知道他们是防止滥用数据的关键。例如，当分析师随意决定以一种从未用过的使用方式使用数据时（因此，违反了使用规则）或所需的数据质量不足时。业务型数据专员必须与数据用户合作，以确定满足业务需求的数据或经调整后可以满足那些需求的数据。

【实用建议】

成功管理数据需要管理元数据。为了有效地管理元数据，需要一些关键的工具和流程。主要工具是元数据存储库，其中包含业务术语表，作为存储库的集成部分或单独的工具。这些工具使数据专员能够存储和检索关于其负责的数据的定义、业务规则和其他关键信息。

数据质量和风险责任包括：

- 定义并验证数据质量规则。业务型数据专员需要根据数据的所有用户（利益相关者）的需求定义数据质量规则。这些规则用于指导系统级数据质量规则的创建，这些规则用于检查数据（数据剖析）和定期监控质量并确定数据满足已定义的质量规则的程度。

- 与业务人员共同定义可接受的数据质量水平。数据质量的"可接受"级别基于"上下文"，即数据的实际用途。因此，业务型数据专员了解数据的用途，并了解何时计划为数据增加其他用途。该认知反映了之前关于最佳实践的说明，包括：每当数据使用方式变化时通知业务型数据专员。

- 监控数据质量度量标准并定义改进机会。与定义可接受的数据质量水平密切相关的是监控数据质量指标，即数据质量与所定义的"可接受"水平的符合程度。每当数据质量似乎低于可接受水平时，业务型数据专员需要评估情况，决定是否真的存在问题，以及是否有业务理由采取额外措施来改善质量。改进的业务案例（成本/收益分析）必须进行分析，以确定是否有充足的依据将数据质量提升至可接受水平。

- 为整个企业使用的数据元素定义一个有效的值列表（参考数据）。跨多个业务领域共享数据的主要困难之一是关于"在逻辑级别应该允许哪些有效值"达成共识。这些讨论通常会强调数据中的细微差异，这意味着可能会导致将业务数据元素分解为其他业务数据元素。这些讨论通常由数据域的企业级数据专员或数据专员组长协调，以确保满足所有数据需求。

3.5 项目型数据专员

项目型数据专员的职责包括元数据、数据质量和与数据治理工作保持一致的职责。元数据职责包括：

- 与数据认责专委会合作，确定项目的业务数据元素的适当责任。项目型数据专员花费大量时间与相应的数据专员一起审查与数据相关的项目提案。这可能是来自拥有该数据业务领域的业务型数据专员或拥有数据域的数据专员组长。如果不清楚哪个业务数据或数据域拥有或应该拥有该业务数据元素，数据认责专委会将做出决定。

- 维护项目中使用的业务数据元素的名称和描述。由于业务数据元素在项目期间可以得到公开和讨论，项目管理员有责任确保为每个元素提供可靠的名称和描述。即名称遵循业务数据元素命名规则，描述尽量完整，对数据元素的含义、用途、采集方式等进行最好的预估。有一个稳定的名称和描述是必要的，以确保适当的业务型数据专员或数据专员组长清楚地了解项目提议使用的数据。

- 与相应的数据专员一起评审业务数据元素名称和描述并得到业务定义。满足数据治理标准的数据定义必须由拥有业务数据的业务型数据专员或（通过数据专员组长）由拥有该数据的数据域委员会提供。项目型数据专员必须熟悉标准并评估提议的定义是否符合标准。

- 收集并记录项目提出的业务派生和计算规则。如果项目数据是派生或计算的结果，项目主题专家应提出派生或计算规则，或要求适当的项目型数据专员这样做。项目型数据专员必须确保派生规则符合标准。

- 与相应的数据专员一起评审项目提议的派生和计算规则。适当的业务型数据专员或（通过数据专员组长）数据域委员会可以同意提议的派生规则或说明派生规则应该是什么。

- 将数据专员的决定告知项目组并纳入项目计划。由适当的业务型数据专员或数据域委员会做出的决定，包括定义、派生规则、使用规则及其他元数据，必须由项目型数据专员向项目组沟通。

【实用建议】

当项目型数据专员获得一定经验后，他们可能会开始自己提出有关数据的建议，而不是咨询适当的数据专员，这是不允许的。项目型数据专员不拥有数据或对数据负责，因此无法做出有关数据的决定。企业数据专员必须注意项目型数据专员未咨询适当的数据专员的情况。

实际上，多个项目可能会尝试使用同一个数据。在这种情况下，多个项目型数据专员可能正在同一个数据上工作。项目型数据专员需要一个协调机制（例如，每周一次的会议）来对他们的项目感兴趣的元素进行协调，并确保他们不做相同的工作。此外，各项目型数据专员必须确保各项目使用数据的一致性。

数据质量的职责包括：

- 从项目收集并记录数据质量规则和数据质量问题。项目讨论通常会揭露数据质量的已知问题，因为他们与预期用途有关。或者可能会出现有关数据的质量是否支持预期用途的问题。在这种情况下，项目型数据专员应收集并记录数据质量规则，这些规则定义了项目对数据的期望。
- 评估数据质量问题对于项目数据使用的影响，并在适当的情况下咨询数据总监或业务型数据专员。内容应包括讨论感知到的问题是否真实，并评估数据问题修复的难度。业务型数据专员可能会建议使用其他来源的更高质量水平数据。评估还将帮助决定是否花费更多的精力来深入剖析数据。

【实用建议】

一个主要的数据质量问题，加上缺少另一个数据源，可能对项目产生严重影响。在极端情况下，由于在项目启动之前未发现的不良数据质量问题而导致项目失败。在这种情况下，可能需要扩展项目范围以修复数据质量问题。数据质量修复可能会影响到项目的可执行性。

显然，最好在项目启动之前就知道这一点。简而言之，在执行某种级别的数据检查并对数据质量进行评估之前，开始项目是没有意义的。

- 咨询相应的数据专员和项目经理，以确定是否应根据数据质量规则和在项目上收集的期望来做数据剖析。虽然规则可能不为人所熟知（或根本不为人所知），但几乎有需求的人始终对数据的样式和处理过程抱有假设和期望。项目上可能发生的最严重的意外之一是，数据被假设可以满足使用目的，但实际上并没有足够的质量来满足项目目标。咨询业务型和技术型数据专员可以对数据质量不足以满足项目的目标所带来的风险做出量化。然后，项目型数据专员可以与项目经理一起安排数据剖析工作，调整项目计划考虑所需的额外时间。如前所述，最好在制定项目时间表之前确定需求并做数据剖析，因为数据剖析可能需要很长时间。

【数据剖析】

数据剖析是一个流程，用于检查数据库或其他数据源的内容，并将内容与数据质量规则（在数据中定义什么被认为是"好的质量"的规则）进行比较或发现这些规则。在理想情况下，任何使用数据的项目都应该剖析该数据，对于使用可疑质量数据的项目尤其如此。将数据剖析添加到一个并未考虑数据剖析的项目计划中可能会导致严重项目延迟。但是对数据的特征全然不知则会导致更大的问题。

数据剖析是一个多步骤流程，需要 IT、业务数据分析师、数据剖析工具专家和数据治理办公室之间的多方协作。这些步骤可以包括：

1）确定要剖析的数据。一旦项目确定了它需要什么业务数据，业务数据就必须映射到它的物理源。

2）准备剖析环境。数据剖析很少（如果有的话）在使用运行数据的生产服务器上执行。相反，必须将数据迁移到剖析环境。这涉及设置环境（服务器、磁盘和数据库引擎）、创建数据结构以及迁移数据。这在很大程度上是一项 IT 任务，通常充满挑战。

3）确保敏感的数据在剖析环境中得到适当保护。数据在事务型系统被收集并得到各种安全规则的保护，而关于将数据移出事务型系统，也有相关政策和严格规则。这些政策通常需要在移动时屏蔽或混淆数据。这实质上是改变了数据并将部分或全部内容隐藏在新的环境中。但是，这样做通常会阻碍数据剖析，因为实际上并没有检查数据。

4）运行剖析工具并存储结果。数据剖析工具专家执行此任务，如果一切顺利，这通常只需要一两天，当然这取决于数据的复杂性和数量。

5）结果分析。这是资源最密集的任务，因为剖析的结果必须由适当的业务型数据专员评审。业务型数据专员必须确定任何潜在问题是否确实存在问题，并与技术型数据专员和项目经理一起制定解决问题所需的措施。这通常需要仔细检查剖析结果并清楚地了解数据质量规则和剖析工具捕获的实际数据的特征。

6）记录结果。剖析结果和分析记录在该工具中，可能还需要在项目文档中发布。

数据剖析有点复杂，可能需要花费一些时间。但是，数据剖析节省的项目延迟时间通常超过剖析的成本。如前所述，要么知道数据是高质量的（因为之前已经检查过），要么在没有检查数据的情况下继续推进项目是愚蠢的。

【说明】

业务型数据专员应该已经知道数据的状况，或者他们应该坚持做数据剖析。让业务型数据专员对数据负责也意味着他们有责任要求在必要的地方执行数据剖析。当然，如果项目经理拒绝花费时间和费用，这必须记录在项目风险中，以证明专员被忽视的事实。

- 通过执行与数据质量相关的数据剖析任务来协助数据剖析工作。如果经过适当培训，项目型数据专员可以进行一些分析并指导其他人的工作，以确保遵循标准并将结果正确记录在适当的工具中。

【说明】

可以在没有工具的情况下剖析数据，但有工具更好。他们可以展示需求之外的内容，提出不知道的规则，并以可重复使用的形式存储结果以节省日后的时间。但剖析的行为本质上是一种比较：所拥有的与所期望的。

数据治理项目一致性管理的职责包括：

- 通知并咨询业务型数据专员（包括数据专员组长）、数据总监和企业级数据专员关于定义和数据质量规则以及数据导致的问题。
- 在项目的整个过程中以协作的方式与项目经理和项目成员合作，同时确保针对每个项目解决与数据治理相关的问题。
- 在可能的情况下，与利用项目型数据专员以前的经验和专业知识的项目保持一致。利用项目型数据专员之前的经验可以缩短学习时间曲线，使项目型数据专员成为项目的宝贵资产。

3.6　技术型数据专员

技术型数据专员具有以下职责：
- 提供有关源系统、提取、转换和加载（ETL）流程、数据存储、数据仓库和商业智能工具的技术专业知识。
- 解释系统或流程如何工作（或不工作）。技术型数据专员通常是指派支持系统的个人，并且了解系统的"内核"。此外，技术型数据专员对"事情是如何发展成这样的"有一个历史性的观点。例如，出生日期的奇数分布是从较早的系统转换而来的结果，并且在该转换期间选择了默认值。
- 检查代码、内部数据库结构和其他编程结构，以了解信息的结构、数据的移动方式以及数据在系统内或系统之间的转换方式。
- 协助识别业务数据元素在系统中的物理实施位置。

【说明】
技术型数据专员通常是由 IT 管理层分配了数据治理职责的 IT 人员，得到 CIO 或 IT 数据治理发起方（由 CIO 指定）的支持。

3.7　操作型数据专员

操作型数据专员有以下职责：
- 在创建新值或修改现有值时，确保遵守数据创建和更新策略和规程。操作型数据专员通常是一线人员，他们会输入新的数据、新的有效值并更新现有信息，或者监督从事这项工作的人员。他们也可能是解决主数据管理中的数据不匹配问题（误报和漏报）的人。这种情况提供了一个机会来确保创建和更新策略和规程得到遵从。
- 协助业务型数据专员对数据度量标准进行鉴定和收集。通常，用于衡量对政策、规程和标准的遵从度的度量标准需要收集有关数据的信息。例如，度量标准可能包括关键业务数据元素必填，或某些字段仅能使用特定有效值。收集这些信息作为度量标准和运行数据的输入可能需要大量工作，操作型数据专员可以通过运行查询并报告结果来协助这项工作。
- 协助整改项目团队完成对数据、应用程序、流程和规程的变更。项目团队通常需要得到对数据、应用程序、流程和规程进行切合实际的变更帮助。通常，最好让熟悉流程和数据的人做出这些变更。操作型数据专员可以介入并帮助处理这个问题，再次承担一些工作，否则这些工作最终会落在主题专家（SME）甚至业务型数据专员身上。

- 协助业务型数据专员执行数据分析以研究问题和变更请求。研究问题和变更请求可能涉及了解数据的位置和用途，以及深入了解数据从而了解发生了什么。操作型数据专员可以承担大部分工作，通常在业务型数据专员的指导下进行。
- 识别并沟通数据质量改进机会。操作型数据专员每天都在使用数据，他们通常比业务型数据专员更了解数据。因此，他们在独特的位置去发现在哪里数据的质量不足以满足需求。操作型数据专员可以向数据的业务型数据专员提出问题或（取决于数据治理的设置方式）报告并寻求解决方案。

【操作型数据专员和业务型数据专员之间的区别】

对于刚接触数据认责的人来说，试图弄清楚操作型数据专员和业务型数据专员之间的区别是有些困难的。在业务流程中遵循业务数据元素时，这种差异最为明显。简言之，无论业务数据元素在哪个流程中使用，业务型数据专员都要对其负责。也就是说，为了了解业务数据元素的含义、与之相关的业务规则以及数据质量要求，需向业务型数据专员求助。操作型数据专员负责确保数据输入准确，并且输入的数据符合业务数据元素的要求。与业务型数据专员不同，该职责可能会随着流程的进展而改变。

一个简单的例子应该有助于清楚地说明这一切。如图 3.3 所示，雇佣和管理员工的入职和福利有几个阶段。图中展示了负责实现每个角色的业务职能（或数据域）。

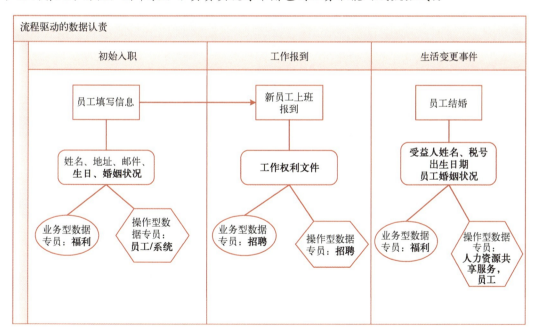

图 3.3　说明业务型数据专员和操作型数据专员之间的区别

1）初次入职。在这个阶段，一个人被雇佣，并收集了大量信息，包括他们的出生日期和婚姻状况。代表福利职能的业务型数据专员（或数据域）负责这些业务数据元素的定义、有效值和业务规则。但是，操作型数据专员负责正确输入数据。输入数据的系统也可以被视为操作型数据专员，因为它将强制执行数据输入规则，例如，当员工的年龄在某个范围时，出生日期是有效值。

2）工作报到。当新员工第一天上班时，必须提供（在大多数国家/地区）在该国家/地区工作权利的文件。在美国，这被称为"I9 文档"。在此示例中，业务型数据专员和操作型数据专员均来自招聘职能。这是因为招聘负责围绕证明工作权利所需的业务数据元素的定义和其他元数据。此外，招聘负责从员工处接收这些文件并将信息准确输入系统。

3）生活变更事件。由于员工的生活状态发生变化（称为"生活变更事件"），可能需要额外的数据。例如，如果员工结婚，他们的婚姻状况要更新，并且还必须收集有关受益配偶的信息（包括出生日期）。同样，是福利职能负责指定和理解业务数据元素。但是，在此示例中，员工提供数据，人力资源共享服务组负责收集、验证和更新此信息，因此，两者都是操作型数据专员。

3.8   数据认责 RACI 职能矩阵

当制定职责、流程并拓展数据认责工作的广度时，开发 RACI 职能矩阵（Responsible：对执行负责；Accountable：对结果负责；Consulted：被征询意见；Informed：被知会）可能会有所帮助。表 3.1 中显示了一个示例。与任何 RACI 职能矩阵一样，流程列在左侧，各种角色（例如，业务型数据专员）列在顶部。对于角色中的给定 RACI 职能矩阵，适当的字母（R、A、C 和 I）在交叉单元格处注明。任何行都只能有一个"A"（对结果负责）。

表 3.1   RACI 职能矩阵示例

流程	业务型数据专员	技术型数据专员	业务系统拥有方	高层领导小组	企业级数据专员	数据质量分析师	数据治理经理	数据总监	合规分析师
制定政策				A			R		
批准政策	I		I	R、A			I		
制定规程	C			R、A					
培训业务型数据专员	C			R、A					
选择数据总监				R、A			C	I	
选择数据专员	I				I		C	R、A	
分配 BDE 的所有权	R、A				C				
定义 BDE 的数据质量规则	R、A	C				C			
确定 BDE 的物理位置	C	C	R			A			
评估数据质量结果	R	R				A			

（续）

流程	业务型数据专员	技术型数据专员	业务系统拥有方	高层领导小组	企业级数据专员	数据质量分析师	数据治理经理	数据总监	合规分析师
制定数据质量故障的整改方案	R	C	C			A			
授权数据质量改进项目	C	C		A	I		I	R	
协调属性的有效数据值	R	R			A				
分配 BDE 的敏感度	R								A
根据信息安全规则创建数据分级	I								R、A
给 BDE 分配监管信息安全级别	I								R、A
剖析 PDE 并整合结果		R				I	R、A		

A，对结果负责；BDE，业务数据元素；C，被征询意见；I，被知会；PDE，物理数据元素；R，负责

　　RACI 职能矩阵的价值在于明确了谁做了什么，以及谁负责确保任务/流程的执行和结果。该示例包含大量流程，并且当数据认责的相关角色参与到更多工作中时，这个流程列表会周期性更新。例如，正如将在第 7 章"数据专员的重要角色"中看到的那样，业务型数据专员通常参与许多不同类型的工作，包括数据质量改进、数据有效值的协调和隐私。示例 RACI 职能矩阵包含其中的一部分职责，但不是全部。例如，MDM 中涉及的任务和角色未包含在此 RACI 职能矩阵中，但如果企业涉及 MDM 并在该工作中包含业务型数据专员，则需要添加。当然，RACI 职能矩阵的职责可能有所不同——似乎每个企业做事的方式都有些不同。

3.9　小结

　　在各种类型的数据专员以及企业级数据专员和数据认责专委会之间分配了大量职责。

　　企业级数据专员领导认责工作，因此承担相应的领导力职责。业务型数据专员对其所属业务领域拥有的数据或所属数据域委员会拥有的数据负有主要责任，通过操作型数据专员提供"实际上手"的工作支持，并依赖于技术型数据专员获取技术信息。此外，数据专员作为一个团队（数据认责专委会）同样负有责任。

第 4 章

实施数据认责

当开始整合各项数据认责工作时，需要了解一些事情。第一件事是找到合适的措辞来描述数据认责是什么，并找到所在组织的倡导者，他们的加入将有助于推动数据认责的进程。此外，还需要了解业务是如何组织的，确定谁拥有数据，以及谁只使用他人拥有的东西（利益相关者）。最后，需要确定是否通过与代表每个业务职能的业务型数据专员的直接交互来实施数据认责，还是通过数据域来实施——数据域对业务数据元素进行逻辑分组，并让业务职能的业务型数据专员对该数据域中的数据进行联合决策。正如第 11 章基于数据域开展数据治理和认责中所解释的，使用数据域有利有弊。主要缺点是，数据认责的成功需要一个相对成熟的组织，在理想情况下需要有一些数据治理的经验。由于需要数据治理的成熟度和经验，许多组织先以业务职能驱动的数据认责开始，在建立起有效的数据治理工作基础之后再转向数据域驱动的数据认责。

除了确定组织架构之外，还有一项非常重要的任务，就是找出企业已经拥有的资源。例如，对数据分析师社区的调查可能会发现某人已经整理了一本数据字典、已有一套数据质量规范来确保数据满足人们的数据需求，甚至还有一套可用于数据认责的 IT 工具。这些工具甚至可能一直闲置着。

【数据所有权的含义】

数据"所有权"意味着几件事。首先，这意味着在很大程度上由拥有数据的业务职能主要负责建立数据的含义（定义）和业务规则（如数据的创建、使用和质量规则）。也就是说，拥有数据的业务职能负责为其拥有的数据建立元数据。之所以说"很大程度上"，是因为拥有数据的业务职能必须考虑所有利益相关者的数据。如果已经实现了数据域驱动的数据治理（参见第 11 章基于数据域开展数据治理和认责），拥有数据的业务职能还应该在包含该数据的数据域中起到主导角色（并且通常提供数据专员组长）。数据域还应该有其他代表利益相关业务职能的业务型数据专员参与。

这也意味着有关更改元数据的决定由拥有数据的业务职能全权负责（对于业务职能驱动的数据认责而言），或是由与该数据相关联的数据域中的各方代表联合负责。最后，数据所有权意味着维护被拥有数据的质量是拥有该数据的业务职能的责任。

【说明】

对于业务职能驱动数据认责，拥有数据的业务职能需要提供业务型数据专员，做出数据相关决定并与其他利益相关者合作。对于数据域驱动数据认责，拥有数据的业务职能和利益相关者业务职能都需要提供业务型数据专员在数据域委员会中一起工作。

4.1　倡导与沟通数据认责

为了确保数据认责的成功，首当其冲要做的就是让大家知道它的存在，它的含义以及重要性。业务型数据专员对他们的数据非常了解（或应该了解），但没有人能一下子知道所有的或任何地方的数据。特别是在一家大公司，有很多数据分析师可能掌握着业务型数据专员所缺乏的信息。如果数据分析师（和其他数据用户）了解数据认责及其运作方式，并知道数据专员是谁，那么他们就可以这样做：

- 向相关人员提出询问或数据问题。在一些公司，这甚至可能意味着让数据分析师在问题日志中抛出自己的问题（参见第 6 章数据认责实践）。
- 为数据问题提供解决方案和已知的变通做法。
- 提供可用的数据字典、有效值列表、查询、数据质量规范和其他对有用的成果。
- 当分析师认为数据认责规程没有得到执行时，建议人们联系数据认责的业务职能部门。这里给出一位数据分析师介入的案例：有一位参加过我们会议的保险数据分析师，听说有这样一个项目旨在重新定义业务数据元素"成交比率"，因为他们觉得当前的定义不准确。该分析师建议项目负责人应该联系业务型数据专员，并提供了此人的姓名。然后，业务型数据专员与项目团队合作，找出不足之处，并最终重命名（为"唯一报价与成交比率"），并通过为定义添加更多详细信息来重新定义业务数据元素。此外，还定义了几个附加数据元素（如"代理机构唯一报价与成交比率"），并将其添加到业务术语表中。

4.1.1　数据认责沟通信息

做好数据认责的倡导与沟通，其第一步是准备好与任何愿意倾听的人谈论它。这需要一套关于数据认责的价值、愿景以及数据认责内容一致的沟通信息。还需要准备好回答每个人都会遇到的常见问题，例如：

- 这对我有什么影响？这个问题通常有多个部分，比如希望我开始做什么，开始做不同的事情，或者停止做什么。换言之，我的代价是什么（改变总是被视为代价）。
- 这对我有什么好处？也就是说，改变自己的方式能给我带来什么好处？
- 您是谁，我为什么要听您的？

数据认责沟通信息的构建，旨在推动元数据（定义、派生规则、创建和使用业务规则）的理念和提高数据质量。此外，沟通信息必须强调，数据需要知识渊博和广泛认可的决策者。换言之，数据认责需要三个核心组成部分：

- 关于数据的文档化、可理解的知识，即元数据。
- 培养有关数据的知识，以便达到从数据中获得更多价值的目的，即数据质量。
- 一套数据相关的决策机制，即数据治理。

各种版本的沟通信息都需要，可以是一组录音，或者是完整的演示文稿。图 4.1 总结了这种沟通的"金字塔"。

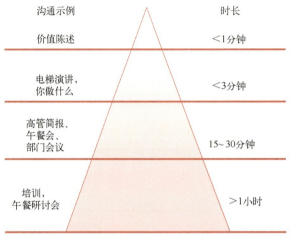

图 4.1　各种沟通形式，如"沟通金字塔"

在以下情况下，各种时长的沟通各具作用：

● 1 分钟之内：当时间很少时，最好专注于一个价值陈述，说明将如何改善企业，最好是对谈话人来说很重要的方式。如果做得正确，这可以激起别人的兴趣，以赢得更多的时间。

● 不到 3 分钟：这是经典的"电梯演讲"，需要很快地表达自己的观点。需要做好充分的准备，告诉高管或其他重要人物做了什么，以及为什么激发他们的兴趣是有价值的。我最喜欢的例子是我和新首席运营官坐上电梯的那天。当他问我做了什么时，我设法告诉了他足够多的事情（包括这会如何影响他最喜欢的计划）。

● 15～30 分钟：虽然"电梯演讲"必须是即兴的，但时间较长的演讲通常最好用几张幻灯片来完成，并留存下来。这类演示通常会发生在高管简报会、简短的午餐会或直接向高管汇报的会议上。例如，我被邀请与保险服务执行副总裁的直接下属交谈，向他们解释为什么他们应该提供资源来支持数据治理和数据认责，以及支持他们的一些分析师想要做的内部元数据定义项目（数据认责亦可复用）。我首先简要介绍了数据治理的总体目标，然后介绍了认责是什么以及它的重要性，并提到它需要业务部门指派的数据专员。最后，我指出许多关键计划将受益于对数据的深入了解，这些数据直接与元数据计划相关。当然，能够提供的这些信息对听众来说是重要的内容（关键举措）。

● 1 小时以上：当进入培训阶段时，所需要演讲的时间更长。根据数据认责和数据治理工程参与者的水平和参与程度确定演讲内容和所需材料。例如，对于新的数据总监而言，1 小时的数据认责演示应该是标准的演示时长，以便他们了解数据专员在整个流程中的作用。此类培训至关重要，由数据总监指定业务型数据专员，并必须了解他们的职责和所需人员的类型。"午餐研讨会"演示的长度通常接近 1 小时，而给 IT 开发人员的演示则长达 1.5 小时。在许多公司，参加这些演讲的人都会因其出席而获得教育学分。

最后，可以使用公司提供的常规沟通工具。其中可能包括即时通讯和各种信息网站。一个好的沟通计划（第 6 章数据认责实践）应该包括所有这些类型的沟通工具。

4.1.2　准备数据认责沟通

作为数据认责沟通的一部分，需要准备面向不同小组演讲，对象包括：

- 来自业务和 IT 部门的高管。
- 可能担任数据总监的经理或听取业务型数据专员职能汇报的经理。
- 业务型数据专员。
- 业务和 IT 领域的主题专家。

准备这些演示文稿非常重要，包括以下步骤：

- 确定所要传递的重要信息。其中一条信息是阐述数据认责所带来的价值，包括听众如何从中受益。这些价值陈述因受众而异，但任何受众都会寻找这些信息，以了解他们为什么应该参与、配合和协作。
- 确定受众。毋庸置疑，对不同的受众需要在细节层面上进行"调整"，他们的关注点也会有所不同。例如，高管倾向于关注对企业或子公司的影响，而业务型数据专员和主题专家则关注他们各自的需求。
- 确定需要展示多长时间。根据时长，改变演讲的节奏，调整口头演讲的详细程度以及幻灯片的数量，并努力在规定的时间内完成。
- 为观众自定义信息。这些变化不仅会因受众类型和时间而发生，还会因受众所在公司的区域而发生（请参见"自定义信息"）。

【实用建议】

"电梯演讲"很难，因为您需要在短时间内抓住听者的注意力。一条好的建议是寻找与所做的事情以及目标相关的"普遍真理"。当找到这个关联的普遍真理时，就会找到想要传递的有说服力的信息。例如：

"您知道每个人都同意我们必须仔细管理数据，确保数据质量足以满足我们所有的需求吗？这就是我通过与业务部门和 IT 部门合作创建和运营一个致力于此的组织来帮助公司做的事。我叫 David Plotkin，我是数据治理经理。"

【自定义信息】

有效传达任何信息（包括数据认责）的一个关键原则是为受众定制信息。自定义信息在"数据认责沟通信息"部分中进行了说明，特别是关于 15 ~ 30 分钟的信息。在讨论数据认责时，为受众定制信息尤为重要，因为对许多人来说，数据认责是一个陌生的概念。此外，不同的受众将与数据认责有不同的关系，因此需要不同的详细程度。在与业务人员交谈之前，请花时间了解该业务职能正在实施或正在考虑的计划，并了解这些计划的成功如何取决于数据。还要特别注意企业对其数据的感受。也就是说，研究业务职能的数据存在哪些问题，并询问过去哪些数据问题阻碍了他们的成功。如果专注于数据认责将如何帮助推动关键计划，或者有可能缓解他们感受到的一些数据痛苦，这将使信息更加有效，因为它们直接相关。谈到数据认责与他们的计划之间的关系时，需特别关心了解他们的业务，而不仅仅是做一个固定的演示。例如，在保险高管的会议中，他们正在与各种各样的报告打交道而挣扎，这些报告显示了不同的金额，而对于已支付的索赔，似乎是相同的计算结果。我发现，根源在于每个报告对这个数字的定义和计算都不同，报告或定义/计算都没有明确的责任人，也没有解决这些问题的机制，当然，除非他们参与了数据认责工作。我指出，除非他们花时间定义并就其条款和规则达成共识，否则他们正在构建的数据仓库也会遇到同样的问题。我还告诉他们，如果他们实施数据认责程序，他们将有一个结构化的方法来确定需要哪些维度和事实，并确保所有事实都以一致的方式定义和计算，并记录在可访问和共享的存储库中。

还要注意一点，当向 IT（特别是开发人员）演示时，将有一个巨大的机会来获得一个积极和热情的"守门人"社区。这是因为，开发人员经常感到痛苦，他们拿到的需求缺乏他们需要的信息，无法很好地定位和使用正确的数据，也无法检查其有效性。如果能为开发人员提供正确的数据认责原则，他们可以在收到半生不熟的需求时进行质疑，并且可以让数据治理组织参与进来，以帮助提高查找和使用正确数据的效率，以及对新需求进行编程。我在一家大型连锁药店管理数据建模组时的经历恰恰如此。我们维护了逻辑和物理模型，并生成了 DDL 来创建和修改数据库结构。当然，数据库结构与模型同步是很重要的。我们寻求了数据库管理员（DBA）的帮助，开发人员经常会请求他们在这里和那里添加一个列。这对 DBA 来说是一件痛苦的事，并导致了各种部署问题，因为这些更改必须部署到 400 多家商店。它还经常导致创建已经存在的列或在错误的表中创建的列，因为开发人员不了解数据的结构。DBA 随后不得不执行撤销操作。DBA 与我们合作，成为数据库的守门人，并将任何新列或其他数据库结构更改的请求提交给我们的团队。我们将与开发人员合作以了解需求，如果这是合法的，我们将更改模型，生成新的 DDL 并将其交给 DBA 实现。这是团队合作的一个很好的例子，不仅保护了数据库（和模型）的完整性，而且还让众所周知的过度工作的 DBA 摆脱了为这些小变化手工编写 DDL 的业务。

4.2 获取高层与基层的支持

来自高层的管理者和基层工作人员都必须支持数据认责工程，这一点势在必行。管理层的支持作用是相当明显的，因为大多数跨企业的努力都会遇到一些阻力，需要管理层的帮助才能明晰方向，忽视这些努力（或者更糟糕的是极力反对）是不行的。此外，通常需要明确的高层支持才能让员工相信组织对数据认责的实施非常认真。此外（如第 5 章培训业务型数据专员所述），数据认责通常涉及文化变革，只有高管才能实现这些变革。最后，如果要调整奖励和激励制度以鼓励积极参与数据认责，也需要高层管理者的支持。

数据认责工程的实施同样需要员工的支持。理想的情况是，在组织中建立一个巨大的支持力量，这需要赢得使用数据并感到痛苦的数据分析师发自内心的支持。这种痛苦源于缺乏定义和标准化的派生规则、低下的和不确定的数据质量，以及没有数据创建和使用的指南或规则，这些都激励了数据分析师社区参与并支持业务型数据专员的工作。与开发人员一样，数据分析师可以在整个组织中成为沟通桥梁，并可以将与数据相关的问题提交给业务型数据专员以寻求解决方案。数据分析师直接受益于严谨定义、质量更好的数据（包括构成高质量数据的规则）以及具有严格的创建和使用规则的数据。让数据分析师意识到这一好处，并成为盟友，如果不能做到这一点，他们最终可能会将数据认责工作视为更多的开销和完成工作的障碍。

来自基层的支持力量，会成为整个组织中数据认责的倡导者。这些倡导者的支持将有助于传递成功的信息。如果数据分析师对数据质量的提高以及数据的使用方式感到满意，他们就会推广这些成功的经验。也就是说，他们告诉同事这些新技术是如何带来价值的，在出现数据问题时，比如，数据语义不明确或数据质量较差，业务型数据专员应及时参与。

【实用建议】

如果您善于传达有关数据认责的价值、数据分析师参与及支持的信息，您可能会让自己处于"压倒性需求"的境地，数据分析师会提出大量需要处理的问题，乍一看，给业务型数据专员带来大量数据问题似乎是件好事，事实却不见得如此。如果数据认责工作不堪重负，并且在处理数据分析师提出的问题时开始出现拖延，数据分析师可能会感到沮丧，并因为看不到任何结果而停止参与。怎么办？第一件事是让业务型数据专员优先处理这些问题。这通常包括让业务型数据专员与提出问题的数据分析师交谈，以便：

- 确定问题对数据分析师工作的影响，以及工作对业务的重要性。
- 让数据分析师了解解决问题所需的工作量。业务型数据专员甚至可以招募数据分析师帮助解决问题。也就是说，如果问题足够重要，那么可以将工作负荷分散给受其影响最严重的人。

4.3 加强对组织的理解

组织有其结构，通常用组织架构图来表示。组织也有其文化，会影响其做出决策的方式。为了建立和运行一个有效的数据认责组织，必须充分理解组织的这两个方面。

4.3.1 组织架构

由于数据治理和数据认责都关心数据，制定并执行有关数据的决策，因此了解哪些业务职能拥有数据以及他们拥有哪些数据至关重要。还需要了解组织如何做出决策以及这些决策是在组织的哪个级别做出的，理解这一点同样重要，以便从正确的决策层级中选择数据治理的参与者（如高层领导小组、数据治理委员会和数据认责专委会）。

梳理组织决策层的第一步是了解组织的结构。结构可以相对简单，如图 4.2 所示。

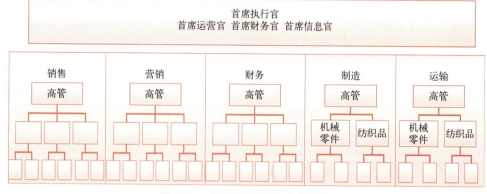

图 4.2　一幅相当直观的组织架构图

　　组织架构图的复杂性不一定是公司规模的体现。相反，它往往会因公司所处业务量而有所不同，尽管规模往往与业务量以及组织的管理层级相关。例如，一家大型公司生产引擎，并运营着一个主要的电视广播网络。此类公司通常将其每个子公司视为单独的实体（可能有独立的数据治理实施），在公司整体层面只有一个有限的数据治理范围来支持监管机构强制要求报告的财务（和其他）结果。

　　然而，在建立数据认责体系时，需要超越业务单元的严格界限，将重点放在业务职能上。业务单元与业务职能有何不同？业务单元是组织结构一部分，即整个公司中的一个事业部或部门。业务单元通常也有自己的预算和管理结构。另一方面，业务职能是负责执行一组特定业务职责的业务领域。从表面上看可能是一样的，但事实并非如此。我在一家有会员部和保险部的公司工作过，在不到一年的时间里，该公司的这两个部门被合并为一个"产品"部门，然后又被拆分。如果基于业务单元，这种流动性可能会对业务型数据专员的分配造成破坏，因为每次重组都可能改变数据认责专委会的组成。另一方面，除非业务的基本性质发生变化（公司进入了一个未曾涉足的新业务领域），否则业务职能很少发生变化。如果将业务型数据专员建立在业务职能的基础上，即使在重组发生时，他们也不必更改。也就是说，基于业务职能而非业务单元的业务型数据专员，其数据认责更加稳定。例如，由于上述公司部门的重组，会员和保险的业务型数据专员没有发生变化。

　　聚焦业务职能，即便公司业务出现重组，其影响也无关紧要。例如，如果纺织品运输部门突然重组为纺织品制造部门，负责运输的业务型数据专员不会改变，因为运输数据的所有权仍然属于运输业务职能。

　　基于业务职能的管理也提供了更多的灵活性。例如，图 4.2 显示了一家拥有两条主要业务条线的公司，即制造机器零件和纺织品。虽然这些业务领域的数据可能大相径庭，但请注意，该公司还有一个运输事业部，该事业部也分为机器零件和纺织品部门。但仓库就是仓库，卡车就是卡车，所以那里的数据可能非常相似，公司很可能会从这两个部门的共同定义和质量要求中受益。

　　【实用建议】

　　即使是复杂的组织也往往具有相当标准化的职能，如财务、销售和营销。这些是开始数据认责工作的好地方。首先，销售和营销部门通常能够量化那些因数据不佳而遭受的痛苦。例如，一家大型保险公司的营销机构，每月向一家外部公司支付 24000 美元，用于地址标准化的构建，识别两封邮件何时发送给同一个人（不存在主数据管理）。此外，一项抽样统计显示，他们还每月向过期地址邮寄邮件支付约 3000 美元。为此，业务与技术型数据专员应在以下几个方面下功夫：

- 在数据收集时，添加强制条件，只让有效数据放行。
- 在有效地址上，购买外部数据。
- 对现有地址，进行地址标准化处理。

结果是，在短短五个月内就消除了这些成本，并收回了用于改进数据的投资。

财务部是开展数据认责工作的另一个好地方，因为财务部不仅对外部报告有标准化的定义和计算，而且还习惯于对其数据进行严格管理。财务分析师通常有权迫使公司内部的报告小组对报告的数据进行标准化和改进。严格的治理是财务不可或缺的一部分，因此在许多组织中，数据治理职能可能属于首席财务官（CFO）。

如图 4.3 所示，单个整体业务职能也可能有多个业务型数据专员。一个庞大而复杂的业务领域（如保险服务）可能会处理多个类别的数据（如精算、承保和理赔），通常需要每个领域的一名或多名业务型数据专员，因为没有人同时熟悉这三组广泛不同的数据。需要指出的是，在数据认责方面，组织架构图往往不是指定业务型数据专员的最佳方式，不应该成为约束限制。

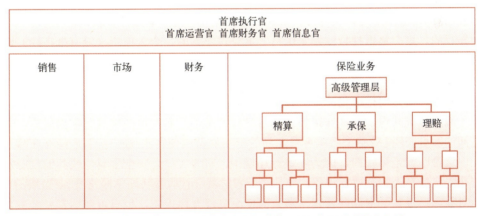

图 4.3　单个业务职能可能有多个数据专员，例如本例中的保险公司

如图 4.4 所示，当一个组织高度复杂，或在多个子公司中具有相同的职能时，事情开始变得更加复杂。像这样的组织架构通常可以从一个强有力的"并购型增长"战略中发展出来。例如，在所有三个业务职能中都会创建账户，在这个特定的案例中，这些账户非常相似，并且遵循相同的规则。如果没有确定的客户，账户就无法存在。当这种组织架构存在时，它会邀请不同的业务单元对相同类型的数据采用不同的定义和业务规则。在这种情况下，更重要的是让每个业务职能的业务型数据专员在可能带来收益的情况下确保数据定义和规则的一致性。

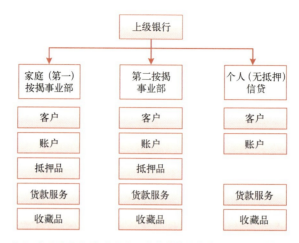

图 4.4　组织的不同子公司的业务职能非常相似或相同，从而导致数据重复

【说明】

理论上，业务型数据专员可来自组织的任一层级，因为他们被指定为具有第 3 章认责管理的角色与职责中详述的权限以及角色和责任。但是，业务型数据专员通常最好从已经拥有一定决策权的人员中选择，只要这些人员符合成为有效业务型数据专员的要求。因此，在对数据非常了解的人（得益于他们的经验，而不管他们向谁报告）和拥有直接决策权的人之间，需要做出权衡。

在本例中，一家大型银行通过收购其他银行，并保留优于现有系统和职能的系统和业务职能而发展壮大。然而，这确实导致了一种奇怪的情况：第一笔抵押贷款是由一家子公司（和系统）发行的，第二笔抵押贷款则是由另一家公司发行的，个人信贷（没有抵押物）则由第三家公司发行。可以想象的是，描述这三个系统使用的数据的绝大多数元数据都是（或应该是）相同的，但发布第一笔和第二笔抵押贷款的组合几乎是不可能的。每个业务职能都拥有其产生的数据，而走向标准化的唯一途径是共同拥有。三位业务型数据专员密切合作，就含义和业务规则达成共识。这种安排的一个附带好处是，三名专员能够确定数据质量，并发现系统之间的质量差距。业务型数据专员之间的密切协调也使客户/账户持有人能够在跨系统进行匹配。这种匹配是可行的，因为在银行环境中，SSN（社会安全号码）或其他政府发布的标识符是账户持有人的有效标识符，并且在开户时就会被收集（通常是这样）。当然，如果企业已经对其客户进行了主数据管理，那么即使没有官方标识符，也有可能拥有一个主客户，前提是数据质量足够好（更多信息，请参阅第 7 章"数据专员的重要角色"）。

当公司按国家或地区划分时，建立数据认责变得更加复杂，每个国家或地区都有不同的法规、语言和习俗。这种组织架构的示例如图 4.5 所示。

在每个国家、地区或子公司以高度自治的方式运营的情况下，典型的实施方式是，这些实体中的每一个都必须建立自己的数据治理和数据认责，其方式可能基本上独立于其他实体。一旦发生这种情况，跨国的数据治理组织就需要审视关键的业务数据元素，并将重点放在那些有充分商业理由在整个企业中拥有共同定义和业务规则的数据元素上。为了实现在关键业务数据元素之间具有通用性的目标，可能需要修改每个实体中的元数据（如定义），以匹配公司级别所需的定义。另一种解决方案可以是定义一组公共业务数据元素以及从每个实体的数据到公共数据的派生规则。图 4.6 展示了一个支持高度自主公司的数据认责组织。

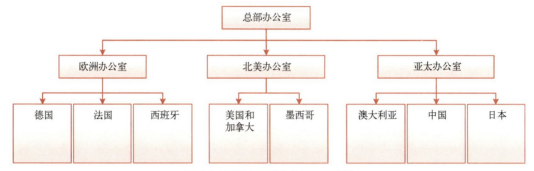

图 4.5　跨国公司的复杂组织架构图

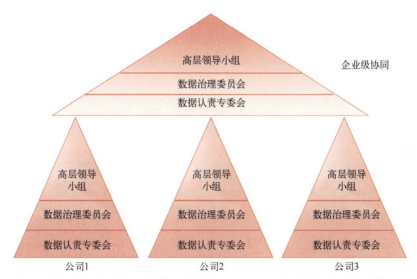

图 4.6　跨国公司的数据认责通常必须增加"企业级"，以处理通用业务数据元素和管理通用的数据

4.3.2　组织文化

如果想成功实施数据认责，了解组织文化非常重要，因为数据认责大多需要经历重大的文化变革。如果是从外部聘请来实施数据认责，这一点尤其正确。

给数据建立严格的决策机制对于组织整体以及使用数据的人员通常是一个新的体验。建立和执行流程以处理数据问题也是如此。业务型数据专员对于其所在的业务职能（或数据域）拥有的数据是有权威的，他们负责说明数据的含义、计算方式以及数据的质量，创建和使用的业务规则。也就是说，数据决策的概念对于企业文化来说可能是陌生的，这需要做出改变。

行为改变会产生文化影响，这在每一个决策都需要达成共识的公司尤其如此。虽然业务型数据专员应该努力让人们一起工作，以相似的方式理解数据，并与利益相关者达成共识，但最终业务型数据专员负责提出建议和决策，无论是否达成共识。

当然，不可能立即改变文化，也不需要这样做。在尝试做出变革之前，需要了解当前状态。分析当前的文化确实有助于了解哪里会出现问题。如果公司指派的个人（做决策的人可能是在为他们的平级同事做决策）做出的决策与公司的文化不一致，高管支持更为重要。公司领导一定要释放这样的信息，这种"以数据为业务"的新做法得到了上层管理者的接受和支持，符合企业的最大利益。

【说明】

对于基于业务职能的数据认责，应由代表业务职能的业务型数据专员组成数据认责专委会。

对于第 11 章基于数据域开展数据治理和认责所述，应由来自数据域委员会的数据专员组长（同时也担任代表其业务职能的业务型数据专员）组成数据认责专委会，负责利用数据域对组织的数据进行管理和认责。

关键点是，无论使用哪种数据认责的方式，数据认责专委会都需要提供一种协作机制。

4.4　组织数据专员

数据认责专委会由业务型数据专员组成，该专委会与数据治理委员会、主题专家和利益相关者共同就数据做出决策。图 4.7 显示了高层领导小组、数据治理委员会和数据认责专委会三者之间的关系。如图所示，数据治理办公室在底部，建议其成员来自业务而非 IT，并向对应的业务发起方汇报。

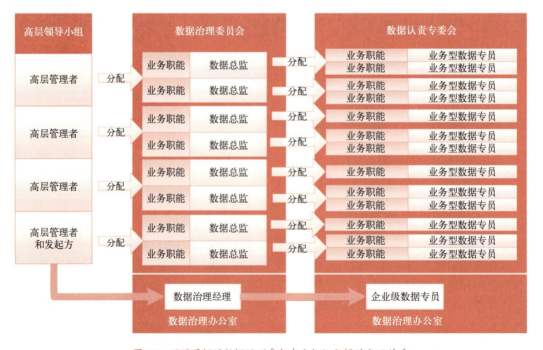

图 4.7　不同层级的数据治理参与者和组织之间的交互关系

4.5　厘清出发点

　　当启动数据认责工作时，需要专注于数据、元数据、提升数据质量、清晰且可重复的流程，并选用强大的文档和信息工具箱。好消息是一般很少需要从零开始：经常从事数据相关工作的人通常会持续收集此类有用的信息供自己使用。如果能够找到此信息，我们可以以此为起点，梳理出一系列的具体工作。

4.5.1　厘清已拥有什么：数据

　　要治理和认责数据，必须了解以下事项：
- 有什么数据？在数据治理的早期，这些信息通常会按照数据分组（例如，财务、销售、客户、产品等），而不是按特定的数据元素进行分类。虽然可能很快会进入管理单个业务数据元素的阶段，但对数据分类有所了解对于企业来说仍然非常有必要。了解数据分类不仅有助于知悉哪些业务职能应设立业务型数据专员，还可以为明确需要哪些数据域提供指导（请参阅第 11 章基于数据域开展数据治理和认责）。
- 数据从哪里来？数据不是在一个地方停留不动，而是贯穿整个企业业务流程。这就是"信息链"，具体包括采集（通过外部文件或源系统）、迁移和转换（通过提取、转换和加载，即 ETL）、存储（在中间库和操作型数据存储中）、汇总和聚合（在数据仓库、数据集市和数据湖中）并用于决策（通过商业智能）。当然，企业的信息链往往不只有一条，并且会形成各种很复杂的分支。一个简单的信息链如图 4.8 所示。

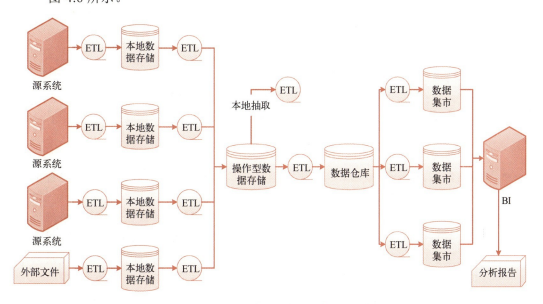

图 4.8　企业"信息链"中的信息流转示意

【业务流程和信息链】

信息链是用于支持业务流程而合理编排的业务数据流。理解这些业务流程对于掌握信息链中的技术系统和流程非常重要，因为技术系统和流程支撑了业务流程。也就是说，没有业务流程就没有信息链的存在。在分析信息链时，第一步是理解信息链所支撑的业务流程。通常情况下，信息链的变化滞后于业务流程的变化，甚至在业务流程更改或停止后会持续很长时间。如果发生这种情况，则需要及时修改或完全消除信息链。

这个示例可以帮助快速理解信息链和业务流程之间的关系。图 4.9 显示了信息链（上半部分）和信息链支持的业务流程（下半部分）。这个示例基于制定保险策略，它展示了评估风险、提供保单、销售（"绑定"）保单和报告等满足业务需求相关工作所需的流程，与各种系统和基础设施（例如，源系统、数据仓库和数据集市）相匹配的关系。

另外，如同河流分支一样，一个业务流程经常会分支到同一个信息流支撑的其他业务流程上（例如，保单维护流程）。在本例中，业务流程区分了创建保单和服务/维护保单，尽管两者都使用同一个系统。

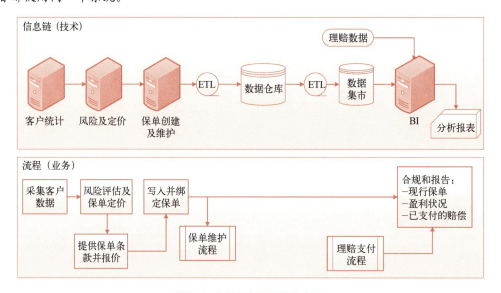

图 4.9 支撑业务流程的信息链

- 谁负责数据的采集、处理和应用？在企业内部通常由各种 IT 团队负责信息链上的不同分段，包括源系统、ETL、数据存储和商业智能报告环境。这些 IT 团队（以及企业架构团队）可以帮助我们理解数据如何流转、各源系统中发生了什么、外部资源产生的文件以及最终生成的关键报告放在哪里，这将帮助我们掌握哪些数据对组织来说最重要。了解这些团队并与之建立一个良好的工作关系，将有助于了解数据及其使用方式。

【实用建议】

在任何复杂的企业中，我们都不可能一次性获得与整个组织中的数据流相关的全部信息。但是我们可以将主要业务领域的数据和信息链了解清楚，并持续跟进。

挖掘可用数据的优先级通常取决于项目和问题的严重性。此外，不要忘记定期维护企业架构中说明各种信息链以及他们之间如何交互的图表。企业架构还可以提供一个企业的全景蓝图，在开始研究整个信息链的任何一部分之前，这至关重要。

4.5.2 厘清已拥有什么：元数据

元数据对于数据认责工作来说至关重要。事实上，在许多方面，"数据认责"也是"元数据认责"。在对数据进行发现和记录时，大多数用到的都是其元数据。元数据对于经常使用数据的数据分析师们来说非常有用，因此他们会用各种方式收集所需的元数据，并事无巨细地将元数据记录在从自建桌面数据库到电子表格等各种地方。因此，关键在于让业务型数据专员发现、采集并验证元数据。

【说明】

当一名员工被委任为业务型数据专员，他的工作职责就确定了，主要任务就是创建和管理元数据。当发现新的元数据源时（例如，另一位数据分析师提供了明确的电子表格表头），应将新的元数据相关信息提交给对应的业务型数据专员。

【定义】

什么是元数据？劳拉·塞巴斯蒂安·科尔曼在《衡量数据质量以持续改进》一书中对元数据进行了定义：元数据通常被定义为"关于数据的数据"，但它更应该被定义得更明确一些——编制文档以实现对组织数据的共同理解，包括数据想要描述什么（术语和业务规则的定义），是什么（数据定义、系统设计、系统流程），不是什么（描述的限定），当它在流程和系统中流动的时候会发生什么（来源、血缘、信息链和信息生命周期），在什么情况下使用或应该使用该数据，又在什么情况下不能使用。

发现现有元数据包括以下要点：

- 明确定义。许多数据分析师都会做好数据定义的收集和整理工作。他们会将有效值及其含义整理成列表，以便能够使用这些数据的码值。报告编写者/管理人员也是数据定义的高质量来源。这是因为收到报告的人通常在不理解报告或认为某些结果看起来可疑或不正确时求助于报告组。编制报告的人最初往往不是数据定义方面的专家，但出于工作需要，他们必须经常收集和记录这些信息，以便能够解释反复出现的各种质疑和问题。在理想情况下，录入数据的人也应该理解数据的定义。如果执行数据录入的工作人员理解他们正在输入的内容，那么他们通常是第一个意识到数据有误的人。
- 明确派生规则信息。数据分析人员还会采集数据派生规则信息，就是一个数值如何计算或如何用其他指标派生出来的规则。这些规则通常嵌入在程序代码中，因此不能简单定义，而应该深入研究和整理。
- 明确元数据存储位置。大多数人都将收集到的元数据相关信息存储在电子表格或类似的工具中供自己使用。收集这些信息并及时更新，在多个电子表格或其他工具之间进行快速交叉检索是一件令人头疼的事情。理想情况下，我们希望元数据提供者使用可共享的资源（如业务术语表），并通过一套元数据维护流程来及时更新该资源，以保持元数据信息的完备。这将消除各种工具和文档中元数据保持同步更新所需的大量"内耗"。理想的情况是元数据保存在企业级独立数据库中，由数据治理办公室强制要求使用。

- 明确元数据管理和验证的方法及组织。如果仅仅用于自用，那么大家通常只是简单地将其记录在电子表格或其他工具中。但是数据分析师小组经常会讨论和验证元数据，因此会创建一个包含部门内统一定义的业务数据元素列表。元数据验证工作通常通过讨论以达成共识，或者询问大家公认的最懂数据的人（就是业务型数据专员）。其实这些本地化的数据专家小组实际上是数据认责的孤岛，它们存在于孤立的业务职能中。找到这些小组并发挥其作用，可以使企业级数据认责工作迈出一大步。

【说明】

元数据有很多种，因此元数据的"验证"也有多种不同的形式。

一些元数据很容易验证——可以通过检查数据库本身来验证数据库结构。

业务元数据（数据名称、定义、派生规则、业务规则）必须通过与业务型数据专员商定的流程进行验证（包括验证业务职能或数据域拥有哪些数据）。

验证业务数据元素及其物理化（物理数据元素）之间的关系则需要业务型数据专员和系统专家之间的共同努力。

这些系统专家知道数据在系统中的位置，他们通常是"系统拥有方""原厂商"或类似角色。

【实用建议】

在笔者工作过的一家大型银行，全公司的数据分析师都要参加每周的会议，研讨数据和元数据相关议题。议题包括哪些数据可用、其含义、获取方式、已知问题以及存储在哪里。大家可以提出问题，与会者共同探讨，提供意见和答案。企业数据管理人员参加会议，收集会议讨论内容，然后与相关业务型数据专员共同探讨问题，寻找答案，验证所提供的信息，并将元数据纳入业务术语表。

- IT 部门如何跟踪元数据？IT 使用包括 ETL 和数据剖析工具在内的各种工具会产生很多元数据。通常这些工具都会把元数据存储在内部数据库中。大多最新的工具都支持将元数据抽取到另一个工具（例如，元数据存储库）中以供使用（见图 4.10）。成熟的 IT 部门会按上述操作，将数据血缘、数据剖析结果和物理数据库结构等元数据信息整理好，对外服务化，让那些不使用这些工具的人也能方便地查询和使用。当然，即便企业 IT 部门没有将元数据对外服务化，只要掌握使用了那些工具实现数据血缘等功能，就可以直接获取那些对于数据认责工作来说所必需的重要元数据。

- 是否有适用于老旧系统的数据字典？数据治理工作中最令人头疼的任务之一是理解老旧系统中数据的含义和用法。这些系统甚至是支撑着公司核心业务的主干系统，由于历史原因，了解这些系统的人早已退休或离开公司，承建系统的厂商甚至都消失了。我们只能尽最大的可能找寻任何文档，即使是过时的文档也能帮助我们理解在这些系统中采集、使用和存储的各类数据。来自老旧系统的数据字典通常保存在印刷的活页夹中，藏在尘封的文件柜里，找到它们过程有点像是在寻宝。不过，总的来说，这样的努力是值得的。

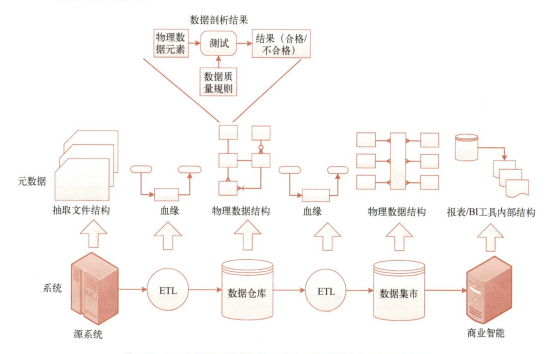

图 4.10　从 IT 数据工具中抽取元数据使其可供更广泛的受众使用

- 当前的项目实施方案是否能支撑元数据的采集和验证？采集和验证元数据是项目的关键步骤。即使我们无法从老旧系统中找到元数据的文档，确保项目建设时做好元数据采集工作也可以在一定程度上弥补文档不足的问题。项目建设过程中经常彻查新数据，解释其含义以确认数据与文档所描述的内容是否一致，检查其数据质量以确保该数据满足于项目的需要。随着这些调查工作的不断深入，会发现许多重要的元数据。如果项目实施方案中要求采集并验证元数据，那么项目建设产生的文档等成果将成为元数据的重要来源。在理想情况下，项目实施方案应该以易于获取的形式（例如，业务术语表），而不是以打印成文件、放在文件夹中并归档到文件柜的形式采集这些信息。不幸的是，在尚未实施数据认责的公司中，这种精细的操作是罕见的。

【说明】

数据治理办公室最重要的工作之一是与项目管理办公室（PMO）合作，通过与 PMO 合作建立项目的数据治理和数据认责交付成果。确定可交付物包括以下信息：可交付物必须在项目的哪个阶段完成，谁拥有签字确认的权限，以及交付成果将来如何使用。此外，项目经理必须接受培训，将交付物和预算列入项目计划，并要求数据治理提供资源以代表数据治理在项目中的利益（项目型数据专员）。

4.5.3　厘清已拥有什么：数据质量

　　提高数据质量不仅是数据认责和数据治理的一个重要目标，而且是衡量数据认责工作是否成功的重要方法之一。提高数据的质量，可以使其变得更有用，减少对企业的风险，获得巨大的收益。笔者最喜欢的一个故事来自大型食品公司康尼格拉（Con-Agra）。大多数产品装运是通过将产品装载到托盘，然后将这些托盘放进卡车来完成的。也就是说托盘的大小决定了卡车上可以装多少个托盘，而产品包装的大小决定了托盘上可以装多少产品。然而，产品和托盘尺寸数据质量较差，这导致人们怀疑（并实际观察到）卡车没有满载离开。通过实际度量和记录提高托盘尺寸和产品包装尺寸的数据质量，从而实现更高效的装载。优化后可以用 19 辆卡车装完以前需要 20 辆卡车才能装完的产品。也就是说，相比之前，每 20 车产品就能节省 1 车的运费成本。与成本节约带来的好处相比，提高数据质量的成本显得微乎其微。

　　由于提高数据质量非常重要，因此这是业务型数据专员重点关注的早期任务之一。这个原因让他们更容易接受优先处理该事项的建议，因为他们每天都在忍受数据质量差带来的痛苦。这种痛苦包括寻找高质量的数据，提取和"纠正"数据以达到所需的质量要求，或者根本无法产生所需的可交付物。在数据认责中，研究数据质量有一个绝佳的出发点：弄清楚数据分析师为什么要从源系统或官方数据来源中提取数据到他们自己的计算机。原因往往是数据分析师认为必须用他们的方式处理数据，才能让数据质量达到期望的水平。

　　想开始了解数据认责中数据质量的情况，我们需要确认以下问题的答案：

- 是否有人收集数据质量规则，这些规则记录在哪里？数据质量规则定义了"高质量数据"的标准，将在第 7 章数据专员的重要角色中进行更详细的讨论。规则可以简单（例如，此列不能为空），也可以高度复杂。虽然复杂的数据剖析工具可以根据数据本身提出通用的数据质量规则，但从业务型数据专员（在技术型数据专员的帮助下）收集基于业务视角的数据质量规则同样重要，这些规则可以对数据进行测试。数据质量规则应放在核心业务规则日志或术语表中，由与数据质量分析师一起工作的业务型数据专员管理。任何时候，数据质量规则与数据本身之间的不匹配都可能导致数据质量问题。

- 提出并记录了哪些数据质量问题？数据质量问题可以真实地反映出企业数据全景中的痛点在哪里。当然，不能因为有人将问题归类为数据质量问题，就一定要业务型数据专员纠正该问题。例如，笔者曾经看到一个数据质量问题：整张数据表都是空的。虽然大量数据丢失是"数据质量"问题，但实际的原因是作业没有执行，这需要 IT 部门确认并修复该问题。因此，当我们确认"数据质量"问题时，需要一双"火眼金睛"。剔除明显是技术性的问题（例如，作业没有运行、表空间太小、缺少列）后，剩余与内容相关的数据质量问题就需要业务型数据专员和数据质量分析师来共同解决。我们需要对这些数据质量问题进行分类，统计问题发生的频率，协同业务型数据专员和技术型数据专员一起找到问题根因，评估对业务的影响。这些数据质量问题散落在各个地方，这里提供一个参考清单供读者逐一查找，内容包括：

- 真实的数据质量问题日志或业务术语表。在实现高质量数据治理之前，通常很少见。数据质量管理中有对应的规程识别并收集数据质量问题，并将它们存放在日志或术语表中。正如我们在第 6 章数据认责实践中所讨论的，业务术语表是存储数据质量问题的好地方，因为这些数据质量问题大多与它们应用的数据和违反的规则有关。

- IT 问题跟踪工具，通常又被称为"故障单系统"。当没有其他地方可以记录时，数据质量问题就会最终被记录在这里。令所有 IT 人悲哀的是，这些问题常常被纯技术问题所掩盖。正因于此，IT 部门经常被迫承担起修复问题的责任，而这些问题本应该属于业务并需要业务投入。

- QA 问题跟踪工具。数据质量问题可能会在系统的 QA 测试过程中出现。测试用例是基于预期的数据结果编写的，那么这种情况愈发常见。此外，可以定制更强大的 QA 工具，提供问题的发现、跟踪等全套方案，实现其流程和工作流，创造一个理想的环境来记录数据质量问题。

- 项目文档。如果项目执行过程中出现了数据质量问题，它们则会记录在项目文档中。有时甚至会因为数据质量非常差，根本不能满足项目要求，导致项目可能会被搁置或取消的严重后果。这时可能不得不新设立一个全新的项目来修复低质量的数据。

● 是否有"建设中"的项目来解决数据质量问题？如果糟糕的数据质量使得公司很难或不可能以它想要的方式开展业务，那就需要启动一个或多个项目来处理数据质量问题。在数据认责工作的早期，找到这些项目是非常重要的。让数据认责工作协同数据质量改进项目的好处是显而易见的。这些项目还直接指明数据质量问题，这些问题非常重要（而且非常引人注目），以至于公司愿意在这些问题上投入大量资金。帮助并实现这些项目的目标正好说明了数据认责工作的投资回报（ROI）很高且快速见效，并会吸引那些原本忽视这项工作的人参与其中。此外，参与数据认责有助于防止同样的数据质量问题再次发生。

● 当前的项目实施方案是否支持采集数据质量规则和问题？如前所述，项目经常梳理新数据（和旧数据），检查数据的质量以确保其可用于实现项目目标。随着项目的进展，会发现大量关于数据质量（以及缺乏数据质量）的信息。如果项目实施方案要求采集和验证数据质量规则，并与数据进行比对（数据剖析），那么项目文档将成为数据质量规则和数据质量问题的重要来源。理想情况下，项目实施方案将以一种容易获得的形式（如日志或业务术语表）采集数据质量问题（当某个规则被违反时记录问题）。

● 是否有人在做数据剖析？数据剖析工作需要检查数据库的内容，然后以人们可读的形式提供结果。许多数据剖析工作都是使用专用工具完成的。这些工具非常复杂，可以从数据中识别出可能的数据质量规则，并指出异常值。例如，这些工具会确定某特定列只包含格式为货币的正数，或者该列的值是唯一的，只有少数例外。部分数据剖析工具还允许使用者输入指定的数据质量规则（例如，该列不允许为空），并统计出违反该规则的频率。数据剖析的重点是尝试主动发现数据质量问题并分析这些问题。数据剖析需要一个环境，创建表结构，并将数据迁移到该工作环境。此外，业务型数据专员和技术型数据专员都需要投入大量的时间和精力来分析结果。所以这不是头脑一热就能做好的事情。如果部分数据正在被剖析，那么这些数据很可能是重要数据，出现数据质量问题的后果会很严重。这显然是组织业务型数据专员进行数据质量改进工作的好地方。

4.5.4 厘清已拥有什么：流程

为了更好地管理数据，数据认责需建立可重复执行的流程。当然，即使没有数据认责流程，组织通常也已经建立了相关流程。发现、记录并确定这些流程以及这些流程的业务场景，可以帮助数据认责项目快速启动。举一个例子：一个企业必须向监管机构上报企业经营数据。为了避免上报数据违反监管机构相关条例（监管机构发现数据上报错误会采取罚款等惩罚措施），该企业在数据加载到数据仓库的时候设置了超过 100 次的数据有效性验证检查规则，并建立了一组流程以指定、创建和测试新的数据验证检查规则，还有一组完善业务流程，指定具体专人负责对检查出来的错误数据进行修复。业务流程包括分析报错信息以确定问题来源及根因、与源系统的用户合作共同修复数据、加强培训以防止问题再次发生，以及持续跟踪错误数据的数量和分布情况。由此所见，数据认责的流程易如反掌，责任人可以是业务型或操作型数据专员。

4.5.5 厘清已拥有什么：工具

强大的工具是数据认责工作全面开展的基础。工具包括元数据存储库、业务术语表、数据剖析工具和一些基于 Web 的协作工具，用于发布问题、处理信息等。这些工具价格不菲，许多数据认责工作在刚开始时只有很少或根本没有预算。

我们可以和 IT 人员交流，尤其是那些负责软件许可的同事。有可能企业已经在其他项目中采购了部分工具，但很少使用。例如，笔者在老东家工作时，就发现自己的公司从一家以 ETL 工具而闻名的供应商那里早就获得了整套工具的授权。该套件还包括一个数据剖析工具、一个业务术语表工具，甚至还有一个元数据存储库。这些工具中都不是"同类最佳"，但胜在免费，并且可以立刻用起来。

许多公司使用微软的 SharePoint 或其他同类产品，并用这种工具创建部门网站。数据认责也可以效仿，这样只需花很少的钱，甚至不用花钱。这类工具虽然需要一定的专业知识才能高效使用，但如果普及开来，亦能促进企业内部专业知识的沉淀。笔者当时甚至使用 SharePoint 列表作为项目的初始业务术语表。再次声明，这些工具局限性很大，不是理想的解决方案，但总比共享电子表格好用。

另一个重要的工具是数据质量仪表盘，用于显示正在处理的内容以及各个数据质量维度

（如及时性、有效性、完整性等）的等级变化情况。虽然也可以在电子表格中用一大堆宏拼凑出一些东西，但如果我们有一个可以生成仪表盘报表的商业智能（BI）工具，就可以将数据剖析的结果输入 BI 工具并生成仪表盘。

4.6　小结

高质量的数据认责工作需要很多步骤：了解企业的组织及文化、调研现有资源、汇报情况并获得高层支持，这些都是项目启动时需要完成的任务，是高质量开展数据认责工作的基础，也是衡量团队贡献和进步的基线。

第 5 章

培训业务型数据专员

需要投入人力和支持才能实现数据认责。如果业务型数据专员接受了履行职责和任务的培训，他们的工作效率就会大幅提升。想要持续维持数据认责，组织需要全面培养履职人员，既要对新入职业务型数据专员进行培训，也要对现有业务型数据专员能力进行持续强化提升。如果组织准备采用全面数据认责方案（并有配套的完整培训课程），新建立的业务职能就可以快速培养业务型数据专员。

【说明】

基于不同的经验和背景，业务型数据专员具有不同的技能。因此，一些业务型数据专员需要的培训主题，对其他专员而言则不需要了。例如，如果有些业务型数据专员从事过数据剖析工作，就可以与他们合作开发这方面课程，来培训经验较少的专员；或者利用一些业务型数据专员的知识来培训其余人员，这种方案能够提升数据认责业绩的整体水平。

最好创建一个可重复的培训课程，既可以提供给刚入职的业务型数据专员，也可以提供给即将就位的继任者。该课程内容既包括业务型数据专员职责介绍，也涵盖他们如何与参与数据治理的其他人员进行互动。

此外，通常创建一些短期课程是有利的，这些课程可以让业务型数据专员在承担新责任之前进行学习。这些短期课程侧重于介绍特定的技能和职责。例如，如果业务型数据专员要到六个月或一年后才真正开始剖析数据工作，那么现在培训他们如何执行数据剖析职责就没有多大意义。

不要吝啬对业务型数据专员的培训工作。他们是数据治理的关键参与者。如果他们没有受过良好的训练，那么他们的工作结果通常质量较差，耗时较长，并且不持续。

在培训业务型数据专员时，要记住一定不要浪费了培训时机。培训效果失败的常见原因是：

- 传授的技能不适合。只教他们需要的技能，不要浪费时间训练他们不会用到的内容。例如，如果业务型数据专员不打算用数据剖析工具，那么教他们如何使用就没有意义了。另一方面，他们可能会对工具产生的结果进行分析，并提出纠正和过程改进的建议，因此应该教授这些技能（见图 5.1）。当然，确保只教授正确的技能意味着您必须理解这些技能实际上是什么。

- 传授的技能水平不适合。业务型数据专员主要负责提高数据质量。那么，数据质量的理论概念（例如，Yang W. Lee 等在《数据质量之旅》一书的导言章节中讨论的改进数据质量理论）就不十分重要。相反，业务型数据专员必须了解其负责数据的生命周期、所在组织内部的信息链以及如何进行根因分析和防错新系统的相关技术。因此，培训就应该聚焦在数据质量改进的实践工作和其他业务数据认责的活动。

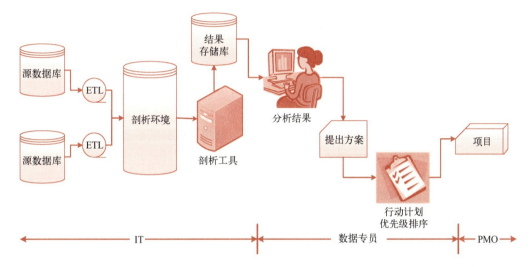

图 5.1　仅传授属于业务型数据专员的技能。他们不需要接受 IT 或项目管理办公室 (PMO) 技能方面的培训

- 传授的时间不适合。"及时"培训（有人将应用这些概念时培训）应该是任何培训计划的目标。如果业务型数据专员不熟悉所教授的技能，情况就更是如此。例如，培训新项目经理时，将数据认责作为项目计划的一部分告之他们，但是，培训后几个月才制定项目计划的那些项目经理已经忘记了培训内容，并不会在其计划中包含数据认责的交付成果、资源和资金。为了解决这个问题，我们将其作为项目经理（PM）入职整体高层次培训的一部分，并且在新项目规划阶段，让新项目经理进行复习（直到他们习惯包括数据认责内容）。也就是说，提供让他们熟悉认责理念的概述培训，"并适时"强化培训。

- 传授的对象不适合。这一点相当明显，如果不清楚各参与者将要履行的职责，将浪费大家的时间来传授他们永远不会使用的技能。例如，教授信息生产者如何进行数据剖析没有意义，而传授信息生产者如何在输入数据时保证质量则很有意义。

- 培训的目标不适合。需要考察学员做了什么准备，并在这个水平上进行培训。例如，首先可能需要介绍大量的背景知识，实质上是向他们"推销"这些理念，使他们相信其价值（"为什么做"）。随后，您需要关注"什么内容"和"如何做"——需要达到的目标以及如何实现它们。当学员准备好学习"怎么做"时候，教"为什么做"只会让他们觉得无聊，并致使他们相信所有工作都是在浪费时间。

总而言之，为了使培训取得成功，需要在正确的时间、出于正确的理由（为了达到正确的目标），在正确的技能水平上培训正确的学员。对于业务型数据专员来说，他们必须立即了解数据治理和数据认责做什么，为什么对于工作至关重要，增加了什么价值，关键的早期职责，以及将要立即应用或者在工作的早期阶段参与创建的流程和规程。培训应着重于实用性，即有效完成工作并记录工作。还应该关注每个业务型数据专员将要求立即履行的职责，即定义关键业务数据元素并持续管理它们，管理数据问题，并作为一个有凝聚力的团队成员一起工作。

5.1   业务型数据专员培训课程

业务型数据专员的培训可以涵盖许多主题。尽管这里已经讨论了所有内容，但还以对培训课程进行优化，以避免前面讨论的误区，比如过早地进行培训。正如前面所讨论的，可能希望将课程分成多个部分，并根据需要进行交付。

围绕数据认责的基本原则是开展培训好的开始。当然，需要根据自身和公司的需求来定制这部分信息内容。例如，如果糟糕的数据质量正在妨碍公司开展业务和保持竞争优势，那么在讨论数据治理和数据认责为什么重要时，需要强调数据质量。另一方面，如果数据质量当前并不被认为是一个问题（很多公司都是这样的观点），而且数据定义存在混淆，那么焦点应该转移到那里。这里列出课程标题中的大部分信息在本书的其他地方都有介绍，或者可以从主要会议的演讲中摘录出来。

基本原则的课程标题如下：

- 数据治理是什么。
- 数据治理为什么很重要。
- 数据认责是什么。
- 数据认责的重要性以及没有它会发生什么。
- 数据认责在整个数据治理工程中的契合之处。
- 整个数据治理组织的详细结构（运营模式）。
- 数据认责专委会的详细结构。
- 数据专员的类型：业务型、技术型和项目型（如果选择使用它们，则还包括操作型）。如果选择实施基于数据域的数据认责（请参阅第 11 章基于数据域开展数据治理和认责），那么还有其他几个角色（如数据专员组长）需要讨论。
- 为什么会选择这些特定的专员，由谁选择他们。
- 业务型数据专员的主要角色和职责：
  - 元数据：数据定义、派生规则、数据质量规则、创建和使用规则，以及保护元数据质量。
  - 认责和所有权：它们的含义和决策的层级。
  - 数据质量：它意味着什么，并在上下文中建立数据质量级别。
  - 主数据管理：业务型数据专员参与的多种方式。
  - 参考数据管理。
  - 信息安全、隐私和合规。

- ■ 数据湖和大数据。
- ■ 业务流程风险。
- ■ 数据血缘。
- ● 技术型数据专员的主要角色和职责：
    - ■ IT 在数据认责和工具中的总体角色。
    - ■ 对程序如何运作以及为什么以此方式运作的技术解释。
    - ■ 有关物理数据库结构和 ETL 的信息。
    - ■ 产品代码的解释。
    - ■ 数据血缘。
    - ■ 会议、网站支持和后勤保障。
    - ■ 信息管理通用原则。

5.2　关键业务数据元素的元数据

需要业务型数据专员做的最关键的工作之一是建立关键业务数据元素，并为每个业务数据元素创建一个企业范围内可接受的定义。同样重要的是标准化的派生规则，以便业务数据元素始终以相同的方式派生。拥有标准化的派生规则消除了大量混淆，以及消除使用相同业务数据元素的不同报表间的大量协调核对数据的工作。最后，必须定义数据质量、创建和使用规则，最终必须定位和记录业务数据元素的物理位置。更多如何创建健壮的元数据的内容，请参见第 6 章数据认责实践。

创建、收集和记录元数据是业务型数据专员培训的关键部分，因为创建标准严格的元数据不是大多数数据分析师所熟悉的内容。此外，有一套标准化的指导方针来完成工作和评估结果的质量也很重要。

5.3　数据的使用

非常有必要给业务型数据专员培训如何确定数据在整个企业中是怎么使用的。有关数据的决策会对源系统、ETL、数据存储和报告产生影响，需要了解这些影响。例如，对一组有效值（例如，婚姻状况）进行标准化的决定可能需要修改源系统，或在将其加载到数据仓库之前，至少需要在 ETL 中实现一组转换规则。

数据在企业中无处不在，影响着组织的方方面面。数据还可以跨越组织边界，易于复制和再利用，这使得数据比其他类组织资产更难管理。在这种情况下，缩小要审查、管理、改进、监视和治理的数据范围成为一项挑战。有多种模型可用于理解数据在组织及其信息链中的使用情况。信息生产者和消费者之间的关系是一种了解数据使用的模型，而供应者-输入-过程-产出-客户（SIPOC）是另一种模型。如果希望取得实质性进展，那么在大多数组织中，这两者的结合可能是必要的。换句话说，管理和治理数据的出发点需要记录知识并理解数据是如何存在和在组织中流动的。一旦理解了整个信息链，就可以将信息生产者/消费者和

SIPOC 模型应用于信息链的各个环节。

5.3.1 信息生产者与消费者

数据生产者包括输入或导入数据的任何人。这些生产者可以来自一个组织的各个层级——从数据录入柜员到高管本人。生产者可以包括组织之外的人，从直接在网页输入数据的客户到提供购买数据的第三方的数据输入人员。信息生产者的职责是理解并遵守企业数据标准和制度，它们规定了针对数据的有效值、可接受的使用方式和控制措施。他们还必须理解和遵循数据管理流程和规程，以及理解和支持数据管理业务的目的和目标。

【说明】

当然，乍一看，组织外人员似乎对了解并遵循数据标准、流程和规程有难度。对于第三方信息生产者，这些必须在组织与第三方之间的合同中明确说明。对于客户，输入系统本身必须设置为以清晰友好的方式强制执行这些要求。

信息消费者是那些使用数据进行分析和处理业务的人员。他们既可能是内部人员也可能是外部人员，可以被视为数据治理的重要客户，当然，他们也是信息生产者的客户（利益相关者）。信息消费者也来自组织的各个业务层级。

信息消费者有许多责任，包括不断升级数据质量，理解和遵守企业级数据标准与可接受的使用方式和控制措施。与信息生产者一样，他们还必须了解和遵循数据管理流程和规程，以及了解和支持数据管理业务的目的和目标。与信息生产者相比，信息消费者职责的主要区别在于要了解什么是构成正确的数据来源，并正确使用这些来源。

信息生产者和消费者之间经常存在脱节，从而导致信息生产者产生或收集的信息对于信息消费者的需求来说要么不够充分，要么质量过低（或两者兼而有之）。这种脱节通常是没有将数据作为企业资产管理的结果。这些经验教训必须得到讲授——提交给信息生产者的数据规范中需要包括信息消费者的数据需求，即使这些消费者不是收集数据的业务组织的内部机构。例如，在一家大型保险公司，在收集用来创建新的房屋主人保单数据时，信息生产者没有采集房屋主人的出生日期，因为保单定价没有使用房屋主人年龄数据。没有客户出生日期，客户主数据工作就无法可靠地识别客户，这将对企业的其他各种工作产生很大的影响。然而，当要求采集出生日期时，信息提供者拒绝执行，因为采集要花费额外的时间，而且他们的报酬是根据保单数量来支付。数据治理组织必须参与进来，以调整他们的工作态度和薪酬支付要求。

【说明】

信息生产者和信息消费者之间的脱节有时称为"丝绸之路问题"。很久以前，中国人生产丝绸，但不知道谁买它，也不了解客户的要求是什么。欧洲人购买丝绸，但不知道它是从哪里来，也不知道如何要求改变颜色或花纹。只有波斯人知道交易的双方——实际上是他们将丝绸从东方运往欧洲。丝绸之路问题在于，中国人不知道客户如何使用他们的丝绸，因此无法按照客户的期望进行生产。欧洲人的问题正好相反——他们知道自己想要什么，但不知道如何（或向谁）提出需求。通过将消费者的需求与生产者连接起来，波斯人就确保中国人可以销售更多的丝绸，欧洲人可以购买的丝绸更多，波斯人可以通过运输更多产品来赚取的钱更多。这个故事也表明，当激励措施正确时，生产者会提供消费者需要的东西。

5.3.2　使用 SIPOC 了解数据使用

查看信息流的另一种模型是使用 SIPOC（供应商-输入-流程-输出-客户），如图 5.2 所示。SIPOC 可以像数据流图一样，成为了解企业数据使用情况的工具。通过了解数据的来源（供应商）、用途（客户）以及从供应商到客户（流程）的过程中对数据进行了哪些处理，可以：

- 了解客户对数据的要求。
- 了解有关如何提供数据的规则。
- 确定资源需求与资源供给之间的差距。
- 从数据类型和质量等维度追踪数据失效的根本原因。
- 创建数据迁移流程的调整要求。

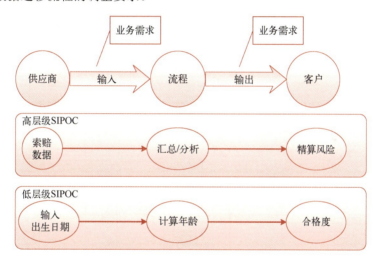

图 5.2　SIPOC 说明企业的信息流程

SIPOC 可以应用于多个不同的数据细节层级。例如，用于精算师索赔数据来评估风险，用于计算数据元素的规则可能会因为意外条件而导致的意外结果。

在该模型中，信息链中的每个步骤都被分解为模块，这些模块将信息作为输入提供给流程，并将流程的输出提供给客户。客户可能是流程中下一个环节的供应商，以此类推。通过这种方式对数据流进行分析，了解供应链中所有客户的需求，并对数据的供应和流程的输出进行分析，以确保满足企业的所有需求。高层级和低层级 SIPOC 的示例如图 5.2 所示。

5.4　数据认责流程介绍

成功的数据认责依赖于定义良好且可重复的流程。在培训中要强调，应按照定义良好且可重复的流程开展工作，并不断强化——这些流程对许多数据专员来说可能是陌生的。流程包括使用问题日志（参见第 6 章数据认责实践）和包括审批步骤和每步时间限制的工作流（也请参见第 6 章数据认责实践）。数据专员必须认识到，相比随机的方法，这些流程及其工作流将带来高效的数据管理和高质量的产品。

初始培训应包括下列一些基本流程的示例：

- 定义和更新关键业务数据元素。
- 公开收集和处理与业务流程有关的问题。
- 收集和纠正数据质量问题（有关使用常规数据质量指标报告识别问题并确定问题优先级的示例流程，参见图 5.3）。
- 定义和执行数据认责过程。
- 与其他专员一起解决数据问题。
- 为主数据管理提供输入（参见第 7 章数据专员的重要角色）。
- 提供信息安全分类（参见第 7 章数据专员的重要角色）。

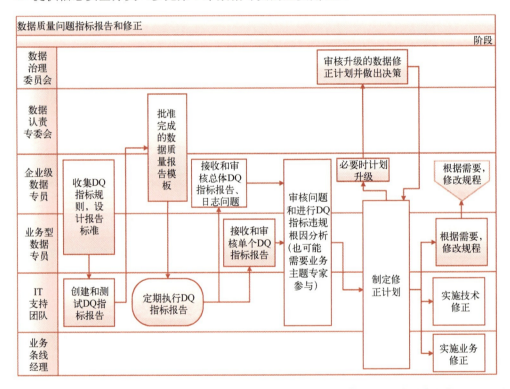

图 5.3　用于定义数据质量指标报告和处理问题的规程。垂直"泳道"显示参与规程的各种参与者（例如，企业级数据专员），矩形标识各个步骤，由信息箭头连接

5.5　认责支撑工具

培训还必须要包括如何使用数据认责工具集的内容，包括：

- 数据认责网站。正如将在第 6 章数据认责实践中讨论的内容，这是一个关键的辅助工具，它将其他工具联结在一起，成为提供与数据治理和数据认责相关所有材料的参考网站。

- 数据治理维基百科。大部分人员可能对数据治理和数据认责术语不熟悉。一旦明确了这些术语的定义，它们就需要在数据治理维基中发布。业务型数据专员应该知道如何查找术语项、向同事提供术语链接，以及直接更新维基内容或提出更新请求（取决于如何设置术语的更新过程）。

- 业务术语表。在提供和决定应该记录什么内容时，业务术语表是数据认责的重要交付物。此工具记录业务元数据，例如，关键业务数据元素清单及其到其他重要元数据、定义、派生规则和所有业务规则的链接。此外，有些工具还包括术语的语义分类、有效值的逻辑清单等内容。业务型数据专员应该知道如何查找术语条目、向同事提供相关链接，并参与增加和更新业务元数据。

- 元数据存储库。虽然业务术语记录逻辑/业务元数据，而元数据存储库则记录物理元数据，譬如数据库和文件结构、血缘和（基于 ETL）影响分析，并在物理数据元素和在业务术语中记录的业务数据元素间建立连接。与其他工具不同，业务型数据专员通常不需要对元数据存储库进行更新，但是应该学习如何使用它来浏览数据库并了解数据元素来自何处。

【说明】

尽管可以自主开发数据认责网站、维基和业务术语工具，但对于元数据存储库，自行开发的很少。这是由于元模型的复杂性和工具底层的复杂功能，包括用于读取数据库结构和 ETL 定义的连接适配器。相反，几乎总是有必要采用商业工具。在许多情况下，可以使用业务术语/元数据库的组合授权，或者使用应用程序编程接口（API）将业务术语与元数据库进行集成。

【IT 在管理工具中的作用】

在阅读了正确支持数据治理和数据认责所需的技术工具列表后，可能想知道对这些工具的支持从何而来。IT 对商业工具（如元数据存储库，可能还有业务术语）承担着重要的支持作用。需要购买和安装服务器，授权、安装和维护软件，并及时处理数据库/存储库底层的问题。此外，一些更复杂的元数据存储库软件需要大量专业知识来进行客户化定制，还需要设置和定期运行批处理作业来更新元数据。

所有这些任务通常都由 IT 处理，IT 需要分配和培训一个或多个人员来支持数据认责工作。请注意，这些任务与技术型数据专员承担的预期任务不同；相反，任务中的一些是由开发人员承担，而另一些则由系统维护人员和数据库管理员负责。当考虑添加支持数据认责工具时，请确保及早与 IT 部门接触，使他们能够估计预算和配备适当的人员来提供生产支持。请记住，必须把数据认责工具纳入有使用价值的企业应用程序中。例如，如果没有数据字典和业务术语表，数据仓库的最终用户就无从知道他们正在查看哪些数据元素、它们的含义、它们是如何派生等，那么数据仓库就不可用。

5.6　提升数据质量的培训

提高数据质量为数据治理和数据认责提供了很多驱动力和显性成果。因此，在某种程度上，需要给业务型数据专员提供如何在数据质量改进工作中发挥重要作用的培训。培训业务型数据专员的要点包括：

- 数据质量框架：
  - 组织如何定义高质量数据。
  - 数据质量规则是什么，以及如何进行定义。
  - 检测和记录数据质量问题。
  - 如何进行根本原因分析。
  - 业务流程改进如何提高数据质量。
  - 数据清洗，以及在何时使用。
  - 持续记录/度量数据质量水平。
- 数据剖析的原则以及业务型数据专员在分析结果中的角色。
  - 查看、调查和呈现基于剖析结果的决策（哪些是问题，哪些不是问题）。
  - 分析数据的质量，包括新治理的数据和已治理的数据：
    - ✓ 对于新治理的数据，业务和技术型数据专员需要根据数据使用情况建立数据质量标准，并进行一定程度的分析以确定数据是否符合这些质量标准。
    - ✓ 对于已治理的数据，业务和技术型数据专员需要（在 IT 部门的支持下）规划和实施持续的数据度量和分析，以确保数据质量不会降低。如果数据使用发生了变化（因此，所需的数据质量要求也发生了变化），则应将数据按新治理的数据处理，如前一段内容所述。

【说明】

在这种情况下，"数据剖析"不仅指执行剖析工具并分析结果，还指执行持续进行数据分析，以确认数据质量继续满足规定的数据质量目标。随着时间推移，数据的用途会发生改变，质量目标可能会随之改变，这会导致以前质量良好（因为它满足了当时的需求）的数据现在变得质量不够高。

5.7   小结

如果业务型数据专员接受了良好的培训，并且在学习工作需要的技能后立即应用，那么整个数据认责工作将会更加有效和高效。此外，随着像数据质量提升等主要治理工作的进行，也需要培训数据专员如何参与这些工作。

对业务型数据专员的良好培训与对任何其他学科的良好培训一样，它必须包括明确的目标、适当水平的教材、强化练习、理解测试以及运用所学知识的能力。附录 B 给出了两个培训计划的大纲，即培训技术型数据专员和培训项目经理。请注意两个计划之间有些材料是重复的，包括指导学员什么是数据治理以及为什么数据治理对他们很重要。

第 6 章

数据认责实践

如果处理得当，数据认责可以达成其目标，同时为参与者提供认同感和价值感。如果处理不当，数据认责可能会让专员感到力不从心，会产生挫败感。数据认责工作的关键是把重点放在实践上。这包括确定关键业务数据元素（BDE），并为它们分配权责，创建高质量的元数据（如业务定义和业务规则），创建并遵循一套可重复的流程，并将规程落实到位，以简化管理协同工作。

【说明】

"工作分解表"（WBS）是一种项目管理工具，它列出了项目期间必须完成的任务、必要的资源、每个任务的估计持续时间和开始/结束时间，以及任务间的依赖性。

例如，在数据剖析工具运行并返回结果之前，不能启动分析数据剖析结果的任务。在项目方法论中加入数据认责的一个更重要的目标是：定义与数据认责相关的任务以及它们间的依赖关系，并将其加入用于创建 WBS 的模板中。

日常的数据认责工作往往围绕着已经提出且必须处理的问题展开。一个管理较好的问题台账可以为这项工作提供架构，并确保问题得到及时解决。其他工具，如数据认责门户网站、维基百科、业务术语表（如有可能，带有工作流引擎）和元数据存储库（MDR）可以用来指导数据认责工作，确保认责决策得到记录并面向企业发布。记录和发布决策的关键是数据认责沟通计划，该计划应使用常见的企业沟通方式（网络文章、新闻和午餐研讨会），并同时为工作参与者创建专属的数据认责沟通渠道。沟通计划的实施路径应包含一个时间表、必须完成的任务以及这些任务间的相互依赖关系。同样重要的是，项目应包括数据认责内容，以及"工作分解表"的要素中必须包括必要的认责任务。

6.1 基础知识

数据认责几乎总是首先从选择关键业务数据元素（BDE）开始，这些数据元素值得花时间来创建稳定的业务定义和派生规则，以及建立有关创建、使用和质量的业务规则。当然，要做到这一切，需要做到下面两件事中的一件：

- 对于业务职能驱动的数据认责：为关键的业务数据元素指定一个业务型数据专员，由其制定有关业务数据元素的决策并创建元数据。

● 对于数据域驱动的数据认责：确定所属的数据域，以便数据域委员会（见第 11 章基于数据域开展数据治理和认责）制定有关业务数据元素的决策并创建元数据。

6.1.1 选择关键业务数据元素

正如第 2 章了解数据认责的类型中提到的，将业务数据元素（BDE）纳入治理范围需要付出一些努力。首先，数据认责专委会（无论是由来自数据域委员会的业务型数据专员，还是数据专员组长组成）必须为每个业务数据元素确定一个拥有方。接下来，需要定义业务数据元素，确定创建和使用的业务规则，并记录数据质量规则。通常，数据必须被检验（"剖析"）以发现它是否符合数据质量规则，这意味着必须了解或确认业务数据元素的具体实例数据。除了所有这些"前置"工作外，还必须遵循既定规程，以便利益相关者对这些成果达成一致和共识。

由于大多数公司有数以千计的业务数据元素（和更多的物理数据元素），需要做的第一件事就是识别最重要的（关键）业务元素（KBE）并聚焦这些元素。如果认为将业务数据元素纳入治理工作是一项"投资"，那么合理的方式是通过投资回报来协助确定业务数据元素。也就是，对企业来说，治理特定业务数据元素的重要性有多高？花时间治理哪些业务数据元素是必要的？或者直截了当地说，当有众多事情要做时，需要在这些业务数据元素上花时间的价值是什么？

以下是在做出这类决定时需要考虑的一些业务数据元素类型。

（1）财务报告数据

向财务领域汇报以及可能是做出投资决策依据的数据，必须得到治理。好消息是，财务专家通常了解这一要求，并且通常已经定义了他们的业务数据元素（BDE）和其派生规则。他们经常因为企业其他部门使用的同名不同义术语而感到困惑，因此财务官员通常都支持数据治理，因为这为他们提供了拥有数据和执行决策的机会，包括使得在整个企业对同一个术语有一个共同的定义和派生规则。正因如此，财务部门通常是开始进行数据认责工作的好地方。

（2）风险和监管报告数据元素

许多行业（尤其是金融服务业和保险业）都受到严格的监管且需要向监管机构提供报告，以此证明遵守了相关法规，坚守了管理风险的最佳实践。近年来，监管机构已经开始要求相关组织提供关于如何管理数据的有关信息，如果组织不能提供这些信息（或管理数据的方式不能使监管机构满意），监管机构会提出问题清单，并需要相关组织加以解决。拥有一个严谨的管理流程和一套清晰定义的工具来记录有关监管数据的决策，是回答监管机构问题和准确记录如何产生报告结果的关键。

为了正确管理风险和监管报告数据，有一些事情是必须要做的，包括：

● 理解报告上出现的数据。监管在准确定义需要什么内容方面是出了名的糟糕，通常公司的律师和监管专家必须介入，以澄清选项并提供额外的监管细节。
● 将报告上的数据关联到一个或多个业务数据元素（BDE）。这些业务数据元素提供业务定义和派生规则，以及表明组织的哪个部门负责业务元数据。

- 将报告上的数据与用于编制报告的物理数据元素关联起来。如前所述（第 2 章了解数据认责的类型），完全治理的数据包括了业务数据元素和物理数据元素。展示物理数据元素并能够将其血缘回溯到可信来源的能力，可以使监管机构高度相信：数据一致性得到了有效维护，数据得到了适当治理。

风险和监管报告数据往往是许多数据治理工作的开始。这不仅是因为这些报告很重要，还因为它们直接显示了正确治理这些数据的价值。例如，对于一家大型银行，由于违反反洗钱规则，监管机构对其罚款多年。然而，一旦这些数据元素被赋予高的治理优先级，就会发现并没有违反这些规则——只是因为数据质量差而看起来像是违反了规则。在这个案例中，将数据纳入治理范围可以带来直接的金钱回报（节省罚款金额）。治理包括追踪信息链和定位劣质数据的来源。

【说明】

通常需要对必须提交的报告进行分层（由组织建立，并得到相关监管机构的"认可"）。一家大型银行可能需要提交 1000 多份报告，需要通过分层来确定这些报告的优先次序，以便将需要完成的工作分解为可管理的模块。

（3）公司高管引入的业务数据元素

毫不意外，公司高管的演讲中占据突出位置的术语（BDE）需要有高的治理优先级。人们会认为，当公司里职位高的人经常使用术语时，他们会对这些术语的含义以及如何度量它们有一个清晰的概念，但情况很少如此。在一个例子中，一家大型保险公司的总裁提出了一个新指标，公司里的每个人都将使用他们的奖金计划。这个指标的计算方法是用一个数字除以另一个数字。然而，被垂询时，该总裁除了设定了一个要达到的数字目标，却无法完全定义涉及的两个术语中的任何一个。在另一个例子中，一位高级管理人员制作了一个演示文稿，解释了"潜在（客户）"如何通过销售漏斗成为"线索（客户）""机会（客户）"，最后成为"客户"。然而，除了"客户"之外，没有一个术语被定义，也没有任何方法来确定状态的变化是何时发生的。这种状况需要通过提供每个术语的定义和导致状态变化的触发事件来快速改善。

（4）高度重要项目使用的数据

大型项目应该有来自数据认责专委会的代表（例如，项目型数据专员），同时高度重要项目所使用的数据应该有很高的优先级纳入治理。此外，高度重要项目提供了一个机会，可以在有限的项目范围内以受管理的方式将数据纳入治理范围，这一点在后面的"在项目方法论中增加数据治理工作"一节中讨论。没有治理的数据会增加项目失败的概率，或者至少会比原来预定的时间更长、成本更高。高度重要项目发生失败会引起重要人物的关注。高度重要项目可能包括更换老化的企业关键系统、提供独特竞争优势的系统以及部署数据仓库和数据湖等分析系统，特别是过去发生过多次失败的项目。

（5）授权业务型数据专员决策

经常被忽视的一种识别关键业务元素的方法是让业务型数据专员决定哪些元素足以值得他们关注。作为数据专家，业务型数据专员处在一个有利岗位，能够了解应该处理哪些业务数据，会使所在的业务职能收益。

一种经常被忽略的情况是，利益相关方的业务型数据专员会要求根据拥有方的业务型数据专员负责困扰利益相关者的业务数据元素。事实上，这种情况经常发生，因为拥有方的业务型数据专员可能不了解利益相关者面临哪些问题。

【失之毫厘，谬以千里】

详细的定义和派生规则可以指出重要的细节，稳健的业务定义和派生规则通常可以解释报告中数字的差异，并有助于解决恼人的定义不一致问题。一个很好的例子是我在一家大银行遇到的"拖欠日期"的定义。两份报告都声称显示"拖欠了多少贷款（以及这些贷款的总数），即逾期贷款的还款额"。然而，两份报告，一份来自贷款服务部，另一份来自风险管理部，显示了两组不同的数字。每份报告标识了不同数量的贷款，这些贷款的价值也不同。两份报告都以相同的方式计算拖欠贷款——比较贷款的还款是否在到期日之前收到。那么怎么会不同呢？答案在于"拖欠贷款"的派生计算。一份报告定义为截至还款到期日当天的未还贷款为拖欠；另一份报告则定义为截至还款到期日的第二天。一旦发现了这种差异，业务型数据专员就能对共同的定义和派生规则达成一致，并且对报告进行核对。理解达成一致后，风险管理部停用自己的报告，并开始使用贷款服务部的报告。

另一个示例涉及旅行社网站上金融交易的数量和价值。两个不同的小组报告的数字截然不同，但从表面上看，他们对金融交易（定金）的定义是相同的。直到数据治理小组深入研究了差异，事情才变得清晰起来。在其中一组，任何尝试的交易都被计算在内，并且无论支付成功与否，只要发生尝试支付，就会触发计数。在另一组中，只有成功的交易才被计数。由于输入不正确的数据（例如，卡号、有效期等），信用卡交易经常被拒绝，因此计数差异很大。事实证明，这两个数字都很重要。成功的交易代表了实际的财务承诺，而总交易数则代表了旅行社的成本，因为无论成功与否，每笔交易都会产生成本。通常在这种情况下，该术语被分成两个独立的术语（尝试性金融交易和成交金融交易）归不同的业务部门拥有。每当对业务数据元素的含义或如何派生存在强烈分歧时，很可能两个争论的小组实际上在谈论不同的业务数据元素。当业务数据元素名称过于通用时（如"金融交易"），可以通过使更具体的命名（如"尝试性金融交易"和"成交金融交易"）来细分，这种情况经常发生。另一个例子可以在附录 A 中找到。

6.1.2 分配负责的业务型数据专员

由于关键业务元素由业务型数据专员（在数据治理办公室的指导下）识别，要做的第一件事是分配一个负责该业务数据元素的业务职能或数据域（参见第 11 章基于数据域开展数据治理和认责）。

通常哪个业务职能或数据域应该拥有哪些业务数据元素是很清晰的。许多数据元素由单个业务职能收集和使用。例如，保险公司采集的保单信息是由承保业务部门采集。承保业务部门需要这些数据运营业务，并为此必须能够定义和派生数据。这并不是说这些数据不可以被其他利益相关者的业务部门使用。同样的保单信息可以被会计部门用来为客户开立单据，也可以被数据管理部门用来管理客户主数据。一旦确定了拥有该数据元素的业务部门或数据域，就有一些关键问题产生：

- 如果业务数据元素的定义或派生规则要变更，哪个业务部门负责更改？仅仅使用业务数据元素与用该数据元素来驱动业务，这两者之间存在巨大差异。会计、财务、主数据管理、风险管理或其他部门都会用到数据。但是，如果定义或派生规则变更，这些部门可以对使用数据的方式稍做改变就可继续使用。通常任何变更只会对一个业务职能产生显著影响。换句话说，哪个业务部门的核心业务流程最依赖该业务数据元素？对于业务职能驱动的数据认责，业务部门拥有业务数据元素。对于数据域驱动的数据认责，拥有业务数据元素的是一个数据域，该域的业务型数据专员在数据域委员会中担任数据专员组长（请参阅第 11 章基于数据域开展数据治理和认责）。该数据的其他用户在数据域委员会中代表利益相关者。

- 数据起源于业务流程中的什么地方？如果创建业务数据元素的部门对其负责，那么所有权是明确的。通过记录良好的信息链，拥有方可以看到业务数据元素的各种使用情况。

举个例子。一家保险公司使用三位数代码识别他们的代理人。这个标识 ID 以各种方式使用，比如财务部门用于支付所售保单的佣金。不幸的是，随着公司的发展，他们发现代码快用完了，因此需要扩展识别码，这是一项艰巨的任务。看起来由拥有识别码的部门承担改造成本是合理的，这导致没有部门愿意确认拥有这些代码。有人认为，财务部因为使用它来开具佣金支票，并且没有识别码就无法做，因此应拥有这些代码。但是，支付佣金不是核心财务流程，也就是说，财务部可以在不开支票的情况下继续正常运行。另一方面，跟踪代理人以及他们销售的保险（并为他们支付报酬）绝对是核心承保流程。不升级这个标识码，承保部门将无法识别代理支付报酬所需的数据。最终结果将是代理人离开公司并销售其他公司的保单，也许是一家能支付他们佣金的公司。此外，所有现有保单将不再有代理人来管理，这让公司面临着在工作人数快速缩减的情况下来处理现有客户的巨大难题。鉴于这些事实，承保部门不得不取得识别码的所有权并支付它的变更成本。

此示例还提出了另一个重要的角色，即"利益相关者"。所有决策都会产生影响，对于业务型数据专员来说，了解这些影响很重要。为此，他们需要清楚地了解谁在使用他们的数据，并且需要咨询这些用户，以便（通过记录良好的信息链）了解决策对于使用数据的影响。数据的用户即受决策影响的用户就是"利益相关者"。用"RACI"的说法（Responsible，对执行负责；Accountable，对结果负责；Consulted，被征询意见；Informed，被知会），需要就被提议的决策咨询利益相关者。在拖欠贷款例子中，风险管理部门是利益相关者，因为他们许多的风险报告都是基于拖欠贷款的价值，拖欠贷款的价值会随着决策改变。在识别码的例子中，财务部门是利益相关者，因为他们需要能够接受更长的识别码，将其对应到具体人员，然后开具支票。

【说明】

前面的例子对于数据域驱动的数据认责也"有效"。在这个例子中，数据域（及其数据域委员会）将由承保部业务型数据专员作为数据专员组长，利益相关的财务部业务型数据专员也将成为其中一员。

6.1.3　业务数据元素的命名

命名业务数据元素是业务型数据专员的一项重要任务。遵循命名标准并根据一组严格的规则创建名称有助于识别重复项，帮助用户简单地从名称中理解术语，并最大限度地减少名称过于笼统时发生的混乱。一套基本的业务数据元素命名标准应该包括：

- 必须以名词或在名词前增加有效修饰语的名词开头（例如，应计利息）。
- 可能有一个或多个限定词，使名称具有唯一性（例如，应计利息覆盖）。
- 应以标识数据元素类型的"类词"结尾。类词示例包括"金额"（表示货币金额）、"号（数字）"、标志（布尔 Y/N、T/F）和百分比。有关类词的建议列表，请参阅附录 C。
- 所有的名称都是独一无二的。如果无法唯一地命名两个不同的术语，则需要更具体的修饰符来更清楚地识别它们。
- 不应使用缩写（例如，Amt.、Adr.）。如果在某些名称中缩写一个词而在其他名称中不缩写，则减少了找到重复名称的机会。
- 应避免使用首字母缩略词，仅当它们在行业中广为人知时才使用。
- 避免使用同一术语的变体，变体可能基于时间周期或货币类型产生。

6.1.4　创建良好的业务定义

如第 3 章"认责管理的角色与职责"所述，业务型数据专员的主要职责之一是给出清晰的业务定义解释业务数据元素是什么，以及为什么它对业务很重要。这些定义必须符合高质量业务定义的标准。

如本章后面所述，必须建立可重复的流程以识别业务数据元素并为其创建定义。该定义会经历多种状态，多个人做出贡献，并达到最终版本。

【良好业务定义的特征】

那么业务数据元素的良好业务定义是什么？我们都见过定义不好的——仅是"业务数据元素"的名称本身，或者是简单的词汇调换。但是一个好的业务定义应该包括以下内容才能够完整和有用：

- 使用业务语言来描述术语的定义。定义应简明扼要，并描述业务数据元素的含义。也就是说，我们想（通过定义）知道业务是如何谈论和思考业务数据元素的，而不是它在数据库中如何命名和保存。
- 术语对业务有何用途——业务如何使用业务数据元素表达的信息。该术语对业务的重要性有助于澄清该术语的含义。
- 必须足够具体，以便将术语与类似的术语区分开来。这就要求识别出采用了通用命名的术语并做专业化命名。这就是前面金融交易示例中发生的情况，"金融交易"变成了"尝试性金融交易"和"成交金融交易"。
- 应链接到定义中使用的已定义术语（见图 6.1，并注意定义中带下划线的术语）。这里的关键不是（再次）定义其他已经定义的术语，而只是提供链接，指引到那些嵌入的定义。
- 在适当的情况下，应说明业务创建规则或它们的链接。

可以问自己一些问题来确定定义的完整性和准确性。首先，完整性：阅读定义后，是否会提出另一个问题或想要了解更多详细信息？接下来，能否提供一个不符合当前定义的具体实例？最后，团队中的新人能理解这个定义吗？必须谨慎对待最后一个问题。这并不意味着让完全不熟悉该行业的人应该能够理解这个定义。相反，理解该术语所必需的是常识背景和熟悉其他常用术语。

业务术语：代表人 ID。

不佳的定义：代表人的标识符（通常，在术语定义中使用术语自身是不可接受的）。

好的定义：唯一标识直接负责新保单或更新保单的代理人或其他代表。代理人在录入保单初始数据时，采集新账户的数据。识别代表人对于衡量代理人的生产效率以及在给代理人发放佣金时至关重要。在客户直接通过网络登录并填写保险信息时，不会捕获此数据。

国际标准化组织 ISO 提供了何为高质量定义的说明，（2004-07-15）. ISO/IEC 11179-4 信息技术- 元数据注册系统（MDR）第 4 部分数据定义的形成（第 2 版）（译者注：此标准已被国标委采标为《GBT 18391.4-2009 信息技术元数据注册系统（MDR）第 4 部分：数据定义的形成》，以下内容参考国标译文），第 4.1 节提供了数据定义要求，例如，定义以单数形式阐述；阐述概念是什么，而不是仅阐述它不是什么；以描述性短语或句子阐述；并且表达中不嵌入其他数据或基本概念的定义。第 4.2 节还提供了一组建议，例如，定义说明了概念的基本含义；准确无歧义；能够单独成立，并且表达中无须嵌入理由、功能用法或规程信息。

6.1.5　定义业务数据元素的创建和使用规则

定义业务数据元素的创建和使用规则的关键是确保数据仅在适当的时候被创建，并且仅用于其设计目的。图 6.1 是定义的业务数据元素和列出其业务规则的示例。

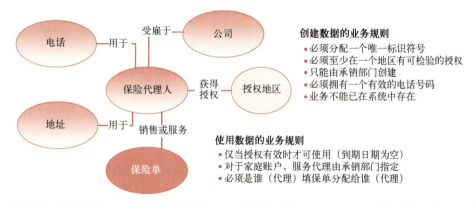

图 6.1　业务数据元素的业务规则。此概念模型展示了业务数据元素-保险代理人如何关联到其他重要的业务数据元素，例如授权地区

业务数据元素的创建规则规定了可以创建数据实例的具体条件。它们可能包括：

- 必须在业务流程中的什么环节创建或获取数据，以及在什么情况下不能创建数据。
- 在创建数据之前，还必须有哪些数据可用。
- 允许哪个业务部门创建数据。
- 在生产中使用数据之前，需要什么样的批准程序（如果有的话）。
- 使用规则阐述了如何（以及出于什么目的）使用数据是被允许的。这些规则可能包括：

- 在能使用数据之前，必须申请并通过有效性测试。
- 必须明确与其他数据的关系。
- 哪些业务流程必须使用该数据，以及每个流程使用该数据的方式。

【提示】

在为业务数据元素下定义和陈述业务规则时，展示数据主要内容间关系的概念模型非常有帮助。

6.1.6　定义派生规则

许多数据元素的值是派生出来的。其中一些派生是直接的数字计算，如银行业的"贷款价值比"。对于每个派生的数据元素，关键是整个企业统一使用单一的、有据可查的方程式来计算其数值。否则，多个声称展示同一个计算数值的报告中的数字将不一致。同样关键的是，计算数值的组成成分本身要有一致的定义（如果是派生的数据，要有一致的派生方式）。例如，方程式中的"贷款"值是什么？它包含结算费用和折扣积分的原始抵押贷款价吗？不含结算费用和折扣积分？贷款拖欠日期是另一个计算的数值——付款的到期日加上合同约定的宽限期。但是，到期日本身是一个派生的数值——基于贷款的起始日期和还款的间隔时间。

有些业务数据元素（特别是那些有一组具体有效值的数据元素）也可以基于触发事件而派生。有些相对简单，如果当前日期小于保单的到期日，保险单的状态就被认为是"活跃"的。其他数据元素的派生则更为复杂。在同一家保险公司，如果正在与该公司做保险业务，或曾经与该公司做过保险业务，或者表示了与该公司做保险业务的意愿，他被认为是"客户"。定义中最棘手的部分是最后一点——做业务的意愿。销售部（拥有"客户"）将做业务的意愿定义为某个人已经收到保单报价。也就是说，从销售的角度来看，一个人一旦收到保单报价就从潜在客户变成了客户。这个定义使得以下工作十分重要，就是不仅要知道某个人何时收到报价，而且能够在他成为客户之前就能唯一地被识别。

6.2　设置可复用流程

为了有效实施数据认责机制，最终能管理好数据（同时是数据认责的目标），其中关键之一是设置一套可复用的数据认责流程。当前数据管理最大的问题之一在于人们趋于采用不同的方法来管理数据，而设置一套可复用的数据认责流程有助于实现数据管理的整体性和一致性。有了落到纸面上的流程制度，每个人都知道如何着手完成一项具体工作、工作流程是什么，以及谁来为流程中的每个步骤最终负责。

随着数据认责工作的成熟，需要根据实际情况增加流程。以下列出的是基本流程。

【说明】

在第 5 章培训业务型数据专员（见图 5.3）中，我们就看到过一份可复用数据认责流程的样例。

- 将新的业务数据元素纳入治理范围（见图 6.2）。

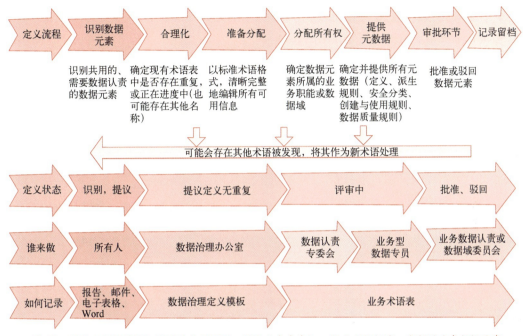

图 6.2　流程（横跨顶部）的节点包括识别、分配业务负责人、定义以及批准一个新的业务数据元素

● 管理业务术语表（见图 6.3）。

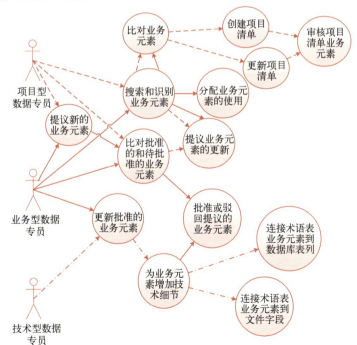

图 6.3　用于新增、修改和删除业务术语表中的业务数据元素（图中称为 "业务元素"）以及将业务数据元素映射到物理数据元素的用例（含角色）

- 评估并找到数据质量问题的解决方案。
- 解决数据治理请求或问题（见图 6.4）。
- 管理政策、流程和指标。
- 协调多个项型目数据专员的工作。
- 管理问题日志。

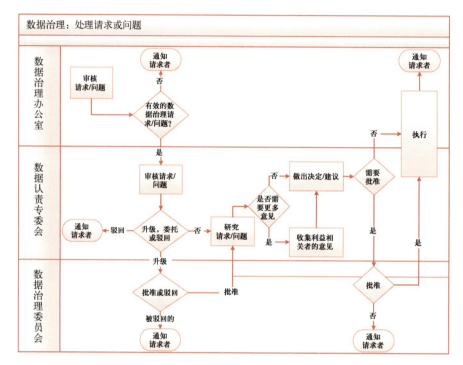

图 6.4 泳道图，展示了管理数据治理问题或请求的步骤和决策点，横向泳道表示哪个角色负责流程中的哪个步骤

【说明】

有多种方法都可以来记录流程节点，图 6.4 使用了"泳道图"，图 6.2 使用了"直流图"，图 6.3 使用了 "用例图"，可以选择最适合服务对象和契合目标的形式来记录。

【工作流】

为了有效跟踪可复用流程的进展，数据认责最终需要一个具有可配置工作流功能的工具，因为通过人工跟踪工作流并尝试必要的步骤来指导流程，既乏味又容易出错。此外，一个具有工作流程功能的工具是支持自动执行某些任务，比如一个流程在主审批人队列中停留时间过长（例如，主审批人正在休假）可以将该流程转移到第二审批人那里，确保适当的人在合适的时间能执行正确流程。此外，该工具生成的报告可以显示有每个流程处于什么阶段以及是否存在瓶颈（例如，一个特定审批人需花费很长时间来完成他们的工作）。

工作流工具必须是可配置的，一方面由于工作流程会随着时间的推移而改变，另一方面不同种类的任务对于工作流的严格程度不同。例如，一个分为两个步骤的审批流程可能被证明过于烦琐，数据认责专委会因此会决定省去其中一个步骤。图 6.5 展示了一个新数据元素通过审批流程的样例。

对于如何建立工作流在"工作流程自动化"章节中有详细描述。

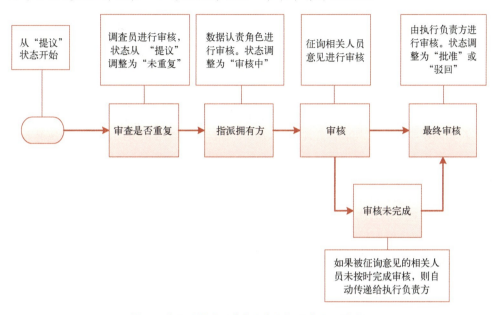

图 6.5　审批业务术语表中业务数据元素的工作流程

6.3　界定数据认责制度实施的范围

在数据治理开展初期，常常会伴随一个共性问题，是选择一次性在整个企业范围内开展数据治理，还是聚焦于一个特定的业务条线开展数据治理，在做出相关决策时需要考虑多种因素。

以下因素倾向于采用"一次性实施"的解决方案：

- 小公司：小公司由于在标准化数据管理以及决策流程上的优势，通常更适合一次性开展。在小公司中，业务型数据专员通常会相互认识，如果他们都拥有相同的目标和流程，就更容易一起协作。
- 许多或者所有的业务单元都会存在数据问题：如果共性的数据问题在业务单元之间普遍存在，那么以一种普适的方式处理解决这些问题会益处颇多。这些方式包括具有标准化职责的类似角色以及标准化流程。数据问题通常会影响不止一个业务单元，因此能够在如何开展层面带着共同的理解并基于此密切协作会产生相当大的价值。
- 许多或者所有的业务单元都参与到一个较大的数据项目，例如，一个新的数据仓库、数据湖或者是替换一个大型的应用程序（如客户关系管理系统 CRM）。执行角色和负责角色之间标准化的交互可以减少误解和混淆，并生成一个更加清晰和易于理解的解决方案。

- 当上层管理者要求在全公司范围内开展数据治理时，在这种情况下，几乎没有其他选择，但至少有了上层管理者的支持，相应的委员会和个人将能够恰当地参与到数据认责当中。

考虑聚焦于特定业务条线或者少量业务单元开展数据治理的因素包括：

- 项目仅针对单个或少量业务单元进行，这些项目将受益于让参与者使用数据认责的宗旨，包括执行与数据认责相关的特殊任务和达成的里程碑。
- 关键业务单元存在大量数据问题：如果最严重的数据问题仅存在于少量关键业务单元，那么其他业务单元（可能没有数据问题）或许不希望参与大规模的数据认责工作。除非高层支持全面开展，否则可能最好由那些需要数据认责的业务单元实施。当业务单元之间数据共享很少的时候，这种方式是最有效的。这样不同的业务单元以不同的方式管理他们的数据就不会有太大的负担。当然数据认责产生的良好结果通常会说服其他业务单元加入进来，这一点也是好的。
- 对于高度独立的业务单元，其中并不是所有都已准备好开展数据认责工作。如果某一个业务单元的高层确信数据认责是一个好方法，但其他高层并没有准备好实施，那么对于该业务单元来说，启动数据认责工作可能是有利的。当然，在一个孤岛上开展数据认责工作或许不太有效，但如果整个公司没有准备好开展，就没有其他选择了。

6.4　理解业务型数据专员如何与数据治理办公室互动

数据治理办公室的工作人员需要与业务型数据专员进行持续性的密切合作。合作成功的关键之一是尊重业务型数据专员的日程安排。频繁或无目的的会议可能破坏专员们参与数据治理工程的意愿。如果对数据专员的时间需求在合理的范围内，而且每次会议都有明确的目的，并且能为数据认责工作带来明显的附加价值，那么这种会议就更有可能召开。

【提示】

不要去召开没有议程的会议，也不应该召集有议程但没有目标的会议。有了会议目标（以及推动实现这些目标的会议议程），就可以说明此次会议应该实现什么以及这些目标是否真正被实现。

6.4.1　与数据专员定期举行会议

召集会议的关键指导原则是：不应该每次出现问题就安排一次会议。相反，应该为以下事项安排定期的例会：

- 与整体数据认责工作有关的问题：这些问题可能包括组织变化、新的业务条线成立、高层领导小组对数据认责提出新要求以及需要数据专员协调努力解决的重大数据问题。
- 数据认责工具的培训和更新：新工具或对现有工具的重大更新需要让数据专员了解，包括将现有手动流程转移到自动化工具中。培训是非常重要的，应尽可能在临近工具发生变化时进行。

- 全新或改进的流程及规程：对于新制定的流程和规程，或为提升稳健性和效率而优化的已有流程和规程，数据专员需要熟悉这些新变化。可能的话，最好以小组的形式来审议这些变化，因为集体头脑风暴可以为变化的有效性提供更有价值的反馈。
- 为需要实施数据认责的企业重大工程做好准备：重大数据质量提升工作、主数据管理项目以及数据仓库或数据湖工程都需要业务型数据专员投入大量精力。如果不进行仔细规划，业务型数据专员可能会感到不堪重负。通过召集小组会议并在可能的情况下让项目经理参与，可以帮助他们减轻遇到这种情况的风险并设定符合实际的期望目标。此外，这类会议可以使整个认责工作更加高效，因为数据专员有机会将过去的经验应用于这些新情况。

【实践指引】

需要定期召开"分配会议"来分配新的关键业务数据元素（BDE）的所有权。正如之前在"选择关键业务数据元素"一节中所讨论的，新的业务数据元素可能会出现在许多地方，所以在这个过程中尽早分配所有权是非常重要的。分配会议的频率取决于新的业务数据元素需要被纳入治理的速度，每周或每两周召开会议一次是很正常的。分配会议的频率还取决于治理过程的进展。随着业务型数据专员在确定所有权方面越来越有经验，这个过程会加快，会议也就不需要那么频繁召开。

分配会议需要一套好的流程：首先是收集潜在业务数据元素名称并尽可能做好定义，然后将这些信息转发给数据认责专委会成员，并邀请他们参加分配会议，对这些业务数据元素感兴趣的业务型数据专员（或数据专员组长）将出席会议，不感兴趣的人员则不必出席。例如，如果有一组保险业务数据元素，人力资源的业务型数据专员就不需要参会。这种方法将参会人员限制在少数感兴趣的人中，而不是强迫每个人都参加，并且参加会议的业务型数据专员可以就所有权达成一致。

需要注意的是，如果与会的业务型数据专员意识到缺少一个可能成为拥有方的参与者，企业级数据专员（负责这些会议的专员）可以与缺席者进行沟通以了解他们是否同意相关业务数据元素的所有权分配建议。

6.4.2　使用互动式讨论组

数据治理办公室和业务型数据专员之间的协调工作和其他工作可以通过互动式讨论组完成，也就是说，如果多人无法参与就不必召开会议，而是可以将项目发布在基于网络的互动式的公告板中（例如，SharePoint 网站），专员可在方便时进行回复。

适用于此类管理的项目示例包括：

- 输入元数据定义和派生规则。
- 审核创建和使用规则。
- 审核数据质量规则。
- 评估数据剖析结果。
- 对问题反馈的通用请求。

使用互动式讨论组可以处理下列类似工作：

1）业务型或技术型数据专员以及数据治理办公室的成员会在讨论组上提出一个议题或讨论要点并请求反馈，根据设置的数据治理工作方式，利益相关者、委派的主题专家或相关数据分析师能够创建讨论议题。

2）数据认责专委会成员会收到相关议题或项目通知。这项功能最有可能的实现方式是通过将委员会成员加入该议题或项目的邮件订阅列表，这样他们就能够收到自动通知。

3）委员会成员会在方便时提供反馈，而企业级数据专员会监督讨论并定期提供总结或改进建议。

4）若议题要被上报，企业级数据专员会将其上报给数据治理委员会成员，上述议题会被放入数据总监的独立议题列表中，或者由数据治理经理来通过电子邮件或者召开会议来展开讨论。

5）一旦找到合理的解决方案，就可以将解决方案发布到相关议题或议题列表中以供反馈或投票。

像这样管理议题主要有三方面优势：首先，业务型数据专员会自动收到所有需要他们关注的议题通知；其次，他们能够在自己方便的时候进行研究并做出回应，无须安排与整个团队的会议；最后，所有的讨论和提出的解决方案都有一条清晰的记录路径，无须专人跟踪多封电子邮件脉络并对应记录所讨论的内容。

【提示】

在线协作的成功与否还取决于企业文化。在某些组织中，人们在线上能有效互动，而在其他组织中，如果没有就某个议题召开会议，那么该议题将无法关闭，所以组织内需要做一些准备工作来推进成员适应在线协同工作。

6.4.3　成立工作组

除了数据认责专委会会议和使用互动式讨论组之外，还可以成立"工作组"。这些工作组是由业务型数据专员组成的委员会，专员负责收集相关各方的反馈来解决议题或分歧。当某项议题需要业务方大范围信息输入时，就需要工作组的参与。业务型数据专员会安排并组织会议；参会者是受以下项目影响的业务用户：

- 对某业务数据元素定义或派生规则的变更方案。
- 对数据质量问题的发现和已知问题的修正，包括修订数据质量规则。
- 对使用和创建业务规则的变更。

组织会议的业务型数据专员要负责解决议题，向数据认责专委会提交共识意见，并在合适的情况下建议采用和签署建议。

【实践指引】

一个保险业的例子阐述了互动式讨论组（在这家公司被称为"讨论板"）和一系列工作组会议如何帮助解决问题，其工作围绕一个关键术语展开：成交比率。该问题的解决流程也严格遵照了图 6.2 所示的流程图。

术语（业务数据元素）"成交比率"已经被拥有方的业务职能（销售）定义，批准并列入在业务术语表中。然而，在一个项目期间，当这个术语出现在内部讨论中，业务人员会对它的使用和名称感到困惑。所以他们"决定"去改变这个定义。幸运的是，其中一个团队对数据治理办公室有所了解，并且告知项目团队他们没有做此变更的权限。随后数据治理参与了此流程（参见图 6.2 "识别数据元素"步骤）。

销售职能的业务型数据专员召集了一个关注此议题的专员组成的工作组，他们表达了自己的担忧和对于该术语含义的困惑。专员随后在讨论区里创建了一个议题，罗列了问题，并让工作组的每一位成员都订阅了这个议题。大家各自表述了自己对于这个定义的想法，并且确认了该术语可被视为附加术语的变体。之后，专员在讨论区里提出了的名称及定义（合理化），并且给销售的任务并没有改变。讨论区充实了这个重命名术语的完整定义（唯一报价与成交比率），附加术语及它是如何派生的（提供元数据）。最终，修改后的定义被录入了业务术语表（文档），并且获得了销售职能的业务型数据专员的批准。

如果对完整的定义和这个业务术语的词源感兴趣，请参考附录 A。

6.4.4　项目型数据专员如何与业务型数据专员协作共事

项目型数据专员代表了对于项目数据的认责。成为一个项目型数据专员的挑战在于需要去平衡项目需求（可能是紧迫的且有时间限制的）及数据认责工程（必须考虑到更大的蓝图）。这变得更加困难，因为项目型数据专员没有做决定的权限，并且必须咨询负责的业务型数据专员（他有可能是数据域的数据专员组长）。项目型数据专员应参照下列指引来与业务型数据专员共事：

- 首先，很重要的一点是不要给业务型数据专员过多压力。确保业务型数据专员知道项目型数据专员将会与他们一起协作。此外，业务型数据专员需要将与项目型数据专员的合作纳入到他们的预估时间（和时间限制）考虑内。
- 项目型数据专员应该尝试从项目业务分析师和相关主题专家那里收集尽可能多的定义、派生规则和数据质量规则，然后将这些信息传递给业务型数据专员。如果（经常发生）业务数据元素是项目团队里的争议主题，项目型数据专员应该收集所有提出的观点，以便业务型数据专员获得尽可能多的信息。换句话来说，项目型数据专员应该对他们给业务型数据专员提出的问题或顾虑做好功课。
- 对于数据质量问题，应该开展数据剖析，并且在将信息传给业务型数据专员之前，与项目团队共同审查结果。数据剖析会展示数据库中的实际内容，并且项目参与者在查看完结果后可能会决定数据的状况不代表项目的问题。在这种情况下，可能不需要给业务型数据专员提供输入。尽管如此，与业务型数据专员分享结果通常仍然是个好主意，他们可能会看到一些项目成员看不到的东西。
- 项目型数据专员应该比较他们项目的业务数据元素清单来剔除重复项，这样不同的项目型数据专员就不必向业务型数据专员询问相同的业务数据元素了。
- 如果一个业务型数据专员尚未标识项目业务数据元素，企业级数据专员应当使用分配流程确定一个潜在的业务型数据专员或数据域。

6.5　使用问题日志完成日常工作

纳入数据治理的数据，可以通过使用集中式问题日志并使用一组定义明确的流程解决问题，并向利益相关者提供数据问题的清晰图景，还可以确定优先级并分配资源以完成工作。

6.5.1　什么是问题日志

毫不奇怪，对于纳入数据治理范围的数据，问题日志是记录、处理和解决有关数据问题和疑问的地方。也就是说，问题日志是关于跟踪和了解问题是什么、他们的状况是什么以及他们拥有什么影响。解决问题的方式可能是达成简单的协议，或同意解决问题的提案。当需要技术变更（可能需要通过项目来实施）来修复问题时，同意提案是必要的。另请理解，解决问题的方案可能会新增需要治理的数据，这可能是因为数据已经变得很重要（如本章前面"选择关键业务数据元素"部分所述）。

6.5.2　管理问题日志

问题日志通常由数据治理办公室的人员管理，通常是企业级数据专员。然而，这并不意味着数据治理办公室的工作人员负责所有的输入。根据设置的权限，问题和疑问可以由业务型数据专员、数据总监、利益相关者和其他人输入。但是，数据治理办公室的工作人员负责确保每个问题所有的相关信息都得到完整输入。这是一项重要的责任：如果问题定义不明确，就很难解决。此外，如果有人没有主动管理日志，则会出现重复条目、错误条目或从未解决的问题的数据。

导致问题的原因往往很多，例如，变更请求或引入新的数据。另一方面，问题的存在会引发其他工作，例如，引入新的数据或数据质量提升。这些在图 6.6 中进行了总结。

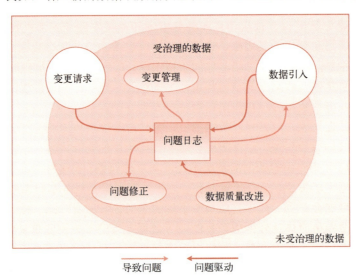

图 6.6　某些工作导致新问题产生，而其他工作是解决问题的结果。某些工作（例如，变更请求）也可能导致更多数据受到治理

【问题日志字段】

要在问题日志中正确处理记录问题和疑问，需要正确的字段集。尽管需要根据自己的要求调整字段列表，但下列是一个可以帮助开始的字段初始列表。这些字段取自 Collibra 的数据治理中心工具，并经许可使用：

- 问题描述：对问题的描述以及处理该问题的重要性。例如，简单地说明位置代码的含义发生了变化是不够的，描述还必须说明变更可能导致人员配备错误以及如何发生。
- 分析：记录问题的分析结果、关于根本原因的想法、潜在的解决方案以及对信息链和流程的影响。分析应包括尽可能多对问题的量化说明（受影响的记录数量、受影响的时限范围以及受影响的客户数量或业务领域）。
- 解决：选择的解决方案和选择的原因。请注意，解决方案可能是什么都不做并接受与该选择相关的风险。这些风险也应列在该字段中。
- 优先级：问题的重要性，从商定的一组优先级中选择（需要有适当的文档记录）。
- 相关要素：此文件记录了从问题到其他类型的企业资产的所有联系。例如，如果问题是数据质量，"相关要素"可能是业务数据元素和物理数据元素（以及它所在的系统）。违反的数据质量规则记录在"违规内容"字段（下方）中。
- 所受影响：此文件记录了从此问题到影响该问题的其他类型的企业资产的所有连接。例如，其他某个问题可能影响此问题。
- 请求者：提交问题的人。
- 审阅者：审阅问题、审阅解决、分配优先级或需要以某种方式提供输入的人。可以列出多个人，包括：
  - 被分派人：负责处理和解决问题的人。
  - 违规内容：问题违反的治理资产（例如，数据质量规则）。
  - 解决方式：治理资产（例如，新的规程、策略或规则）已到位以防止问题再次发生。
  - 业务职能域：负责该问题的业务职能和/或数据域。
  - 确定问题的日期。

6.5.3　理解问题日志流程

在问题日志中处理问题和疑问需要执行一组明确定义的流程，以推动解决方案或修复。涉及的任务在表 6.1 中列出并定义，简化的流程示意图如图 6.7 所示。

表 6.1　问题日志流程、说明和责任人

任务	描述	责任主体
记录	这项任务涉及记录问题描述，包括问题是什么，谁注意到了它，问题的程度（有多少记录，在什么时间段等），以及可能对企业产生的负面影响的陈述。填写上一节中提到的尽可能多的字段非常重要——记录的信息越详细，找到的解决方案就越容易	该问题应由数据治理办公室工作人员和可能的业务型数据专员记录 事实上，任何人都可以通过报告并记录问题

（续）

任务	描述	责任主体
研究	此任务主要包括验证报告的问题是否确实存在，如果存在，则找到问题的根本原因。这项研究应由负责数据的业务型数据专员或由该人员领导的团队（可能包括操作型数据专员）进行	业务型数据专员
提出解决方案	一旦确定了根本原因，最了解受影响数据的人员就可以提出解决方案来缓解该问题。潜在的解决方案可能是制定一个简单的解决方案、进行系统更改，甚至实施一个重大项目。所提出的解决方案还应该包括对信息链的影响，包括系统、报告、数据存储、ETL 和数据治理工具，例如，元数据存储库。很可能需要 IT 支持来确定影响	业务型数据专员 技术型数据专员
升级	由于许多问题无法在数据认责专委会层面解决，因此下一步可能是升级到数据治理委员会进行优先级排序和批准。对于重大问题，或者当委员会成员不能就提出的解决方案达成一致，可能需要上报至高层领导小组	业务型数据专员 数据总监 高层领导小组成员
优先级排序	当必须处理多个问题时（通常情况），需要确定优先级。这包括确定解决问题的顺序，以及将要用来解决问题的资源（包括人员和资金）。在此阶段，有必要从 IT 获得成本估算作为决策输入的一部分。此外，其他工作（例如，大型实施项目）可能会对问题的优先级产生重大影响	技术型数据专员 数据总监 高层领导小组成员
批准	这一步是拥有足够授权的人批准计划和资源分配，或者选择拒绝解决问题并接受这样做的影响和风险	数据总监 高层领导小组成员
沟通	此任务涉及让所有受影响的各方了解问题将如何解决（或不解决）。这是与所有其他任务并行的任务。也就是说，有关方应该能够通过整个过程跟踪问题并在必要时提供意见	数据治理办公室

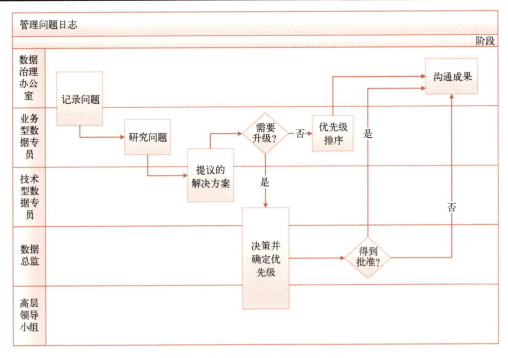

图 6.7 用于管理问题日志的简化流程

6.6　文件记录和沟通：沟通计划

成功的数据治理（和数据管理）工作的一个必要条件是与直接参与工作的人员以及受工作影响的人员进行一系列沟通，换句话说，与所有数据用户以及所有依赖基于数据相关的流程开展工作的人员进行沟通。

【说明】

就像您购买的产品一样，"品牌推广"对于让企业了解数据治理组织的目标和成就，以及当前正在进行的工作以及数据治理工作交付的价值非常重要。许多组织发现，将一个设计良好的数据治理图标体现在数据治理所涉及的所有工作中，这对实现品牌化大有帮助。

6.6.1　什么是必须沟通的？

沟通内容应该包括利益相关者所做的决定、常规的信息和发展动态、数据治理和数据管理所致力于的工作，以及实现的目标。提升数据治理意识可以通过成功案例、强制性培训、指标和数据治理组织的品牌化。

业务型数据专员做出决策并提供可能影响广泛受众的元数据。即使此类决定的详细结果记录在其他地方（例如，业务术语表），让所有相关方知道已经做出决定以及在哪里可以找到有关信息是非常重要的。例如，任何想知道如何定义或者得到特定业务数据元素的人都应该能够在业务术语表中轻松找到该元素。但是他们必须了解业务术语表的存在，如何访问以及如何使用它的基础知识。共享信息显然需要相关方知道创建的定义，并且保存在业务术语表中。

【说明】

许多工具可能包含发布和订阅机制，因此人们可以获得有关问题和决策的定期通知。总结报告也很有用，特别是对于高管和数据总监。

6.6.2　沟通计划必须包含什么？

由于数据认责是数据治理的一部分，沟通计划必须在数据治理的早期构建，计划（示例见表 6.2）至少应该包括：

- 沟通所服务的目标。
- 沟通输出的标题。
- 沟通受众。通常由企业从该信息中受益的各个小组组成，包括项目经理、开发人员、数据总监和数据专员。
- 沟通媒介。信息可以通过各种方式沟通，例如，会议、电子邮件、通过订阅推送等。
- 进行沟通的频率。
- 什么角色负责与受众沟通。

表6.2　数据认责沟通计划示例

目的	输出	受众	媒介	频率	主持人
向数据治理高层领导小组提供信息更新并审核变更，包括政策、规程、流程、组织、角色和责任文件的变更	数据治理概览材料	高层领导小组	会议	半年度	业务发起方，IT发起方，数据治理经理
向数据认责专委会提供数据治理的更新信息及相关变更决定，包括政策、规程、流程、组织、角色和职责的变更	数据治理概览材料	数据治理委员会	会议	每半年或根据需要	数据治理经理
向项目经理定期更新的有关项目剖析结果	项目数据剖析报告	项目管理人员	电子邮件	按需	数据治理经理
定期更新持续进行的企业数据剖析结果	企业数据剖析报告	员工、数据分析师	电子邮件	每月	数据治理经理
定期更新持续进行的企业数据剖析结果	企业数据剖析的高管总结	高层领导小组，数据治理委员会	会议	半年度	数据治理经理
向从业者介绍数据治理，以强调治理目标、组织、支持文档（例如，政策、规程、流程）和项目阶段审核流程	数据治理介绍材料	项目管理人员、项目人员	会议	项目的开始	企业级数据专员
向项目管理人员介绍数据治理阶段审核流程，包括项目规划的审核和现有业务术语表的审核	数据治理介绍材料；业务术语表；数据治理阶段审核流程	项目经理、项目人员	会议	项目的开始，项目的主要里程碑	企业级数据专员
介绍数据治理活动，并突出展示成功纳入数据治理内容的项目示例	数据治理进展材料	业务负责人	会议	每季度	业务发起方
数据治理经理提交工作简报，其中包括数据治理工作的主要亮点，包括最近的项目剖析结果、新成员、来自董事会或高层领导小组的指示，以及数据项目的成功案例	数据治理简报	数据治理委员会、项目经理、高层领导小组、数据分析师、员工	电子邮件	每季度	数据治理经理
问题日志更新	状况更新	数据治理委员会	电子邮件	按需	企业数据专员
数据治理简介，包括组织、目标、职责、价值对企业的影响，以及受众如何为项目的成功做出贡献	数据治理介绍材料	数据分析师、开发人员、业务人	会议、网络研讨会	按需	数据治理经理

　　数据认责工作的进展也应包含在正常的公司出版物中，以便"普通公众"了解（并保持了解）数据治理正在进行的工作。表6.3显示了公司出版物的时间表。目录栏是文章中包含内容类型的一般分类。文章标题/标题栏是出版物中栏目或文章的名称。

【说明】

尽管建议按照常规频率进行沟通，但有效沟通的关键之一是及时且相关。因此，必须仔细做沟通管理，以确保信息在需要之前发送出去，并且发送到的相关受众。有关相关方的更多信息，请参阅本章后面的"定向沟通的重要性"部分。

表 6.3　公司发布的数据认责材料计划表

内容	文章标题/标题	频率
发生了什么/我们在做什么	简报专栏：措施	每隔一个月
及时的信息	简报专栏：需要了解的内容	每隔一个月
数据认责里程碑	网络专栏：企业成就	季刊

6.6.3　定向沟通的重要性

除了一般沟通，可能有必要使用定向沟通来通知利益相关者有关数据的来源和使用情况。内容可能包括数据变更、数据源数据变更和元数据变更（例如，数据的定义或派生规则变更）。虽然所有这些都很重要，但这些沟通必须面向适当的受众。"适当的受众"包括那些认为这些信息具有新闻价值的人。换句话说，那些认为这些内容是"新闻"而不是"噪音"的人。

当使用基于数据域的数据认责时（参见第 11 章基于数据域开展数据治理和认责），这项工作基本上已经完成，因为业务数据元素被分组到数据域中，且由代表拥有方和利益相关者的数据域委员会做出决策。他们还应该被告知业务数据元素的变更。然而，除了如何将业务数据元素分组到数据域（或由业务部门拥有）外，还有其他查看业务数据元素的方法。重要的对内容进行分组和定向沟通的方法，包括以下几种：

- 隐私/信息安全级别。这个种类有不同的名称，指的是信息对被共享的敏感程度。例如，客户的全名可能被视为"高度敏感"，因此公司政策和欧盟全球数据保护规则等法规都限制了数据的使用和共享方式。数据的安全种类可能会因新政策和法规以及现有政策和法规的变更而发生变化。此外，像将数据从一个国家迁移到另一个国家这样简单的事情也会改变数据的安全级别。信息的利益相关者很少限于单个业务部门或数据域，因此了解元数据中记录需要通知谁（或向谁获得输入）非常重要。
- 源系统。使用数据的业务部门会想方设法去找到数据的最佳来源（最可信和最新的），但随着数据治理的开展以及企业对其数据的了解越来越深，最佳的数据来源可能会变化，要么因为发现了另一个更合适的数据源，要么是创建了更好和更可信的数据源。这通常伴随着数据湖或者某个数据域的"经批准的数据提供点"的建立而发生。需要通知使用前一个"最佳数据源"用户，以确保使用最可信的数据。
- 业务流程。业务流程同时使用和创建数据，通常会得到各种技术应用的支持，以及拥有该流程的业务部门人员所遵循的规程的支持。例如，保险代理在每次编写新保单时都使用承保应用程序执行业务流程。按生成数据或依赖数据的业务流程对数据分组，这对于确保流程使用最佳源（请参见前面的要点）以及在创建数据时遵循所有规程至关重要。如果业务数据元素的定义发生了变化，或者判断数据质量的规则发生了变化，这可能会对业务流程产生重大影响，因此，数据和业务流程之间的联系是一个需要了解和理解的重要环节。

6.7　在项目方法论中增加数据治理工作

数据治理实践的主要原则是将数据治理相关的流程和交付成果集成到组织的项目方法论中。这么做的理由有很多，首要原因是大部分项目都使用或者创建数据，因此需要业务型数据专员的参与。

6.7.1　把数据认责任务增加到项目中的好处

数据认责任务受益于被包含的项目中，还有以下原因：

- 项目的范围是有限的。项目将集中于有限的数据内容和有限的源系统。由于这种有限的特点，参与该项目工作的人员可以专注于获取必要的信息，而不是将他们的努力传播到广泛的数据上。
- 每个项目有一个专业人员（项目经理），他受过专门的培训，负责确保项目保持进度，分配足够的资源，并跟踪与项目相关的交付成果的进度。如果项目的"工作分解表"（WBS）包括数据认责任务，那么这些任务将包括在项目计划中和给这些任务分配资源。
- 每个项目有业务关注点。项目通过严格的流程来证明业务的价值并证明费用支出和资源是用于实现项目的目标。业务主题专家——通常包括业务型数据专员——被分配到项目中工作，并对他们完成的任务负责。
- 每个项目都有业务需求。这些需求将包括数据需求，当确定了新的业务数据元素时，它们可以在项目交付阶段直接补充到业务术语表。事实上，在业务术语表更新了业务数据元素和其他与该项目相关的元数据之前，该项目不应被认为是完整的。

6.7.2　为项目提供支持的数据认责角色

在某些项目中，业务型数据专员甚至数据总监们可能直接承担项目工作，扮演双重角色。例如，数据总监可以帮助评估出现的数据问题，帮助确定最好的解决方案。业务型数据专员可以直接与数据分析师合作，起草数据定义，并定义数据质量规则等其他元数据。然后他们将与数据质量分析师一起审核和验证数据剖析结果。有关业务型数据专员如何为数据质量工作做出贡献，请参阅第 7 章数据专员的重要角色。

然而，经常出现的问题是，适合拥有数据和定义项目数据的业务型数据专员未能被分配到项目中。我们都看到这样的结果：要么猜测元数据，或是指派一个委员会来识别利益相关者，并试图就数据含义、如何派生、最佳来源等达成共识。有这种经历的人都会认为这样非常低效，会拖延项目。更好的答案是，每个项目都进行数据认责，即使没有合适的业务型数据专员。但怎么才能做到呢？

正如在阅读第 2 章了解数据认责的类型时猜到的那样，答案是项目型数据专员，这是分配到项目中负责数据认责的项目成员。项目型数据专员的任务最初是从项目的业务主题专家和业务分析师收集业务数据元素的最佳可用名称、定义、数据质量规则、实际存储位置和其他元数据。项目型数据专员随后在分配会议上提交这些信息，会议对业务数据元素分配适当的业务型数据专员或数据域。从此开始，业务型数据专员或数据域委员会验证和记录这些信息，并将所有的更正反馈给项目型数据专员，以便与项目进行沟通。工作是由项目型数据专员和业务型数据专员一起完成的，如图 6.8 展示了这种数据认责的"混合"模式。

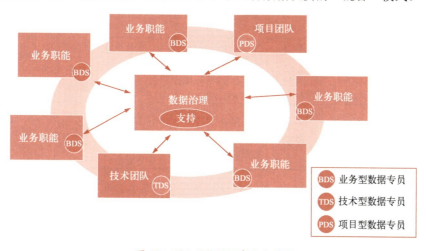

图 6.8　项目的数据认责混合模型

【实践指引】

在现实世界中，项目型数据专员当然不是免费的，必须有人支付这些额外人员的费用，从而在项目中体现数据认责。像新应用或数据仓库等大型项目费用应包括这些资源。在项目的早期计划阶段，数据治理办公室（DGPO）必须与项目管理办公室（PMO）合作，了解项目内容范围，预估项目资金必须包括哪些资源（和成本）。

不幸的是，在数据认责成为项目计划制定流程中一项标准化步骤之前，PMO 很容易忘记这项任务。此外，通常直到至少完成了业务需求文件（BRD）草稿，项目范围才真正明确定义。当然，那时候可能会确定项目资金，因此在早期估算中包含足够的资金以覆盖项目任务合理范围非常重要。

最后，小项目可能没有足够的资金来支付项目数据认责的额外成本，理想的解决方案是 DGPO 中有一个项目型数据专员，可以由他承担许多小项目的数据认责工作来应对这种意外。

6.7.3　数据认责任务和模板

当与 PMO 合作将数据认责添加到用于布置项目任务的工作分解表（WBS）时，将需要一些与添加的数据认责任务有关的理念和信息（元数据）。尽管每个项目管理方法各异，表 6.4 会给一个关于这些任务的思路，以及他们如何符合一个简单的软件开发生命周期

（SDLC）。这些任务是数据认责与项目方法论集成的一个好地方。

表 6.4　软件开发生命周期的数据认责任务

需求	分析	设计	开发和测试	变更管理
识别业务术语	概念分析和图表	用例与数据和业务元数据保持一致	需求和规范变更与业务元数据保持一致（见图 6.9）	缺陷审核驱动更新业务术语表
开始业务术语表的批准流程	完成和更新业务元数据	用户接口设计与数据元素和业务元数据保持一致	参与解决开发问题	数据质量问题跟踪
确定项目范围和分配资源	候选数据的数据质量规则和剖析	数据模型与数据元素和业务元数据保持一致	数据质量测试案例和缺陷审核	数据剖析（进行中）
审核和修订项目计划及交付成果	整理数据质量问题和整改计划	参考数据设计，取值，并参与 ETL 映射	数据质量问题跟踪	
	确定数据需求测试案例和标准	验证技术元数据	选择最终数据来源	
	识别候选的数据来源	数据完整性审核方案	确保源到目标映射满足要求	

当实施表 6.4 中列出的任务时（或结合组织进行了任务变动），应该针对每个任务捕获一些关键元数据，如图 6.9 所示。这些应该包括：

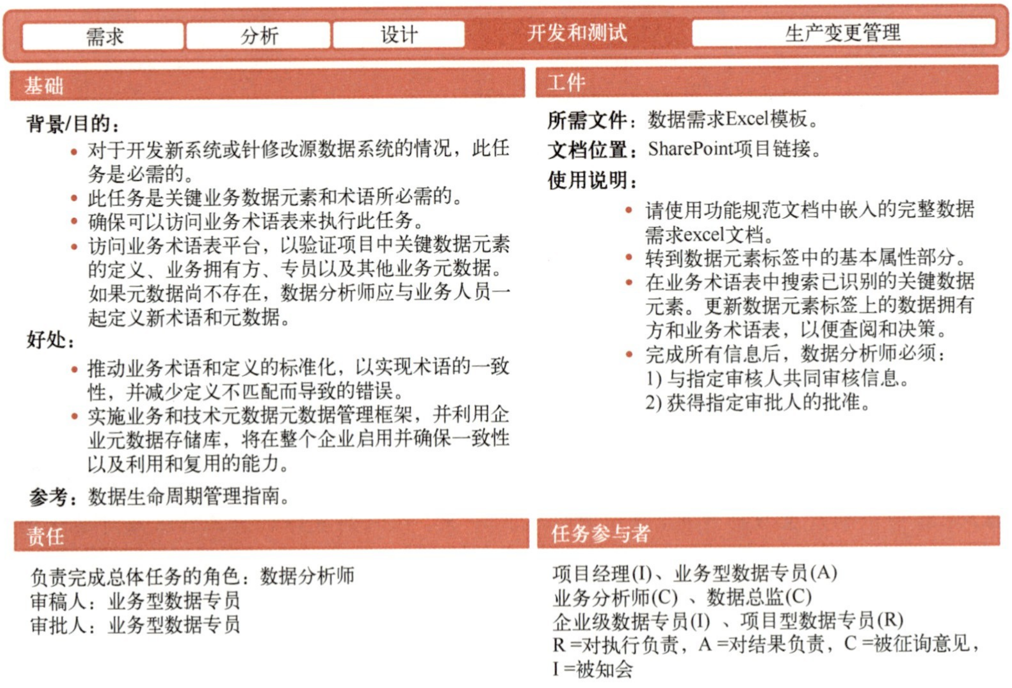

| 需求 | 分析 | 设计 | 开发和测试 | 生产变更管理 |

基础

背景/目的：
- 对于开发新系统或针对修改源数据系统的情况，此任务是必需的。
- 此任务是关键业务数据元素和术语所必需的。
- 确保可以访问业务术语表来执行此任务。
- 访问业务术语表平台，以验证项目中关键数据元素的定义、业务拥有方、专员以及其他业务元数据。如果元数据尚不存在，数据分析师应与业务人员一起定义新术语和元数据。

好处：
- 推动业务术语和定义的标准化，以实现术语的一致性，并减少定义不匹配而导致的错误。
- 实施业务和技术元数据管理框架，并利用企业元数据存储库，将在整个企业启用并确保一致性以及利用和复用的能力。

参考： 数据生命周期管理指南。

工件

所需文件： 数据需求Excel模板。
文档位置： SharePoint项目链接。
使用说明：
- 请使用功能规范文档中嵌入的完整数据需求excel文档。
- 转到数据元素标签中的基本属性部分。
- 在业务术语表中搜索已识别的关键数据元素。更新数据元素标签上的数据拥有方和业务元数据，以便查阅和决策。
- 完成所有信息后，数据分析师必须：
  1) 与指定审核人共同审核信息。
  2) 获得指定审批人的批准。

责任

负责完成总体任务的角色：数据分析师
审稿人：业务型数据专员
审批人：业务型数据专员

任务参与者

项目经理(I)、业务型数据专员(A)
业务分析师(C)、数据总监(C)
企业级数据专员(I)、项目型数据专员(R)
R＝对执行负责，A＝对结果负责，C＝被征询意见，
I＝被知会

图 6.9　项目任务的详细信息示例

- 执行任务的项目阶段，部分任务可能跨越多个阶段。
- 背景和目的：任务的目的以及完成后应该实现的目标。
- 执行任务的好处。
- 参考文档：政策、标准或者指南中详细记录任务的细节以及如何实施。
- 工件模板：许多任务使用一个或多个模板，本节说明需要使用哪些模板、模板的位置以及填写模板的说明。
- 职责：列出负责完成任务以及审核和批准工作的相关角色。
- 任务参与者：本节说明任务的 RACI 职能角色（对执行负责、对结果负责、被征询意见、被知会）。

6.7.4　培训项目经理

一旦数据治理任务整合进工作分解表 WBS 并且包含在项目计划中，项目型数据专员与项目经理应密切合作是非常重要的，以确保他们拥有所需的所有信息，轻松理解任务是什么、什么时候完成、需要多少时间。这通常涉及对项目经理进行的一些培训。内容主题一般应包括数据治理是什么，项目可以从中获得什么价值，需要什么样的资源及资源从哪来，以及一些不熟悉的工作流程相关的信息，如数据剖析。

可能最重要的主题是如何管理这些"额外"任务对项目计划和成本带来的冲击。主要的一点：虽然数据治理任务有成本，但也有一些重要的好处。这些可以包括：

- 避免关于数据含义或派生数据的正确方法的争论或无休止的会议。项目型数据专员将采用诸如待办事项之类工具管理任务，并汇报进展情况。
- 更快地确定正确的数据，在进行转换前就能理解数据会是什么样。
- 更好的质量结果，更好地满足业务需求。

【说明】

附录 B 中包含非常详细的培训计划（包括回答数据治理给项目带来什么价值等问题）。此计划还包括了解围绕数据质量的任务，编写与数据相关的质量保证测试案例，以及评估棘手领域的解决方案（例如，超负荷加载数据元素）。

6.8　构建并遵循数据治理或数据认责路线图

与组织内的任何其他主要工作一样，数据治理和数据认责不是一蹴而就的，而是随着时间的推移经历不同阶段，在进入下一阶段前必须达到一些里程碑。数据治理"路线图"就列出了任务、里程碑和工作间的依赖关系。可能有几个不同的路线图，涵盖任务实施的不同部分：

- 涵盖商定的整个时间跨度（譬如 18 个月）的总体路线图。
- 实施各种工具的路线图。
- 用于登记新的业务数据元素（BDE）和相关元数据的路线图。

【说明】

请注意，路线图包括沟通计划的整个"泳道"。

　　路线图中的关键任务项可能会进行详细的解释，包括描述说明、假设、交付成果、依赖事项、持续时间、必要资源、基本依据和活动。

　　图 6.10 是一个实施数据治理的 18 个月路线图，左上角是聘用数据治理经理的任务。表 6.5 提供了招聘任务的细节示例。

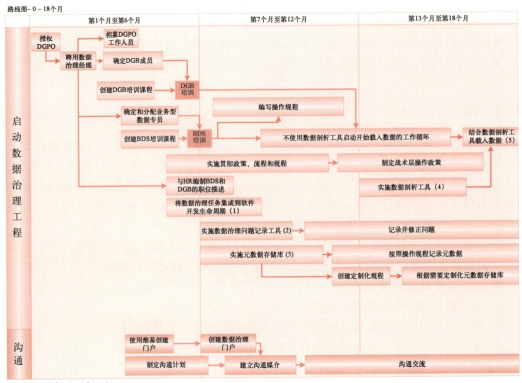

DGPO：数据治理办公室
DGB：数据治理委员会
BDS：业务型数据专员

图 6.10　数据治理的 18 个月实施路线图示例

表 6.5　路线图任务的详细信息

细节	详细说明
描述	招募、聘用和培训相关岗位人员，完成数据治理办公室（DGPO）日常工作
假设	组织愿意为数据治理办公室（DGPO）配备人员和提供资金，包括开放人员编制
交付成果	● 数据治理经理的工作描述 ● 工作人员名单 ● 数据治理办公室（DGPO）组织结构 ● 工作人员岗位职责
持续时间	8 周

（续）

细节	详细说明
资源	● 招聘经理 ● 招聘工作人员 ● 高管（面试）
依据	聘请数据治理经理是建立数据治理的必要早期步骤，也是成功实施数据治理工程的先决条件。未能聘请到专门从事该职位的人员很可能导致数据治理工程的早期失败
活动	● 数据治理办公室（DGPO）创建汇报关系结构 ● 聘用数据治理经理 　■ 协调招聘/人力资源部门，与相关招聘经理一起创建岗位需求 　■ 发布岗位需求并编制候选人名单 　■ 面试候选人 　■ 咨询招聘经理并做出录用决定/录用通知 　■ 聘用和安置新员工

将总体路线图的某些任务细分为更详细的子任务也可能是有好处的。例如，注意到有一些任务需要将数据治理任务集成到软件开发生命周期中（1），实施数据治理问题记录工具（2），实施元数据存储库（3），和实施数据剖析工具（4）。这些任务的更详细版本如图 6.11 所示。

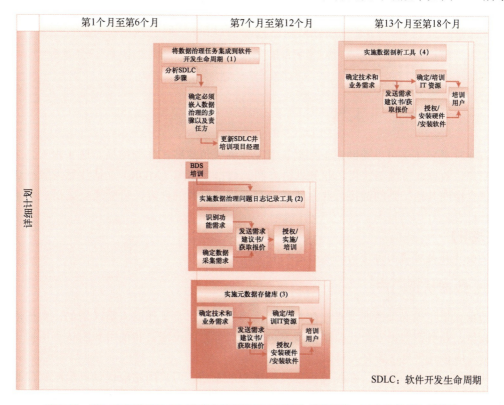

图 6.11　详细路线图显示了与总体路线图相同的时间和持续时间，但具有更详细的步骤

最终的详细路线图（见图 6.12）有些不同。它展示了一项艰巨工作（例如，加载一个特定批次的业务数据元素）的持续时间和详细步骤。然而，详细步骤并不代表每个业务数据元素实际处理时间，而是只代表步骤本身以及它们是如何相互依赖。不同的业务数据元素处理所需的时间可能大不相同（如路线图中所述），并且在此阶段可能会处理数百（或更多）业务数据元素。因此，尝试显示每个业务数据元素的处理周期是不现实的。

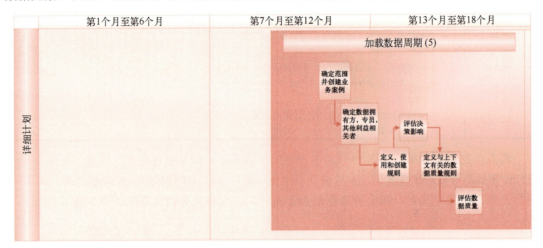

图 6.12　数据加载整体运行时间周期。图中步骤在每次加载新的数据元素重复执行，本图并不显示加载业务数据元素的实际运行时间

6.9　确定数据认责工具

有 4 种重要工具可以帮助记录数据认责工作并交流这些工作的结果。这 4 种工具是数据认责门户、数据认责维基百科、业务术语表和元数据存储库（MDR）。请注意，数据认责门户应包含指向其他工具的链接，并且通常会显示维基百科的内容，可能还会显示业务术语表和问题日志。

【说明】

这些工具是对前面讨论的问题日志的补充。

6.9.1　数据认责门户

数据认责工作必须透明。直接参与数据治理和数据认责工作的人员（例如，数据治理办公室成员、业务型数据专员、数据治理委员会成员等）以及需要和使用数据认责所提供信息的人员（应该几乎包含所有人员）。

应该有一个门户网站，在那里可以找到需要的东西。门户网站应提供人员配置信息，指向其他工具的链接（例如，业务术语表），常见问题解答，以及状态报告、政策、规程、问题和联系信息的链接。

此外，门户网站主页应提供"我们是谁"和"我们做什么"的简要说明。将这些部分视为数据认责的"1 分钟电梯演讲"版本。图 6.13 显示了门户网站主页的示例。

主页：数据治理	
数据治理	
资源 数据治理维基百科 文档库 **业务术语表** 定义 缩略语 常见问题 状况报告 数据专员 业务职能 业务应用 数据服务 **在建项目** 项目 定义草案 数据分析结果 任务 问题日志 团队日历 活动 仪表盘	**我们是谁** 整个数据治理团队包括<u>数据治理办公室 (DGPO)</u> 和<u>数据专员网络</u>。DGPO是全职的数据专员，他们对数据质量充满热情，为人员和应用程序提供信息和赋能。数据专员网络会延伸到数据和技术专家，他们是公司<u>数据认责</u>的中坚力量。 **我们所做的** 我们致力于定义、评估和提高信息使用的理解和质量。我们通过参与提高数据理解和质量的项目和活动来做到这一点。主要构成要素是数据元素<u>定义</u>、<u>派生</u>和业务规则，包括<u>数据质量规则</u>以及<u>创建和使用规则</u>。使用<u>数据剖析</u>技术确定和报告数据质量。这些工作结果（<u>业务元数据</u>和<u>技术元数据</u>）发布在<u>业务术语表</u>和<u>元数据库</u>中。 **入门指南** **业务术语表**——网络中的每个人都可以在<u>业务术语表</u>中查找业务元数据（例如，定义、派生规则和业务规则）、<u>首字母缩略词</u>和<u>缩写词</u>。 **特别问题**：如果您在<u>业务术语表</u>中找不到您相关内容，或者想提出添加或更改建议，请联系<u>企业级数据专员</u>。 **数据治理和数据质量问题**：在<u>问题日志</u>中跟踪当前问题。向<u>企业级数据专员</u>报告新问题。

图 6.13　数据认责门户网站主页示例

【实用建议】

不要认为读者对数据治理和数据认责的专业知识比较了解，数据治理门户上应有一些常见问题的解答，可以回答一些典型问题，如：

- 数据治理是什么？
- 数据治理办公室（DGPO）是做什么的？
- 数据治理的目标是什么？
- 数据治理委员会的目的是什么？
- 数据认责专委会的目的是什么？
- 业务型数据专员的职责是什么？
- 数据治理和数据认责如何影响组织的数据战略？

进展状态报告应包括月度版本和年度版本。月度版本应该简短——只有几张幻灯片——列出要解决的首要问题，当前的数据治理指标和正在完成的工作以及联系信息。年度版本可以更长，并且包括数据治理是什么以及数据治理工程相关好处的提醒。此外，它还可以显示一个时间轴，其中包括本年度的主要成就以及对各个业务领域积极影响的列表。

6.9.2 数据认责维基百科

图 6.14 显示了数据认责维基百科的页面示例，以及可能存在和可用的术语示例。数据认责和数据治理使用许多专业术语、表单和流程。在定义这些内容时，需要对其进行记录，并方便目标受众使用。记录一切还可以提高术语、表单和流程的标准化程度。

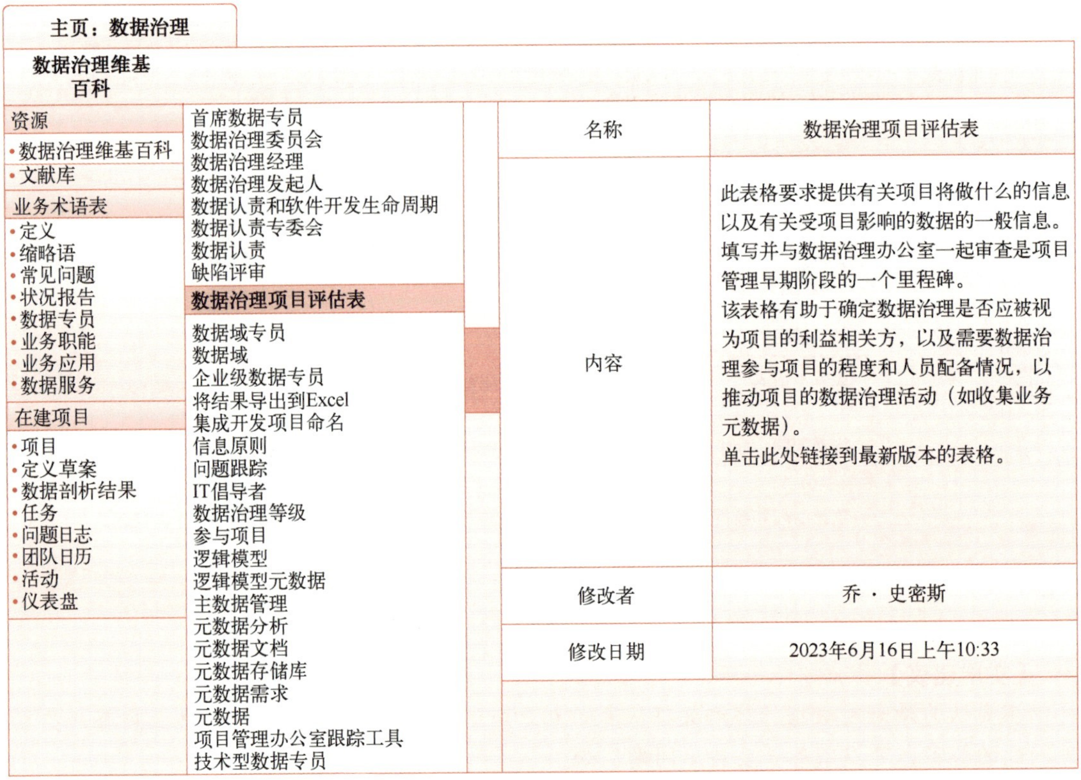

主页：数据治理		
数据治理维基百科		
资源 • 数据治理维基百科 • 文献库	首席数据专员 数据治理委员会 数据治理经理 数据治理发起人 数据认责和软件开发生命周期 数据认责专委会 数据认责 缺陷评审	名称：数据治理项目评估表
业务术语表 • 定义 • 缩略语 • 常见问题 • 状况报告 • 数据专员 • 业务职能 • 业务应用 • 数据服务	**数据治理项目评估表** 数据域专员 数据域 企业级数据专员 将结果导出到Excel 集成开发项目命名	内容：此表格要求提供有关项目将做什么的信息以及有关受项目影响的数据的一般信息。填写并与数据治理办公室一起审查是项目管理早期阶段的一个里程碑。 该表格有助于确定数据治理是否应被视为项目的利益相关方，以及需要数据治理参与项目的程度和人员配备情况，以推动项目的数据治理活动（如收集业务元数据）。 单击此处链接到最新版本的表格。
在建项目 • 项目 • 定义草案 • 数据剖析结果 • 任务 • 问题日志 • 团队日历 • 活动 • 仪表盘	信息原则 问题跟踪 IT倡导者 数据治理等级 参与项目 逻辑模型 逻辑模型元数据 主数据管理 元数据分析 元数据文档 元数据存储库 元数据需求 元数据 项目管理办公室跟踪工具 技术型数据专员	修改者：乔·史密斯 修改日期：2023年6月16日上午10:33

图 6.14 数据认责维基页面示例

6.9.3 关键产物：业务术语表

要将数据作为资产进行管理，必须对数据进行盘点。而且，由于数据本身不能自定义，必须定义需要跟踪的业务数据元素。业务术语表是一种记录并帮助管理业务元数据的工具。按照 DAMA，业务术语表是一种工具，用于记录和存储组织的业务概念、专门用语和解释定义，以及这些术语之间的关系。简而言之，业务术语表是发布和使用业务元数据的地方。

（1）为什么需要业务术语表？

业务术语表可以实现许多目标，包括：

● 帮助建立和记录组织的通用词汇——业务数据元素（术语）和定义，这些词汇在整个企业中都能得到理解和使用。一组术语要易于使用，应具备强大的搜索功能。该功能应能够搜索所有文本字段，能够限于指定的数据域，并具有可修改的搜索参数（使用标准和附加条件或检索）。搜索功能有助于定位潜在的重复业务数据元素，即使名称不完全匹配。

- 为存储在业务术语表中的业务数据元素和其他元数据建立并记录所有权和决策权。
- 确保及时访问业务元数据。通过拥有一个业务元数据的中央存储库，每个业务用户都可以轻松访问它，可以快速找到和使用业务元数据。
- 支持记录业务元数据资产之间的重要关系。例如，业务数据元素可能由某些业务部门产生；业务术语表应允许在工具中创建并导航到此链接。此外，可能有与业务数据元素相关的业务数据质量规则。有关可以存储在业务术语表中内容的更多建议，请参阅本章后文"业务术语表中应该保留什么？"。
- 不仅允许定义一般术语，还允许将它们分解为更具体的术语，这些术语对于区分业务数据元素的不同用途（或更专业的版本）是必要的。例如，附录 A 中所示的术语（唯一报价成交比率）最初是作为成交比率，但该术语太笼统以至于有许多不同的定义，原因是利益相关者关注的是不同的专用术语。
- 使用工作流来实现常见的数据认责流程自动化（例如，创建和批准业务数据要素及其定义）。

（2）正确命名业务数据要素的重要性

业务术语表还有助于业务型数据专员使业务数据元素合理化，从那些同义不同名（或同名不同义）的业务数据元素中挑选出唯一的业务数据元素。

一些数据分析师在命名业务数据元素时没有做到他们应有的小心谨慎，并且没有意识到适合他们的名称可能并不适用于其他人。因此，数据分析师通常不会提供足够具体的业务数据元素名称。业务型数据专员必须处理这些命名不一致的问题，并且必须确保在创建业务数据元素名称时遵循一致且严格的命名标准。例如，表 6.6 显示了正确命名对业务数据元素清单的影响有多大。

表 6.6　合理化数据元素

数据要素	不同的名称或不同的数据	总数据点		
入场时间	出票时间、入场时间、交易开始时间	1	或者	4？
预付款时间	购票时间、支付时间	1	或者	3？
到期金额	交易总额、交易金额	1	或者	3？
付款方式	付款类型	1	或者	2？
投标金额	付款额、收款额	1	或者	3？
退回金款	多付金额、退款金额、应付金额	1	或者	4？
签发收据	请求收据、打印收据	1	或者	3？
实际退出时间	出站时间、撤离时间	1	或者	3？
总数		8	或者	25？

业务术语表是发布业务元数据的地方。该元数据应包括对业务非常重要的属性。这可能包括业务名称、定义、派生规则、有效值（如适用）、任何使用说明、数据安全级别、拥有方业务职能或数据域的链接、批准状态，提议、审查和批准元数据的任何相关项目，已知使用此数据的应用程序和参考文档。关键交付成果是一组具有业务职能或数据域的业务名称（见表 6.7）。图 6.15 显示了业务术语表中的要素样本示例。

表 6.7　业务名称、定义和拥有者/专员

业务数据元素名称	定义	部门/数据域
位置	客户与公司开展业务的任何地方，包括所有类型的位置，如分支机构、快递网点、联络中心、主办公室和互联网。	销售
位置编号	位置的唯一标识符，又名公司地址 ID、办公室编号、分支机构 ID。	销售
保单持有人保有期	会员与公司（包括其他州的附属公司）拥有保单的年数。	销售
收款过账日期	公司收回收款金额的日期。	财务操作
退休员工标志	确定某人是否为公司的退休员工。	人力资源
意外附加费豁免标志	确定在评级过程中是否根据某些业务规则免除了事故附加费。又名事故豁免标志。	承保
记账状态	保单持有人在新业务交易发生时的居住地址的状态。	财务报告
假定实收保险费	当该公司是再保险人时，从另一家保险公司承担的保费。作为一家从另一家保险公司承担风险的再保险公司，有效地承担了主要保险公司最初承担的部分风险和部分保费。	财务报告

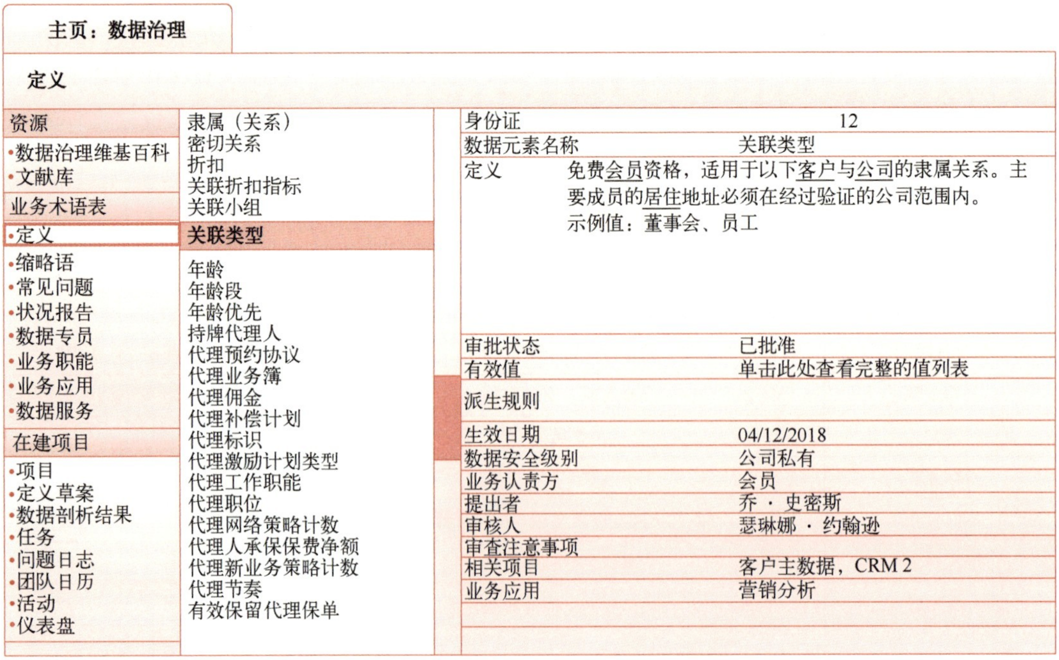

图 6.15　数据认责业务术语表中的示例屏幕

【构建术语层次结构】

强大的业务术语表具有定义业务数据元素语义层次的能力。层次结构使业务型数据专员能够对其业务数据元素进行分类并显示它们之间的关系。它还有助于整理出大量在含义上似乎重叠或冲突的业务数据元素。通过构建层次结构和定义每个节点，可以得出业务数据元素之间含义和关系的清晰图景。

一个很好的例子是在汽车保险单中引用驾驶员时使用了大量的业务数据元素。这些业务数据元素包括非受保驾驶员、不可定级驾驶员、未定级驾驶员和主驾驶员。通过构建如图 6.16 所示的层次结构并定义每个节点，可以创建这些相关业务数据元素的连贯图像。

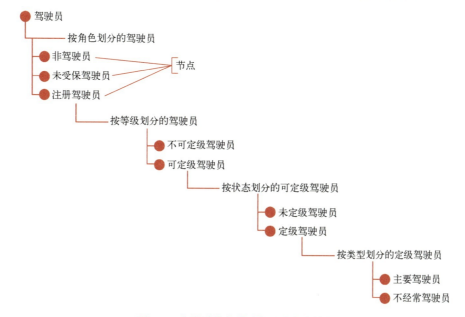

图 6.16 与驾驶员相关的术语的分层描述

（3）可定制和可配置的业务术语表

商业授权工具使用时通常都会有需要进行调整的内容。业务术语表工具规定了如何捕获元数据，而底层模型（元模型）限制了操作能力。也许希望把一组业务数据元素与将其视为关键业务元素（KBE）的业务部门之间建立链接。然而，元模型可能没有业务数据元素到业务部门间的关系存在，因此需要添加一个。当然，它还会缺少业务数据元素的所有其他可能有价值的链接，例如，链接到政策或业务数据质量规则等。

在这种情况下，可能还有数百种其他情况让元模型能够修改变得非常重要，这样就可以配置业务术语表的工作方式，以满足业务需求。在理想情况下，业务术语表将提供创建这些配置的简单方法。

6.9.4 使用工作流实现流程自动化

一些供应商提供的业务术语表软件中集成了一个工作流引擎。业务术语表工作流使治理流程能够根据一组指定的步骤执行。这个自动化的任务集可以要求指定角色的人员提供输入和决策。它可以根据条件处理流程分支，执行业务规则，并发送通知以获得预期结果。

（1）使用工作流的优势

尽管部署工作流几乎总是需要编写代码，但使用它们会得到一些关键优势，包括：

- 自动执行重复性任务并向工作流中承担不同角色的人员发送通知。如果相关人员未在指定时间内执行任务（即满足"服务水平协议"或 SLA 要求），工作流步骤中就会包含此时会发生什么情况的信息。

- 确保遵循所有必要的步骤以达到结果。通过电子邮件和/或共享文档的方式创建手动"工作流"，可以轻松地跳过本应该执行的步骤。

- 记录变更、决策以及决策人的审计踪迹。当工作流包含创建或修改与监管相关的元数据时，这一点非常重要。

- 强制执行业务规则。虽然业务术语表通常可以执行简单的规则，但工作流在这方面的能力要强大得多。例如，仅当另一个字段/属性中使用某些值时，如果元数据资产的某个字段/属性才是必需的，工作流可以强制执行这个复杂的规则，而大多数业务术语表软件则无法（单独）做到。

- 支持以自定义形式和格式呈现元数据。许多商业业务术语表软件（尤其是那些基于 Web 界面的术语表软件）在屏幕如何呈现元数据资产的细节方面非常有限。因为屏幕空间没有得到有效利用，它们通常需要大量的屏幕滚动。工作流则可以使用"工作流表单"（类似于 Windows 对话框），以更紧凑和易于理解的格式呈现信息和输入字段。这些表格还有助于执行业务规则。例如，除非提供必填信息（在图 6.17 中用星号表示），否则无法提交表单以进入工作流的下一步。

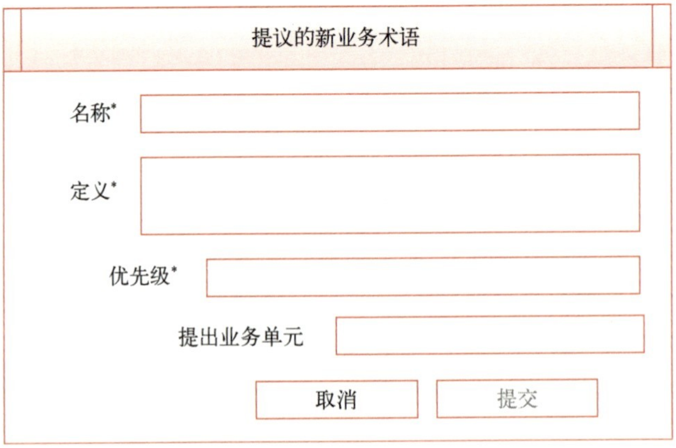

图 6.17 用于输入和查看元数据资产的工作流表单示例。请注意，在满足所有业务规则之前，"提交"按钮是不可用的

（2）收集工作流设计信息

需要对工作流进行设计并捕获所需的相关业务需求，以便以所需的方式获得正确的最终结果。要设计一个工作流，需要了解以下内容：

- 想达到的目的是什么？换句话说，如果工作流成功执行，最终结果会是什么？例如，如果正在创建一个业务数据元素，那么最终结果（假设请求得到批准）将是在指定位置创建一个新的业务数据元素。
- 允许哪些角色启动工作流？允许任何人启动工作流通常是不明智的，因为并不是每个人都接受过如何在工作流表单中输入高质量元数据的培训。例如，可能希望只允许业务型数据专员和数据治理办公室成员启动工作流。
- 启动工作流的条件是什么？可能想要指定需要进入哪个功能屏幕上才能启动工作流。例如，如果想对现有的业务数据元素提出编辑建议，可能希望提议者在屏幕上能够查看它。可能还想检查业务数据元素是否处于特定状态。例如，如果一个编辑工作流程已经在运行中，可能不允许再启动另一个。

【实用建议】

给元数据分配一个状态是工作流弄清楚正在发生什么的一种有用方法。例如，在创建和批准业务数据元素时，它可以处于"已接受"状态，并且必须处于该状态时才能开始编辑工作流。一旦编辑工作流开始，这个业务数据元素资产就可以移动到"审核中"状态。此状态将通知工作流不允许另一个编辑工作流。一旦工作流完成（不论所做更改被决策者批准或拒绝），在回滚更改之后，该资产将回到"已接受"状态。

另一个常见的情况是，负责决策的角色没有分配到任何一个人，可能是因为该角色的前任已经离开公司。对此一种常见"修复"方法是让工作流检测到这种情况，并让另一个角色（有时称为"角色管理者"）向该角色分配一个新的人员，以便工作流可以继续。

- 必须做出什么决策，以及每个决策必须由什么角色做出。
- 对于每个决策，基于该决策可能有哪些分支工作流。此外，需要多长时间来做出决策（SLA），如果未按要求做出决策（超时），结果会是什么。

图 6.18 展示了一个记录工作流设计的明细表格示例。除了上面列出的条目之外，它还显示了用于捕获元数据的工作流表单。图 6.19 用泳道图展示了实际的工作流，展示了每一个角色和决策点/分支。

（3）指定所应用的工作流表单和规则

工作流表单规范（见图 6.20）用于收集信息以定义元数据和（在适当的情况下）执行业务规则。每个表单都需要用以下信息进行定义：

- 字段名称。
- 数据类型。不必是（存储在数据库中的）物理数据类型，而是业务术语表或运行工作流的其他工具所识别的数据类型。
- 该字段是必需的还是可选的（必需）。

流程步骤	流程步骤说明	业务规则	涉及的角色	资产状态	需要用户输入	表单名称	服务水平协议	需要通知?	通知名称
启动工作流程	资产提出者在一个领域内业务术语工作流。	N/A	资产提出者	N/A	N	N/A	N/A	N	N/A
显示输入表单	系统显示【提议业务术语】输入表单。	N/A	N/A	N/A	N	提出业务术语	N/A	N	N/A
填写输入表格	资产提出者填写【提议业务术语】输入表单。	N/A	资产提出者	N/A	Y	提出业务术语	N/A	N	N/A
提请批准?	资产提出者提交提议术语审批。在"提交"按钮可用之前,所有必须填写字段/关系必须填写。	N/A	资产提出者	N/A	Y	提出业务术语	N/A	N	N/A
创建资产	系统在当前数据域创建一个类型为"业务术语"的资产。	BR-N-BT-001	N/A	评审中	N	N/A	N/A	N	N/A
与识别的资产创建关系	系统为【提议业务术语】创建关系。	BR-N-BT-002	N/A	评审中	N	N/A	N/A	N	N/A
有资产审批人吗?	系统判定是否已有资产审批人。请参阅"角色确定"选项卡。	N/A	N/A	评审中	N	N/A	N/A	N	N/A
创建角色分配任务	如果没有(资产审批人不存在),请参阅"角色确定"选项卡。	N/A	N/A	评审中	N	N/A	N/A	N	N/A
通知角色经理	如果没有(资产审批人不存在)->系统分配角色任务通知给角色管理员。	N/A	角色管理员	评审中	N	N/A	N/A	Y	任务通知
分配资产审批人	如果没有(资产审批人不存在)->角色管理员分配资产审批人。	BR-N-BT-004	角色管理员	评审中	Y	任务	15天	N	N/A
创建审批任务	系统生成分配给资产审批人的任务。	N/A	N/A	评审中	N	N/A	N/A	N	N/A
通知资产审批人	系统生成一个任务通知给资产审批人。	N/A	资产审批人	评审中	N	N/A	N/A	Y	任务通知
批准资产?	资产审批人批准或拒绝提议的资产。	BR-N-BT-004	资产审批人	如果是 -> 已接受 如果否 -> 评审中	Y	任务投票	15天	N	N/A
显示评论表单	如果否(资产审批人拒绝)->系统显示评论表单。	N/A	N/A	评审中	N	评论	N/A	N	N/A
输入资产评论	如果否(资产审批人拒绝)->资产审批人填充评论表单并提交。	BR-N-BT-003	资产审批人	评审中	Y	评论	N/A	N	N/A
删除资产	如果否(资产审批人拒绝)->系统删除资产。任何关联的资产也被删除。	N/A	N/A	评审中	N	N/A	N/A	N	N/A
通知资产提出者	如果是(资产审批人批准)->系统生成批准通知 如果否(资产审批人拒绝)->系统生成拒绝通知	N/A	资产提出者	已接受	N	N/A	N/A	Y	接受或拒绝

图 6.18　用于输入和查看无数据资产的工作流表单示例

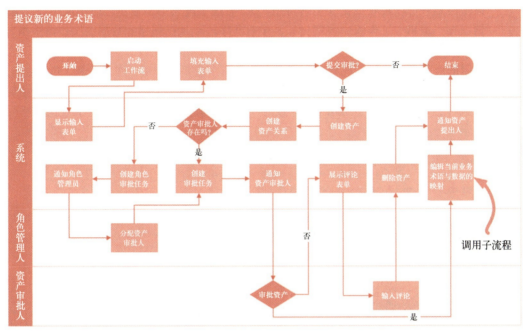

图 6.19 工作流流程图示例，每个角色和决策分支都分布在一个"泳道"中。请注意，如果需要，一个工作流可以"调用"另一个工作流

提议业务术语						
元素	数据类型	多值	值域	必填	启用	业务规则
名称	文本	N	N/A	Y	Y	N/A
使用说明	文本	NN	N/A	N	Y	N/A
示例	文本	N	N/A	N	Y	N/A
备注	文本	N	N/A	N	Y	N/A
别名	文本	N	N/A	N	Y	N/A
KDE标志	布尔	Y	True/False	Y	Y	N/A
KDE标识	文本	N	N/A	N	Y	N/A
KDE优先级	枚举	N	1 2 3 4	N	Y	N/A
参考数据标识	布尔	N	True/False	Y	Y	N/A
首字母缩略语	文本	Y	N/A	N	Y	N/A
管理者业务单元	枚举	Y	业务单元	N	Y	BR-N-BT-006
使用者业务单元	枚举	Y	业务单元	N	Y	N/A
权威来源（系统）	枚举	Y	系统	N	Y	BR-N-BT-007
适用于地区	枚举	Y	地理	N	Y	N/A
说明（例如，提议的理由）	文本	N	N/A	Y	Y	BR-N-BT-005

图 6.20 工作流表单详细需求

- 该字段是否可以接收数据（是否可用？）。有些字段只用于显示，而不能更改。这种情况在"编辑"工作流中很常见，其中有些字段一旦在创建元数据的工作流中指定，就不允许进行更改。
- 适用的业务规则。业务规则在工作流中起着非常重要的作用。许多工具（包括业务术语表工具）不能执行较复杂的业务规则。例如，当另一个字段指定了某个特定值时，一组可选字段就变成了必填字段，或者一组有效值根据其他信息发生了变化。图 6.21 展示了一组业务规则。

规则标识	规则说明
BR-N-BT-001	业务数据元素名称必须满足业务数据元素名称标准。
BR-N-BT-003	如果拒绝提议，则必须说明拒绝原因。
BR-N-BT-004	如果超出审批任务的服务水平协议SLA，则必将业务数据元素的状态设置为"已拒绝"。
BR-N-BT-005	必须捕获说明文本。
BR-N-BT-006	业务单元必须与业务数据元素术语表属于同一法律实体。
BR-N-BT-007	与系统的关系应限于与包含业务术语的法律实体相同的可用系统。

图 6.21　明确适用于工作流的业务规则

（4）指定给角色的通知

工作流的一个重要方面是它们可以限制哪些角色可以启动工作流，以及将审批传递到正确的角色。通知是此功能的重要组成部分。审批角色（在图 6.22 中称为"资产审批人"）必须收到他们有待审批任务的通知，而且可能还需要告知各种角色工作流审批事项已被批准或拒绝。图 6.22 展示了与这些通知相关的一些常见规范（包括通知的主题、接收和抄送对象以及内容）。

通知名称	标题	收件人	抄送人	称谓	内容
任务通知	工作流通知	<资产审批人>	<资产提出人>	<资产审批人>	一项新的业务术语审批任务已分配给您。请在十五（15）个工作日内完成任务。
批准通知	工作流通知	<资产提出人>	<资产审批人>	<资产提出人>	您要求创建的业务术语 <业务术语名称> 已获批准。
拒绝通知	工作流通知	<资产提出人>	<资产审批人>	<资产提出人>	您要求创建的业务术语 <业务术语名称> 已被拒绝，原因如下： <说明 拒绝原因>

图 6.22　制定工作流所发出的通知

【业务术语表应当保留什么？】

正如本书中明确指出的，业务术语表应包括业务数据元素。然而，还有许多其他信息（直接或间接）与业务数据元素相关。这些元数据资产不仅本身有用，而且还为业务数据元素提供上下文语境。图 6.23 展示了一些有用元数据的简单元模型，可以在业务术语表中存储和维护这些元数据。在这个示例中，可以看到业务数据元素的物理版本、业务数据质量规则以及技术性更强的"数据质量规则规范"（请参阅第 7 章数据专员的重要角色）。该规范针对物理数据元素进行检测，并提供了剖析结果（数据质量结果）以及由那些结果所引发的相关问题。

如果企业需要报送监管报表，此模型还将显示这些报表的结构，以及用于填充报表的数据来源（以及那些数据的数据质量）。

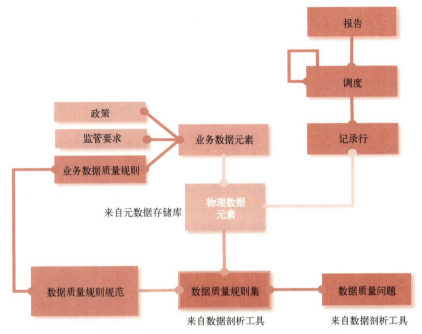

图 6.23 一些有用的元数据资产存储在业务术语表中

对此模型进行扩展以获得相关元数据更完整的视图是随着时间推移而发生的事情。但不要仅仅因为可以这么做，而坠入不断将内容添加到业务术语表（或任何其他工具）的陷阱当中。在确定向业务术语表添加具体内容时，需要记住以下要点：

- 必须维护信息——陈旧/过时的元数据具有误导性。因此，如果不知道如何输入变更并维护内容，请在输入之前要三思。
- 仅仅因为业务术语表中有某些内容，并不意味着它应该保留在那里。如前所述，记录系统（实际维护元数据的地方）通常是另一种工具，例如，用于物理数据元素的元数据存储库（MDR）或用于数据质量结果和问题的数据剖析工具。这些工具能够使很多维护工作自动化，之后可以在业务术语表中展现（但不更改）它们的结果。

请注意，虽然业务术语表是几乎所有这些元数据资产的记录系统，但物理数据元素是在元数据存储库中被设定和更新的，并且业务术语表中应该只能进行查看。数据质量结果和数据质量问题没有使用业务术语表作为记录系统，它们两者通常都来自于数据剖析工具。

6.9.5 元数据存储库

在最基本的层面上，元数据存储库（MDR）是一种用于存储元数据的工具。在某些情况下，MDR 主要侧重于记录物理和技术元数据，例如，数据模型、数据库结构、与商业智能（BI）工具相关的元数据（例如，业务对象库）、ETL、主机程序的复制库（Copylib）、文件结构等。

业务元数据（例如，业务数据元素、定义、业务规则等）通常被认为存储在业务术语表中，但很多时候，一些业务元数据也可能在 MDR 中显示，而一些物理元数据可能是在业务术语表中显示，以便呈现更完整的元数据视图。MDR 可以为被提议的元数据变更提供影响分析和数据血缘（数据的来源和操作方式）。MDR 还应提供业务术语表中的业务数据元素与它的物理实现之间的连接。最后，数据规则（例如，物理数据元素的有效值列表）应该记录在案，在一些更完善的 MDR 中，甚至可以使用存储库对规则进行管理。

MDR 对数据认责至关重要，因为它能够将业务数据元素与其（潜在的）多个物理实现连接。这对于以下方面具有重要意义：

- 影响分析（正向依赖）。当提出元数据变更时，了解变更数据在下游的所有位置，或者依赖于变更数据的所有数据是非常重要的。有了这些信息，就可以评估影响（数据专员负责的一项关键交付物），并将建议的更改通知到数据元素存在的所有位置。图 6.24 展示了一个简单的影响分析和根本原因分析视图。
- 根因分析（反向依赖）。当数据出现问题时（通常被识别为数据质量问题），重要的是追踪数据直至问题产生的地方，从而识别导致问题的根本原因。
- 数据质量提升。为了评估数据的质量（以及可能的质量改进），必须对数据进行剖析，以便可以将数据的实际质量与业务目标的质量要求进行比较。这个过程通常从识别业务数据元素开始，而剖析将会对数据库中的物理数据进行评估。因此，有必要建立从业务数据元素到物理数据元素的映射链接。这种链接有时被称为"逻辑/物理血缘"，可以使用 MDR 中的工具进行构建。

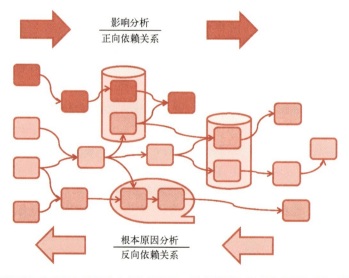

图 6.24　影响分析追踪了数据流中数据的正向依赖关系。根本原因分析追踪了数据流中反向的数据依赖关系

6.10 小结

数据认责实践包括根据价值选择关键的业务数据元素，然后分配责任，并确定和记录这些业务数据元素的业务元数据（定义、派生规则以及创建和使用业务规则）。

为了实现数据认责，使用由工作流驱动的可重复流程，在问题日志中必须记录和处理问题。这些流程包括业务型数据专员之间以及专员与数据治理办公室之间的互动规则。

一组强大的工具（包括门户、维基百科、带有工作流的业务术语表和元数据存储库）也有助于记录和发布认责工作的进展。更重要的是，这些工具有助于使工作实现预期的影响，并且也方便需要数据认责工作成果的人员轻松访问。在工具之上，必须设计和执行一个沟通计划，让每个人都知道数据认责是什么，以及它正在实现什么。

第 7 章

数据专员的重要角色

在许多需要与数据打交道的企业流程和业务活动中，业务型数据专员扮演着极其重要的角色。这些角色包括检查和提升数据质量、出于安全和隐私目的对数据元素进行分类，还包括对数据质量保证（QA）、数据血缘、流程风险计算以及隐私条例合规的支持等。没有业务型数据专员参与，以上工作可能会因为做出了错误的决定而走入死胡同，甚至实施的"解决方案"不能满足公司数据用户需求。

本章将讨论业务型数据专员如何帮助和指导这些流程，并在这些业务活动中发挥关键作用。

7.1 数据认责在数据质量提升中的角色

即使一开始就拥有完美的数据（当然没有人能做到），如果没有业务型数据专员的严格监测和输入，数据质量也会随着时间推移逐渐恶化。在许多情况下，甚至没有人能知道数据质量到底如何，因为数据质量没有被度量，也没有与一组定义好的数据质量规则进行比较。

7.1.1 度量和提升数据质量

为优质数据规定一组规则是建立数据质量管理的关键内容。因为无论按照什么标准（包括 ISO9001 标准），数据质量都要依据一组规则来度量。要求源于业务如何使用数据，或者业务希望如何使用数据。正如杰克·奥尔森（Jack Olson）在其著作《数据剖析——准确性维度》一书中所说："除非您能定义出什么是正确的，否则您无法判断什么是错误的。"

遵循数据质量的基本原则以及工作中数据认责角色，可以从我在一家大型银行担任数据质量经理时的一个故事中得到体现。我的一个朋友（IT 部门的技术经理）负责该银行的企业数据仓库。有一天在一次会议上，一位业务主管问她为什么数据仓库不能提供高质量的数据。她回答她很想实现这个目标，但做到这一点，她需要知道三件事：

第一，对业务来说，什么是好的数据质量？也就是说，当数据不满足业务需求时，她需要用一些规则来告知自己（发生了不满足的情况）。

第二，如何处理不符合数据质量规则的数据？这种情况下她是需要继续加载数据还是停止加载，还是做其他事情？

第三，当发现数据质量问题时，应告知给谁？即她需要知道谁负责处理所发现的数据质量问题。她认为，仅仅"知道"问题存在实际上不是事情的结束——必须有人利用这些信息做些事。

第一个和第三个问题的答案是，业务型数据专员负责有问题的数据。业务型数据专员必须为第二个问题提供输入，来决定哪些质量问题严重到足以停止加载数据。

这个故事有三个关键点。第一，为了度量数据质量，需要去定义数据质量的含义。第二，必须先度量数据才能确定数据质量。正如英国物理学家开尔文勋爵（Lord Kelvin）所说："如果不能度量，就不能改进。"第三，当数据违反了数据质量规则时，需要负有责任的决策者们来应对这种情况。仅仅知道这些是不够的——必须去修正数据。

7.1.2　防止数据质量恶化

数据质量恶化或数据质量未知的原因有很多，其中包括：

（1）数据生产者被鼓励输入速度要快，但未必要求必须准确

不管在什么时候，如果数据生产者获得的报酬仅是基于能输入多少新客户、新保单、新账户等，那么他们就想方设法与这种机制"博弈"（付多少钱就干多少活）。可以留空的字段将被留空，默认值保持不变等。只有极少数情况下，数据生产者才有动力为下游用户提供更好的数据。要改变这种行为，业务型数据专员必须要倡导改变业务优先级，并激励数据生产者不仅仅输入要快速，同样也要准确和完整。业务型数据专员需要明确定义数据的完备性（数据质量维度之一），以便输入的数据能够满足所有数据用户的需求，而不仅是数据输入工作的直接受益者。准确性（数据质量的另一个维度）可以通过诸如消除默认值等多种方式来实现，因此，输入准确数值所耗费的时间与输入其他数值一样多。

【说明】

数据的质量通常以数据质量维度来表述。例如，"防止数据质量恶化"一节的第一项内容讨论了其中的两个维度，即准确性和完备性。表 7.1 定义了一套通用的数据质量维度。

表 7.1　数据质量维度

数据质量维度	描述
完备性	基于业务规则要求，数据的填充程度，该规则说明何时数据须填充一个数据值。例如，每个账户都必须有一个账户 ID。更复杂的规则可能规定，当（且仅当）存在贷款记录，并且贷款类型需要抵押品时（如按揭贷款），则需要有抵押品记录
唯一性	允许数据具有重复值的程度。例如，每个客户的税号必须是唯一的，任何两个客户都不能有相同的税号
有效性	对于内容可接受的数据，其格式符合业务规则的程度。包括： ● 格式 ● 样式 ● 数据类型 ● 有效值列表 ● 数据域 ● 取值范围
合理性	与实际情况或其他数据相比，数据符合合理值规则的程度。例如，处方配药日期必须晚于或等于处方开具日期

（续）

数据质量维度	描述
一致性	数据元素在多个数据库中包含一致内容的程度。例如，处方药在交易数据库和药房数据仓库中是相同的
时效性	数据变更在业务要求时间范围内达到可用状态的程度。例如，已选定的航空座位的变更必须及时反映在网站上
覆盖度	数据对于某些业务职能的支持程度，这些业务职能需要用数据来执行特定目的。例如，为房主保险收集的数据必须包括出生日期以支持主客户管理
准确性	数据与现实世界中已知正确值的对应程度，由公认的或既定的"真实数据源"提供。例如，客户的地址与邮政服务提供的地址相匹配。许多"真实数据源"是外部的，例如，邮政服务，也有可能是内部的，例如，公司地点的调查数据。之所以成为真实数据源，是因为人们一致认同它是真实数据源

（2）单个数据用户可能自行"校正"数据

如果数据消费者认为数据质量不足以满足使用需求，他们可能会提取出数据并施以更改，认为这样可以提升数据质量。然后，他们可能会将这些数据传递给同事们，传播了他们的数据错误。问题是，因为这些数据仍然不能满足下游用户的使用需求，所以这些校正可能根本没有提升数据质量。数据消费者可能不理解什么是高质量数据，甚至不知道数据实际上是什么。当然，如果他们错误地理解了数据的含义（糟糕的元数据质量），那么他们推测或更改的任何内容都是不正确的。为了改变这种情况，业务型数据专员需要确保数据被定义，并确保数据质量规则也被定义。如果数据消费者认为数据质量仍不够好，则需要让他们与业务型数据专员合作，提出问题并改进质量。

（3）未主动检测劣质数据

如果没有数据认责，往往是在有人想要使用数据时，发现它不能满足他们的需求，这时才会发现劣质数据。在通常情况下，人们会疯狂地去"修复"数据（通常并未对造成劣质数据的根本原因进行修复）或寻找其他数据来使用。与此同时，由于数据质量不足以把握商机，一些商业机会可能就会消失。业务型数据专员可以通过制定业务案例（并提供动力），以在数据源和数据加载期间来执行数据质量规则，并建立一个流程来修正当数据不符合定义的规则时出现的质量问题（执行数据质量规则）。

（4）没有定义数据质量规则

如果数据质量的规则从未被定义，那么就很难确定数据的质量。没有严格的、可度量的规则，数据质量很大程度上就是个笑话，对数据质量水平的评价也不尽相同。业务型数据专员可以定义数据质量规则，并与利益相关者合作确定不同目的（场景）所需的数据质量级别。

7.1.3 不同场景下的数据质量提升意味着什么

大多数人认为数据质量提升是一成不变的——数据一开始质量很差，而改进质量是为了获得高质量的数据。但事实并非如此简单。这种方法提出了以下两个关键问题。

（1）如何分配稀缺资源来提升数据质量

当数据质量问题出现时，可能会发现没有足够的资源来解决这些质量问题，因此需要对它们进行优先级排序。需要制定业务案例（包括成本/效益分析和投资回报分析）来确定这些优先级并来纠正数据质量问题。最具说服力的案例通常是首先纠正监管或合规数据问题，其次是提升能够获得竞争优势的数据质量——在进行数据质量提升前这些数据不可用。这与选择关键业务数据元素的指导原则类似（在第 6 章"数据认责实践"的讨论），其他优先级事项包括公司高管提出的问题以及那些备受关注的项目中需要解决的数据问题等。

（2）如何知道什么时候工作完成

数据质量在什么时候得到了足够的改进，从而可以用于预期的目的？这个阈值会因不同的目的而有所不同。例如，为发送营销传单而清洗客户地址数据，其质量阈值可能低于为医疗目的正确识别患者而清洗患者地址的质量要求。因此，根据上下文（基于预期目的）设置质量水平至关重要。显然，花费时间和金钱来提升超出所需级别的数据质量，并不是对稀缺资源的明智利用。通过让业务型数据专员（与利益相关者一起）确定所需的质量级别，可以知道何时工作完成从而应该继续进行下一个任务。

业务型数据专员需要与利益相关者进行合作，来定义数据质量规则并基于场景建立质量阈值。关注数据质量并受到劣质数据影响的是利益相关者，能确定提升数据质量对公司的价值并能实现该价值的也是利益相关者。例如，提高银行账户持有人居住国的数据质量可以减少或消除反洗钱的罚款。

7.1.4　提升数据质量对整体数据认责工作的重要性

提升数据质量是数据认责工作最明显和最有影响力的成果之一，事实上，许多人认为这是数据认责的根本目的。虽然像可重复的流程、后勤保障和工作流等这样的交付成果有利于提高数据专员的效率（毫无疑问，这确实很重要），但提升数据质量（以及改进元数据质量）能够使公司运营更有效，并能够使公司利用机会从数据中获得更多价值。事实上，数据认责和数据治理的大部分投资回报（ROI）都离不开数据质量的改进。

【说明】

通常情况下，业务型数据专员本身就是利益相关者。事实上，在数据认责工作中，选择一位主要利益相关者作为业务型数据专员是一个好主意。

7.1.5　理解数据质量维度

随着业务型数据专员继续推进定义数据质量规则，有必要了解一下数据质量维度。数据质量维度是对数据质量度量类型进行分类的方法。一般来说，数据质量维度不同，需要的度量方法也不同。例如，度量完整性需要分析字段中是否有值（任何值都可以），而度量有效性需要将现有的数据格式、样式、类型、范围、值等和一组已被定义的允许值相比较。

当数据质量维度已经在各种有关数据质量的文本中列示或定义过，业务型数据专员就可以对于一些关键维度相对轻松地定义数据质量规则了。一旦数据剖析工具度量的数据与这些规则相符合，业务型数据专员就可以去评估数据质量。如前所述，出于业务目的必需的数据质量被定义后，数据剖析将会告诉您何时实现了预期目标。

表 7.1 列出了定义数据质量规则时经常使用的数据质量维度。

7.1.6 明确数据质量规则

作为检查数据库中实际内容（数据剖析）的起点，数据质量规则由以下两部分组成。

- 规则的业务说明（"业务数据质量规则"）。业务说明以业务术语的方式解释了数据质量的含义（参见示例）。还说明该规则所适用的业务流程，以及该规则对组织的重要性。
- "数据质量规则规范"。数据质量规则规范解释了在物理数据库层面上什么是"好的质量"。也就是说，它解释了如何在物理数据存储层面检查数据的质量。这是因为数据剖析会检查数据库中的数据，然后，数据剖析工作的分析部分会将数据库内容与数据质量规则规范进行比较。

例如，客户婚姻状况代码有效值的规则可能是这样的：

【业务数据质量规则：婚姻状态代码的值可能为单身、已婚、丧偶和离婚。它不能留空，在输入新客户时必须选择一个值。"丧偶"和"离异"的值与"单身"的值分开跟踪，因为风险因素对客户以前是否结婚和现在是否不再结婚很敏感。

数据质量规则规范：客户的婚姻状态代码可以是"S""M""W"或"D"。空值会被视为无效值。】

数据质量规则必须非常具体地说明它适用于哪些数据元素。在前面的示例中，有必要在数据质量规则规范中说明要检查哪个系统中（以及可能位于哪个数据库）的表和字段。在另外的系统（即具有不同的业务流程）中，数据质量规则可能看起来完全不同，如下面的员工示例：

【业务数据质量规则：婚姻状态代码值可能为单身和已婚。不能留空，输入新员工时必须选择一个值。只有"单身"和"已婚"作为福利选择的验证。

数据质量规则规范：员工统计。字段 Marital_Cd 可以是"Sng 单身"或"Mrd 已婚"。空格被认为是无效值。】

明确数据质量规则时的另一个关键是明确应存在的所有规则。在物理层面上，数据质量规则可分为三种主要类型，所有的这些类型在评估数据质量时都很重要。

（1）单字段内容规则

这个规则很简单，因为只需要检查单个字段的内容并检查其内容是否符合规则。此类规则的示例包括：

- 有效值、范围、数据类型、样式和值域。
- 选填与必填（评估完整性）。
- 数据值分布的合理性。例如，在客户数据库中，本预计生日分布相当均匀；若一年中某一天过生日的人数量很多，这可能表明存在问题。

（2）跨字段验证规则

这些规则要求检查多个字段（通常在单个表的单行中）中的值，以确定数据是否符合质量规则。此类规则的示例包括：

- 依赖于其他字段值的有效值。"位置代码"的整体列表可能会通过单字段内容规则的验证，但如果"区域代码"字段设置为"西部"，则"位置代码"字段只有较小范围的取值有效。
- 当其他字段包含某些数据时，选填项变为必填项。"抵押品价值"字段可以是选填的，但如果贷款类型为"抵押"，则必须在"抵押品价值"字段中填写正值。
- 当其他字段包含某些数据时，"必填"变为空值。"书写体保险代理人姓名"字段通常是必填，但如果始发点字段为"网页"（表示客户在线申请保单），则"书写体保险代理人姓名"必须为空值。
- 内容的交叉验证。检测不同字段中值之间的不一致性。例如，使用地址表中的州名称来交叉验证城市名称。也就是说，明尼阿波利斯不在威斯康星州。

（3）跨表验证规则（见图7.1）

顾名思义，这些数据质量规则检查跨表的字段（和字段的组合）。此类规则的示例包括：

- 外键关系是强制约束的。例如，如果一个账户必须有一个"客户"，则账户表中"客户ID"字段的值必须与客户表的"客户ID"字段中的值匹配。

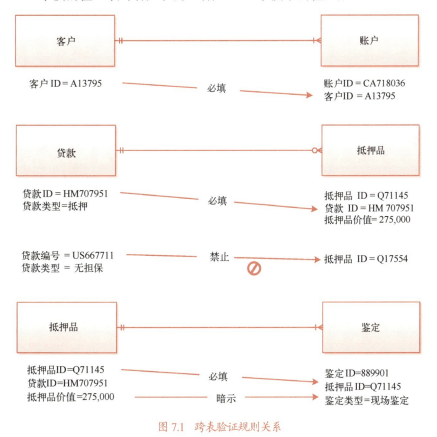

图7.1　跨表验证规则关系

- 是否存在外键关系，具体取决于其他数据。例如，如果"贷款"表中的贷款类型字段为"抵押"，则"抵押品"表中必须有匹配的贷款 ID 值。另一方面，如果贷款类型为"无担保"，则"抵押品"表中不得有贷款 ID 的匹配值，因为"无担保"意味着贷款没有抵押品。
- 不同表中的字段是一致的。例如，如果抵押品字段中包含高于特定级别的值，则鉴定类型必须是"现场鉴定"，因为该属性的值很高。

7.1.7　支持数据质量与数据剖析的改进

要了解业务型数据专员如何参与数据剖析，就有必要去了解整个数据剖析工作流程，如图 7.2 所示。业务型数据专员从步骤 4 开始大量参与进来（如本章将讨论的那样），审查潜在问题，评估并对其进行分类以做出决策，并确定后续步骤。这些步骤是数据剖析的真正"核心"（其余部分主要是提取数据和运行工具），并从数据剖析工作中产生真正的价值。

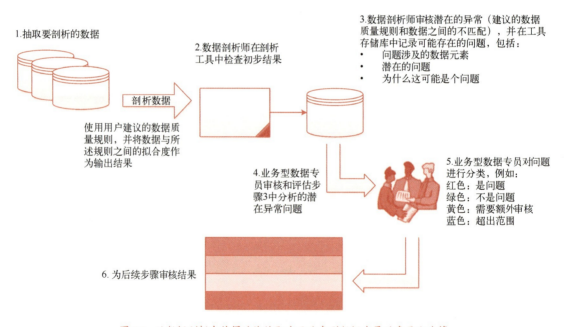

图 7.2　从数据剖析中获得的价值取决于业务型数据专员的意见和决策

【说明】

这些物理数据质量规则的类别看起来很像本章前面讨论的数据质量维度，因为这些正是被测试的维度。

数据质量规则的定义主要有两个来源。首先，在开始数据剖析工作之前，数据质量规则可能就已经被记录过了，就可以将其指定为剖析工具的输入。然后，数据剖析工具会报告出数据与规则的匹配程度（称为拟合度）。数据质量规则的第二个可能来源是来自工具本身。许多剖析工具能够基于系统中的物理数据推荐可能的数据质量规则，Jack Olson 将其称之为"发现"。例如，该工具可能会检测到在某一大型表单中的特定字段实际上总是包含唯一值，然后该工具将推荐（在输出时）该字段应具有唯一性的数据质量规则。然而也可能会有几行不是唯一的，这些将被标记为异常值（违反推荐的规则）。对于工具推荐的数据质量规则，业务型数据专员必须做出两个决定：

第一，这真的是规则吗？有时，提出的规则只是巧合，根本不是一个有效规则。在这种情况下，异常值可能就不是问题。例如，当某字段包含客户的电话号码时，电话号码可能在很大程度上是唯一的，但偶尔两个客户会具有相同的电话号码，由于不要求电话号码是唯一的，因此在这个例子中重复不是问题。

第二，如果规则有效，应对异常值采取什么措施呢？如果旧记录中有少量异常值（在经过多次修正的系统中可能会发生这种情况），特别是如果这些记录不再是活跃记录的情况下，业务型数据专员可能会选择什么都不做，但无论如何，业务型数据专员需要做出决定。

【说明】

在一些组织中，数据剖析分析师（步骤 2 和步骤 3）的角色可能会由业务型数据专员来担任。

业务型数据专员所扮演的第二个主要角色是根据规定的业务规则审查数据剖析的结果，这就是 Jack Olson 所说的断言测试。如果数据不能很好地拟合质量规则（即具有较差的拟合度），则可能意味着规则的描述有错，一般来说原因主要是遗漏了一些特殊条件。例如，数据质量规则规定客户的信用评分应该是 300 到 850 之间的整数，多数情况下这很合理，但仍有大约 5% 的值是 999，这显然违反了规则。业务型数据专员在收到大量记录违反了数据质量规则的通知后，他意识到，数值 999 意味着分数是未知的。这些"特殊值"必须作为规则的一部分来描述，否则数据与业务规则的拟合度就不太完美了。

【提示】

即使选择"什么都不做"，数据问题和不对其进行更正的决定也应与数据剖析结果一起记录，以供将来参考。

检测到存在潜在的数据质量问题时，业务型数据专员应提供相应输入及决策。他们必须解决以下事项：

- 违反规则，即数据是否违反了规则？如前所述，意料之外的值、样式、类型和范围都可能表示数据质量较差、规则无效或不完整，或二者兼具。另一方面，如果数据剖析工具建议了规则，有可能它根本就不是规则。
- 当数据违反规则时，是否值得修正。例如，汽车保险单系统显示汽车车身类型（4门轿车、皮卡等）数据中存在超过 13000 个非重复数值。根据数据质量规则，预计有效值数量只有大约 25 个。分析表明，其根本原因是"汽车车身类型代码"字段是自由格式的文本，即允许输入任何值。然而，在检查编写新保单的业务流程时，发现即使汽车车身类型是确定保单价格的关键组成部分，该字段也并未使用。相反，汽车车身类型由车辆的 VIN（车辆识别号）确定，车辆识别号 VIN 的值中内置了车身类型。由于从未使用过汽车车身类型代码字段，因此便不再纠正该字段中的值。

- 数据来自何处以及如何产生数据。这是找出问题的关键所在，因为（如前所述）数据产生时通常并不关注数据的下游应用。当然，在具有元数据存储库的环境中，可以检查数据血缘以找出数据来源。

- 数据的特征。这些特征可能会影响数据质量是否值得关注。这些特征可能包括：
  - 数据年限。例如，通常异常值（或违反质量规则的值）来自旧记录，没必要去更正数据。
  - 数据是否用来描述活跃记录。如果数据质量问题位于非活跃记录中，例如，多年前过期的保险单，则可能没必要进行校正。

- 数据质量阈值，低于该阈值那么问题就无关紧要。如前所述，质量阈值将取决于数据的用途（在上下文中）。

- 获得高质量数据的变通方法。变通方法是一种在不校正劣质数据的情况下获取高质量数据的方法。然而，变通方法本身可能需要花费金钱和时间，因此，必须对其进行评估并确定优先级。例如，来自外部供应商的数据出现了无效的时间戳，那么可以通过简单的计算来纠正时间戳。又比如说，已知一组出生日期出现错误，我们可以从另一个系统获得出生日期，但是需要我们去创建一个 ETL 业务流程来访问高质量的出生日期数据。

- 如果数据质量问题没有得到解决，就需要评估其对业务的影响。业务影响是所有这些决策的关键因素。如果有问题的字段几乎没有业务影响（如汽车车身类型代码示例中就没有业务影响），那么它就不具备校正数据质量的高优先级。另一方面，如果特定领域的数据质量使企业的关键系统无法投入生产，或导致了监管报告结果出错，则可能需要立即修复数据。

- 评估数据质量规则是否值得设置自动执行和通知的功能。对于关键数据元素的重要数据质量规则，有必要使用自动执行方法来保护数据质量并防止数据质量恶化。但也正如这里将讨论的那样，要谨慎做出这一决定。

7.1.8　加载过程中强化数据质量

执行重要的数据质量规则需要去定义规则、管理必要的参考数据（将在本章中讨论），并将这些规则编程到某种规则引擎中（见图 7.3）。

【说明】

忽视影响业务的数据问题会产生"数据债务"问题。就像真正的债务一样，处理数据问题可能会有持续的成本（利息）存在，并且可能直到有一天必须去纠正数据问题时，其成本通常高于最初发现时的成本（大额尾款 Balloon Payment）。数据问题对业务的影响越大，数据债务就越大。

在通常情况下，IT 必须参与数据质量规则的编程，以及处理违反数据质量规则的数据（即无效的记录）。处理包括以下：

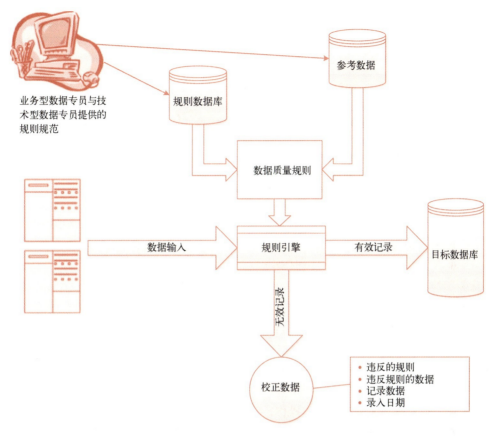

业务型数据专员与技术型数据专员提供的规则规范

参考数据

规则数据库

数据质量规则

数据输入

规则引擎

有效记录

目标数据库

无效记录

校正数据

- 违反的规则
- 违反规则的数据
- 记录数据
- 录入日期

图 7.3　加载期间强制执行数据质量需要业务型数据专员提供的数据质量规则规范，还需要由 IT 资源开发的或通过应用程序授权提供的开发实施机制支持（规则引擎和错误处理）

- 识别违规数据并将数据流"拆分"为有效记录和无效记录。请注意，这并不意味着无效的记录不会被加载，但是无论它们是否被加载，无效的记录都必须被识别。
- 处理违反数据质量规则的数据。有许多方法可用，例如，不加载无效记录、加载记录但跟踪它们以及时进行修正，或者直接停止加载数据。
- 写出有关无效记录的信息，并将该信息传递给合适的决策者。一些数据需要全部记录下来，以便将数据与其违反的数据质量规则之间校正（见图 7.4）。数据校正过程要求业务型数据专员（可能还有技术型数据专员）对错误问题进行分析并确定处理优先级，确定哪些错误需要启动项目来修复，哪些可以立即修正（当然，如果资源有限，所谓的"立即"实际上也可能需要一段时间）。在某些情况下，修校正可能只需要去更新规则（例如，可能规则变更为允许有更大的范围或允许另一种数据类型）或调整参考数据（例如，添加新的有效值）。

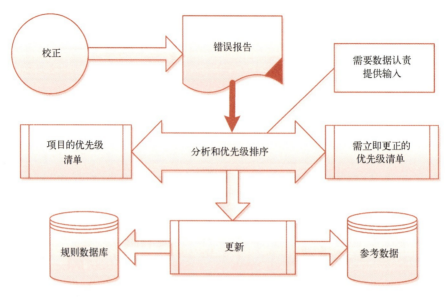

图 7.4　数据质量校正过程需要数据专员进行分析和更新

最后，如果存在无效数据，则必须执行一系列行动。尽管 IT 部门负责实施开发工作以完成预期目的，但业务型数据专员和技术型数据专员需要对应采取的行动提供输入。数据加载期间检测到无效记录（包含违反一个或多个数据质量规则的数据记录）时，基本上有可能会发生以下四种情况：

- 停止加载数据。这是最激烈的操作，因为它会使目标数据库不可用或加载了上次加载过的内容（这取决于加载的工作方式）。但是，在某些情况下，例如，当对表的主键提出唯一性要求时，没有其他选择。如果不太严重的错误数量超过了指定次数（也就是说，错误超过了数据质量规则的阈值），也可以停止加载。
- 直接跳过无效记录并将其记录到错误表中。在这种情况下，无效记录不会加载到数据库中。相反，它们被加载到一组专门为错误分析而设计的表中。在数据修正（或确定不需要校正）后，数据将被加载到数据库中，来填补数据中的"漏洞"。不幸的是，这可能是一个复杂的过程，特别是延迟加载无效记录会触发其他规则（例如，如果缺少父记录，意味着依赖的子记录也无法加载）。此外，如果错误没有得到立即解决（肯定会发生这种情况），则数据库中的漏洞次数会随着每次新的加载而增加，这可能会使目标数据库不再可用。
- 将无效记录加载到数据库中，但也同时保留无效记录的日志。在这种情况下，无效记录将会被加载到数据库中，但也会被加载到一组错误表中。这个错误日志是最简单的解决方案，因为目标数据库已完全加载，并且记录了不符合数据质量规则的数据，可能如表 7.2 所示。但是，一旦进行了修正，必须通过直接编辑或从源重新加载修正数据，以此来更新目标数据库。此外，如果要加载已知记录或加载疑似违反数据质量规则的记录，则应向数据用户做出提醒。

表 7.2　无效记录表结构示例

日期	ID	表	字段	值	规则编号
2/13/2019	101	账户	账户 ID	无效	NoNull1
2/14/2019	102	信用检查	FICO_分数	200	Rng350
2/14/2019	103	个人示例	婚姻_状况	Q	VValMS

在此表中，记录了无效记录的标识符，以及无效数据和违反数据质量规则的标识符

- 如果数据库结构支持，可以直接在数据库中标记无效记录，然后通过查询找到这些记录。就可以用来提醒用户，让其检测到错误（在前面提到过）。但是，目标数据库必须有字段用来保存规则违反情况（该字段也用作标志）。此方法在如下情况才有效：当记录违反单个规则的情况（一条记录可能违反多个规则），或者有办法将违反多个规则的信息插入到单个字段中并在查询/报告分析时解析违反多个规则的信息。

在这些情况下，必要的附加动作是通知负责的业务型数据专员，并向负责的业务型数据专员和企业级数据专员发送电子邮件通知（或在工作流引擎中创建任务）。在理想情况下，工作流引擎中任务的通知和创建都是完全自动执行的。

7.2　数据认责在元数据质量管理中的角色

尽管我们所做的工作被称为"数据治理"或"数据认责"，但业务型数据专员所处理的大部分工作实际上都是元数据。定义、业务数据元素与其具体实例之间的关系、数据血缘（如本章所述）等都是元数据。

因此，创建高质量的元数据并度量元数据的质量是业务型数据专员的另一项职责。如第 6 章"数据认责实践"中所述，最重要的一部分元数据就是业务数据元素的可靠定义。如果存在相似的术语——可能会被误认为是定义的术语——请务必确保这些相似的术语可以被清楚地描述，并且定义术语的用户可以理解之间的差异。

【说明】

确定合适的业务型数据专员可能需要咨询技术型数据专员，他应该知道谁更合适。

创建高质量的元数据并度量其数据质量尤为重要，这关系到度量和提升数据质量。这是因为数据质量规则是元数据，根据这些规则剖析数据的结果也是元数据。当剖析数据时，会得出以下结论：

- 元数据（数据质量规则）给出的数据解释是正确的，数据质量好。
- 元数据（数据质量规则）给出的数据解释是正确的，而数据质量差。
- 数据质量良好，但元数据质量（数据质量规则和定义）差。
- 数据质量和元数据质量都差。

图 7.5 总结了这些结果，理想的结果是我们获得良好的元数据（正确的数据质量规则和定义），并且了解数据质量不足的地方。图 7.6 示例说明了当剖析结果描述与数据质量规则的

拟合度较差时，可能需要调整的数据质量规则语句的情况。

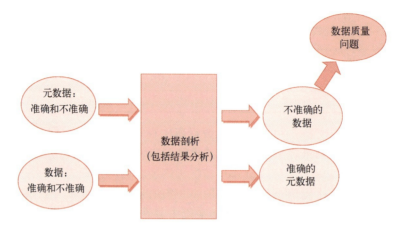

图 7.5　数据剖析如何影响数据和元数据

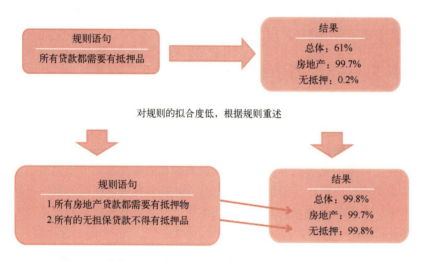

图 7.6　如果与数据质量规则的拟合度较差，则可能是规则有问题

7.2.1　剖析元数据

　　鉴于元数据的质量如此重要，所以应该对其进行度量。在数据质量方面，此分析就包括本章前面讨论的数据剖析。当然也可以剖析元数据，虽然过程会有一些不同。图 7.7 总结了这个过程，不过这个过程看起来类似于数据剖析的过程。

　　但是，这个剖析过程还存在着一些关键的区别。首先，图左侧的"源系统"是一个类似业务术语表或元数据存储库的元数据存储系统。接下来，需要针对文本字段（比如定义）执行一些"剖析"，并且很难自动确定定义是否为一个"好"定义，即它符合良好定义的标准。与无效数据的校正一样，业务型数据专员也会修正无效或错误的元数据，不过通常来说，比起关注错误的根本原因，修正元数据才更为关键。然而，情况并不一定总是这样，也有可能会由于业务型数据专员的培训不到位，从而导致出现了一组糟糕的定义，这也是要去解决的问题。

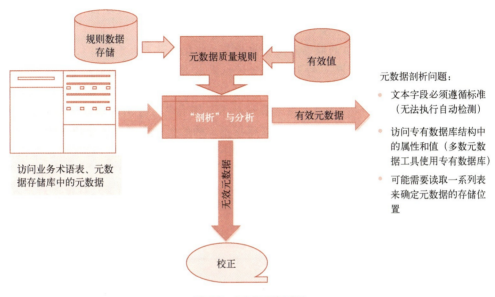

图 7.7　元数据剖析过程

与数据质量规则一样，元数据质量规则有多种类型。这些规则和数据质量规则一样，它们可以依赖于其他关系或属性值。表 7.3 说明了元数据质量规则的类型。

表 7.3　元数据质量规则和相关业务规则的类型

类型	描述	相关业务规则
文本式	定义和其他	必须遵循标准，以创建一个清晰明确的定义，因此其含义不容争议
结构化	实体连接/关系。这些指定元数据资产如何与其他元数据资产相关，以及允许连接的实例数（基数）以及是否允许、要求或禁止这些关系	关系之间的交互，说明一个关系的存在与否如何影响另一个关系的存在或不存在。此外，属性值之间的交互影响关系包括可选的、必选的还是禁选的
属性	资产的属性。它们说明了如何确定属性的限制（包括可选还是必选）	属性值之间的交互会影响属性是否可以填充、必须填充以及哪些值有效

7.2.2　元数据质量维度

数据质量维度将相似类型的质量规则和度量组合在一起。其实许多维度可以帮助度量元数据的质量，这些维度通常与数据质量维度有着相同的名称，但在涉及元数据质量时，可能含义会有变化。表 7.4 详细介绍了一组元数据质量维度。这些维度用来表示元数据质量的不同度量方式。一旦建立了度量方法，度量的结果就可以用来检查元数据的质量。不过必须确定在支撑业务流程（例如，监管数据治理流程）方面，什么才是最关键的度量内容。

【数据质量定性维度中的元数据】

正如 David Loshin 在《数据质量改进从业者指南》中所描述的那样，数据质量的定性维度通过列举和定义企业的资产，帮助在更高层次上评估数据质量，展现出更高水平的监督。这些元数据本身也必须具备高质量。这些维度包括：

- 权威来源。即检查可信的数据源是否被指定。也就是说，业务数据元素的每个具体实例都包含对受信任权威源的引用。错误权威来源意味着可能会用错误的数据进行分析。
- 协议。服务水平协议（SLA）用来管理数据提供商定义其治理绩效，应度量对 SLA 的遵从程度。错误的协议意味着正在根据不正确的标准来度量其治理成效。
- 身份保护。受隐私政策约束的唯一标识符不包含可用于识别个人的数据。也就是说，分解或组合具有唯一标识符的数据元素不能用于识别个人。
- 标准/政策。制定企业数据标准，应度量对这些标准和政策的遵从程度。对政策和标准知之甚少意味着基于这些政策和标准对数据流程的评估也将发生错误。

表 7.4　元数据质量维度

维度	描述	举例	工作量/价值
完备性	度量是否已全部填充所必需的元数据字段和关系	1. 每个业务术语都必须有一个定义 2. 如果业务术语的派生指标设置为"true"，则必须要有一个派生规则	工作量：低（可自动化） 价值：高
有效性	度量内容是否满足特定类型元数据的要求。 元数据必须满足标准、政策和规则的要求	1. 业务数据元素定义和创建规则必须满足已发布标准的要求 2. 元数据属性的值在规定的有效值或范围内	工作量：高（几乎不可能实现自动化） 价值：高
可访问性	度量是否： ● 可以轻松找到元数据 ● 可用的工具可以轻松搜索/过滤正在寻找的元数据 ● 需要访问元数据的人实际上知道如何做到这一点 ● 理解元数据的价值		工作量：中等（调查） 价值：中等
时效性	度量元数据在授权用户尝试使用元数据时是否可用，并能及时获取元数据	1. 根据约定的服务水平协议（SLA）实现的输入流程（包括批量导入），用于将元数据放入可以使用、搜索和筛选它的环境 2. 可随时显示基于服务水平协议执行的批准及其他治理流程；可随时显示元数据的状态	工作量：中等（可实现自动化和自行检查） 价值：高（反映有效使用和用户满意度）
一致性	度量各种元数据是否一致或是否与其他元数据冲突	1. 业务数据元素：没有设置关键数据元素标志，但关键数据元素优先级字段有一个值 2. 使用规则：要求使用某些数据元素，但创建规则不要求抓取数据	工作量：低（可能实现自动化） 价值：高（支持业务流程以尽量减少混淆）

（续）

维度	描述	举例	工作量/价值
实用性	度量是否： ● 提供的元数据实际上支持数据管理人员和用户能够了解他们的数据并将其用于所需目的 ● 元数据使业务型数据专员能够有效地管理他们的数据		工作量：高（自动化难，可能自行检查） 价值：高（了解数据有效使用）
唯一性	度量特定值是否只出现一次。	1. 每个业务数据元素都必须有一个唯一的名称 2. 一个资产可以链接到许多其他资产，但规则规定一次只允许链接到一种类型的资产 3. 有效值列表中的值/描述对与另一对值/描述的重叠或含义相同 4. 一组字段重叠，或者表示相同的信息，那么它们可能会发生冲突	工作量：中等（在工具中记录/强制执行，但可能需要自行检查） 价值：中等
准确性	度量元数据的属性是否： ● 来自可验证的来源。 ● 正确描述元数据。	第 1 部分：业务数据元素的定义符合标准的良好定义：有效 第 2 部分：业务数据元素定义实际上描述了不同的业务数据元素：不准确 第 1 部分：报告类型指定为"监管"：有效 第 2 部分：报告实际上是风险报告：不准确	工作量：高（自动化困难或不可能；需要数据的真实来源） 价值：高（建立信任）
完整性	指在模型（实体）层面上确定的结构完整性。	1. 关系存在：即两个实体是否可以相互关联。如果模型不显示实体之间的关系，但数据显示二者连接，那就表明存在问题 2. 关系必选/可选：两个实体是否必须连接，或者该连接是否可选。这可能受其他条件（如属性值）的影响 3. 关系基数：一个实体是只能连接到另一个实体，还是可以连接到多个实体	工作量：中等（根据元模型检查实际数据关系） 价值：中等

7.3　数据认责在参考数据管理中的角色

根据 Danette McGilvray 在《数据质量管理十步法》中的说法，参考数据是由系统、应用程序、数据存储、流程和报告以及交易记录和主记录引用的一组值或分类模式。示例包括有效值列表、代码列表、状态代码、州缩写、人口统计字段、产品类型、性别、会计科目表和产品层次结构。

组织经常创建内部参考数据来描述或标准化他们自己的信息。参考数据集也由外部团体（如政府或监管机构）定义，供多个组织使用。例如，货币代码由国际标准化组织（ISO）定义和维护。

参考数据最简单的情况是"枚举属性"，它是指仅限于特定有效值的数据。例如，婚姻状况代码可能仅限于"M"（"已婚"）和"S"（"单身"）的值。要正确管理此类参考数据，必须定义并记录代码值（"M"或"S"）以及每个代码（"已婚"或"单身"）相对应的描述。每对代码或描述都应该有一个业务定义，尽管在实践中很少这样做，尤其是对于更简单的值。

然而，对于更复杂的值（例如，账户或保险单的状态），重要的是给出何时状态是"活跃"或何时是"不活跃"的定义。当代码必须派生产生时尤其重要，例如，仅当账户开始日期小于系统日期且账户结束日期为空（或将来的某个日期）时，账户状态才可能派生为"活跃"。

参考数据可以被认为由两部分组成，即业务描述和与该业务描述关联的代码值。业务描述只关心描述本身和描述的定义，而不用关心代码值。即使系统之间的业务描述相同，代码值也可能因系统而异。例如，一个系统可能会将性别代码设为"M"和"F"，而另一个系统可能会将其设为"1"和"2"。"M"和"1"都描述"男性"的事实只是系统实现方式的不同。业务型数据专员必须专注于确保描述列表符合他们的业务需求，而技术型数据专员可以对代码值发表见解。

业务型数据专员在确定代码的描述方面发挥着重要作用，这些描述实际上是相关代码的定义。如果描述不够严谨，数据输入时可能会使用错误的代码，数据用户往往会误解代码的含义而错误地使用数据。此外，对代码的描述不充分，就很难在系统之间映射出标准化的代码。

在许多公司，他们的大部分参考数据都没有"记录系统"。这种情况经常发生在值列表很小的枚举属性中，例如婚姻状况代码或性别。在这种情况下，业务术语表/元数据存储库可以用来保存这些信息。但是，将参考数据存储在术语表或存储库中通常是不合适的。例如，会计科目表将会计系统作为其记录系统，因为这是系统正确运行所必须维护的清单，并且存在验证规则以防止创建无效账户。还有非常大的标准化目录（例如，用于医疗诊断的 ICD10 代码）需要在一个中心区域存储和管理，使用该信息的系统可以轻松访问它。在会计科目表或 ICD10 代码等情况下，业务术语表应说明参考数据的存储位置（例如，包含 ICD10 代码的表格），而不是存储参考数据。

【说明】

即使对于看似同一个数据元素，不同的系统也可能具有不同的参考代码集（和描述）。参考数据的差异是由于两个系统之间数据元素定义的差异造成的。例如，一个保险系统有一个保单状态代码，其值为"A"（有效）和"I"（无效）。第二个保险系统的保单状态代码，使用代码"A"（有效）、"I"（无效）和"M"（打续保电话）。第二个系统中保单状态代码的定义可以表明，数据代码也是调用客户续订业务流程的触发器。

7.3.1　参考数据的一般维护

业务型数据专员在维护关键系统中的参考数据方面发挥着关键作用。他们需要做到以下几点：

- 记录并备案现存的有效值，以确保这些值被充分理解。数据剖析可以帮助解决此流程，并且可能需要技术型数据专员的帮助才能访问数据。然而，理解某些数值集的最大挑战是从产生数据的业务主题专家那里获取信息。
- 评估是否需要一个新的有效值，以确保该值：
  - 不与现有值重叠。例如，婚姻状况代码的"丧偶"与"单身"重叠。业务型数据专员可能会选择允许这种重叠，但应该是有意识的行为，而不是无意识行为。还要认识到，如果婚姻状况是"丧偶"，而此人再婚，则必须制定规则来确定是否将婚姻状况更改为"已婚"，而忽略此人曾经丧偶的事实。

- 不会重复在别处已记录的信息。例如，人员状况的已故者与其他地方记录的已故标志重叠。同样，这可能是允许的，但只要多次输入记录信息，数据就有可能发生冲突。

- 与字段含义保持一致。很多时候，一个新值被添加到一个现有的有效值集中，以避免添加新字段，这种做法被称为"超载"。例如，添加了新的保险单状态（在"有效"和"无效"的现有值上），即"进行续订呼叫"。这个新的状态应该告诉代理，该保单将在 30 天内到期，他们应该联系客户。但该保单仍然"有效"，这些信息应该记录在自己的字段中，或者在报告中导出和呈现。

- 评估新值的影响，并确保利益相关者了解并咨询这些影响。例如，转换可能会失败，因为它无法处理新添加的值。同样，这可能需要技术型数据专员的协助来执行此评估。

- 批准并记录新值的增加。

- 检测未经授权使用的新值。重要的是要检测新值在没有通过正确流程的情况下，何时被添加到"有效"值列表中的。在理想情况下，检测未授权值的时间是在它们被使用之前。如果源系统维护自己的值列表，则可以检测这些值，可以定期查询这些值并将其与授权列表进行比较。检测未授权值的另一种方法是在数据迁移 ETL 期间执行数据验证，例如，加载数据仓库时。

7.3.2　跨系统保持参考数据值一致

参考数据中的实体代码通常比业务描述更复杂。即使不同系统中标准化数据元素具有相同的描述，代码值也常常不同。例如，系统可能使用"Ma"和"Si"（而不是"M"和"S"）作为婚姻状况代码。然而，比较来自不同系统的参考数据通常比转换标准化值（例如，"M"转换为"Ma"）复杂得多，因为数据元素之间并不总是直接对应的。以婚姻状况代码为例，一个系统可能只有一个婚姻标志（值为"Y"或"N"），显示已婚或未婚。所有表示已婚的代码都映射到"Y"，所有表示未婚的代码都映射到"N"。除非有一种方法来保存这些信息，否则离婚和丧偶的标志会丢失，这一点将在下文讨论。

在映射过程中，映射来自不同源系统的值以创建具有"实体标准化"值的"实体标准化"数据元素，如图 7.8 所示。图 7.8 在左侧下方显示了源系统数据模型，其中包含源元素及其多个值。右侧显示了共享（或"标准化"）元素及其值。中间是映射规则，显示源系统中元素的值如何映射到标准化元素中的数据。

【说明】

源数据元素代码集中的值与目标数据元素代码集中的值之间的映射集合通常称为"人行横道"。人行横道包含一组"代码映射"。每个代码映射指定源代码集和值、目标代码集和值以及转换逻辑。

建议对参考数据进行分析，以确定数据库中存在哪些实际值以及这些值的分布。然后，业务型数据专员可以决定哪些值必须转换（也称为"统一"），以及如何处理没有转换的值。

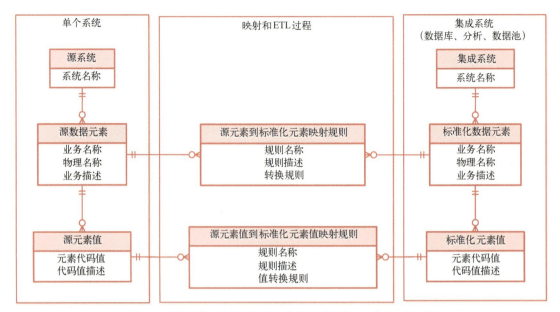

图 7.8　映射源系统数据元素（及其值）到标准化元素和标准化值

除了直接映射标准化值外，还需要处理几种不同的映射情况：

● 相同名称的数据元素可能表示完全不同的含义。字段名往往由开发人员、数据库管理员或建模人员指定，并且两个不同的系统可能会出于不同的目的来使用相同的术语。例如，在一个汽车保险系统中，Sex_code 表示主要投保人的性别。在相应的住宅保险系统中，Sex_code 表示家庭中最年长者的性别（用于折扣目的）。因此，尽管它们的名称相同，甚至看起来包含相同格式的数据，但这些字段并不代表相同的含义。

● 名称不同但含义相同的数据元素。由于与前一个相同的原因，这种情况很常见。较旧的系统倾向于使用短名称，而较新的系统可能使用更长、更具描述性的字段名称。例如，一个系统可能将婚姻状态代码称为 MS_CD，而另一个可能将其称为 Marital_Status_Code。

● 将几种不同元素混合在一起的数据元素。图 7.9 说明了这种情况。在源系统 1 中，一些有效值（丧偶、离婚）根本不是婚姻状况代码；相反，这些值描述了为什么某人的婚姻状况是"单身"。因此，在企业级标准化的视图中，这些值应映射到婚姻状况原因代码，并且它们还应将婚姻状况的值设置为"单身"。源系统 3 显示了这样一种情况，当公司决定记录该信息并向注册同居伴侣提供与已婚夫妇相同的福利时，简单地将"注册同居伴侣"的新有效值添加到婚姻状况代码中。但是，"注册同居伴侣"从技术上讲并不是婚姻状况；它描述了一种完全不同的情况。因此，在企业级标准化的视图中，它被映射到一个完全不同的数据元素（Domestic_Partner_Flag），其值为"Yes"和"No"。

【说明】

有理由认为，注册同居伴侣实际上代表了一种婚姻状况，因为至少对这家公司来说，提供给已婚夫妇的业务流程和福利正在扩展到注册同居伴侣。同样，如何处理这个新的业务案例将由业务型数据专员来提出建议。

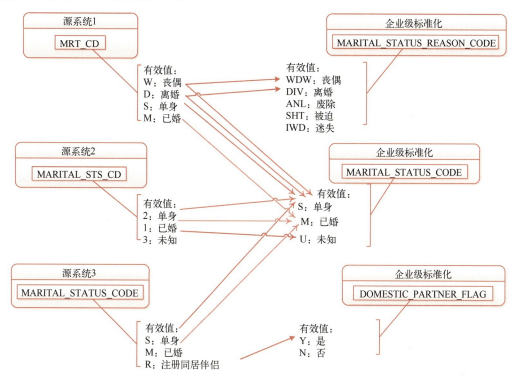

图 7.9 将混合有效值集映射到企业级标准化的视图。每个系统对字段的调用各异。此外，有效值因系统而异，字段的粒度和含义也存在差异

将多个系统的参考数据汇集在一起（并处理所讨论的问题）的流程称为"统一有效值"。这在任何需要组合数据的时候都是必要的，比如在跨多个业务职能构建数据仓库时，或者在主数据管理中使用参考数据作为执行实体解析的决定属性之一时。一个简单的例子是为医疗保健公司创建"中心患者"记录。患者的性别通常是解析多个患者记录的决定性因素。但性别代码可能在一个系统中记录为"M"和"F"，在另一个系统中记录为"1"和"2"。必须理解这些值并将它们映射在一起以匹配患者记录。下一节将更详细地讨论业务型数据专员在主数据管理实体解析中的角色。

如图 7.10 所示，当统一有效值时，业务型数据专员在管理参考数据中起着重要的作用。业务型数据专员必须：

● 审核并理解源系统参考数据元素以及与该元素相关联的每个有效值。
● 确定企业统一有效值视图中需要哪些参考数据，以及它们的值应该是什么。
● 映射和批准源值到企业标准化（统一的）的值。
● 管理统一有效值视图中的有效值和映射关系。

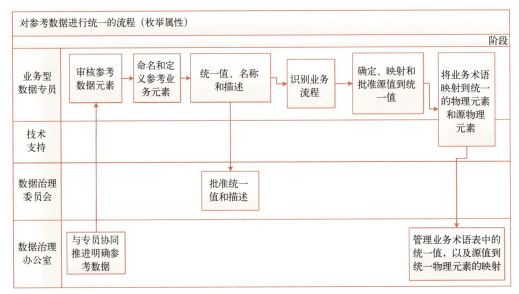

图 7.10　管理统一参考数据有效值所涉及的流程步骤和职责

7.4　数据认责在主数据管理实体解析中的角色

【什么是主数据？】

在任何组织中，都有公认的"业务实体"，它们是关键业务流程的主体，代表世界上真实的"事物"。包括客户、产品、供应商和员工。也就是说，应用程序中代表客户的数据实际上对应于一个真实的人或组织。那些对组织最重要的业务实体被认为是核心（主）业务对象，因此与它们相关的元数据一起被称为"主数据"。

主数据实体通常存在于多个业务职能和应用程序中，尽管根据业务职能或应用程序的需求，每个功能和应用程序中捕获和可用的数据集可能不同。

根据 David Loshin（主数据管理，Elsevier，2009 年）的说法，主数据管理的目标是"通过提供对跨运营基础设施唯一可识别主数据实体的一致视图的访问，支持组织的需求。"换句话说，有了成功的主数据管理，任何时候查看描述主数据实体（比如一个实际的客户）的数据，都可以知道这是哪个实体，不是哪些实体。

David Loshin 还指出，主数据管理在许多关键方面支持业务需求，其中包括：

● 识别与业务成功相关的核心信息对象，这些对象在不同的应用程序数据集中使用，可以从集中化中受益。换句话说，选择哪些核心业务实体值得"掌握"。

● 在可访问、可浏览的资源中管理收集和发现元数据，并使用元数据促进整合。

● 从候选数据源收集数据，评估不同的数据实例，如何引用相同的现实世界实体，并为每个实体创建一个独特的综合视图。

● 在公司和业务条线层面制定适当的数据认责、管理政策和规程，以确保拥有高质量的主数据资产。

这些业务需求都需要业务型数据专员（以及其他类型的专员）的参与才能成功，不仅可以创建主数据实体，还可以让整个组织的人员从这项工作中受益。

主数据管理工作中最重要的部分之一是将表示同一实体的多个数据实例解析为该实体的单个记录，这被称为"实体解析"。例如，一家保险公司有独立的系统用于销售汽车保险、家庭保险和个人责任保险。一个客户可能同时拥有三种保险，但除非保险公司有办法解析三个系统中客户的身份，否则他永远不会知道同一个人是三种保险的客户。这可能会导致错过多重折扣政策，并浪费精力试图出售他们已经拥有的人身保险（这当然也无助于公司的信誉）。另一个例子是一家连锁药店，同一个人可能在多家不同的商店配药，如果无法分辨出是同一个人，就有可能无法发现潜在的有害药物——药物之间的相互作用和误导。

在实体解析过程中，业务型数据专员有许多重要的决策责任。

图 7.11 显示了实体解析的整体工作流程，业务型数据专员（IT 支持，可能包括技术型数据专员）在达成"黄金副本"（代表现实中实体的单个记录）时要扮演多个角色并做出许多决策。

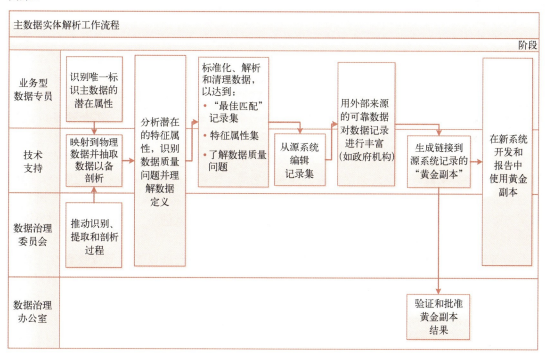

图 7.11 实体解析的工作流程。包括业务型数据专员"泳道"的流程需要业务型数据专员的输入和决策

7.4.1 识别出特征属性

特征属性是那些在组合使用时唯一标识记录的字段，它们描述了主实体的相同"真实世界"实例。例如，客户的特征属性可能是名、姓、性别、出生日期、地址和电子邮件地址的

组合。也就是说，如果两个人的所有这些属性都有相同的值，他们就会被认为是同一个人。图 7.12 显示了如何使用特征属性来区分两个非常相似的记录。特征属性是在两条记录之间进行比较，两个记录之间的差异有助于做出决定。

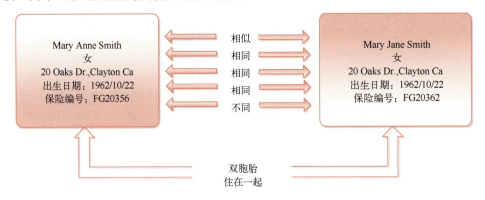

图 7.12　比较两个记录特征属性的值，以辨别它们是否代表两个不同的实体

【说明】

在理想情况下，数据可能包含个人独有的字段，如税号 ID（例如，包括社会安全号码或社会保险号码）。该单一属性将成为唯一需要识别的属性。另一个例子是公司为注册会员发布的标识符，如用户 ID。但是，请记住，即使在唯一标识符的情况下，也需要进行检查，因为数字可能会被误输入或以其他方式错误输入。例如，对一个人来说，最好检查一下姓名和出生日期。这样的检查也会发现"常见"的情况，比如一名女性婚后改了名字。

找出特征属性可能很棘手。一方面，需要最小的属性集合，因为它们必须同时存在于所有来源系统中，从而聚合记录并创建黄金副本。然而，平衡这一点需要有高度的信心，即确实在合并一组代表同一实体的记录。在这些需求之上，还需要特征属性的字段拥有高质量的数据。例如，可能会有一个客户的社会安全号码字段（一个有效的唯一标识符），但如果这个字段大部分是空的，它就不是一个好的特征属性。

业务型数据专员应该了解存在哪些数据、数据存在哪些问题以及如何查找数据。当在系统之间映射字段、检查数据的完整性和其他质量维度并尝试创建主数据黄金副本时，收集特征属性集的工作可能会成为一个迭代过程。尽管有软件工具可以对潜在的特征属性进行分类，并提出一组候选属性供使用，但业务型数据专员是确定最终特征属性集的最佳决策者。

另一个必须做出的重要决定是黄金副本对假阴性和假阳性的敏感性。假阴性是指同一实体的两个实例被归类为不同的实体。例如，如果营销系统有两条客户记录，其中一条的出生日期错误，则可以得出结论，这两个人确实是不同的人。最终结果可能是客户在目录中有两个副本，或者由于购买没有聚合到同一个客户而无法获得批量折扣。漏掉药物与药物相互作用的例子（这可能是致命的）是假阴性另一个结果。假阳性是指不同实体的实例被错误地合并为同一个实体。例如，医院系统中的两名患者被确定为同一患者，最终的结果可能是不正确的药物分配、不适当的手术和疾病的误诊。显然，假阳性对医院患者的影响远远大于对营销客户的影响，因此，医院记录合并的置信水平必须远远高于对营销客户的置信水平。业务型数据专员在确定这种灵敏度方面可提供重要的输入。较高的置信度通常会导致在创建黄金副本之前需要大量高质量的特征属性，还导致需要花费更多的精力来清理和标准化数据，以使其能够用于实体解析。

有一些软件工具可以辅助进行实体解析。其中许多工具使用分数来指示两条记录（相互比较时）的匹配程度。分数越高，记录代表同一实体的概率就越高（基于工具的算法）。图 7.13 显示了工具的输出可能是什么样子。在本例中，该工具正在比较来自两个系统（系统 1 和系统 2）的记录。

系统1	系统2	
John J. Jones, 1954/03/12, 男, 田纳西州纳什维尔主街123号	J.J. Jones, 1954/03/12, 男, 123 田纳西州纳什维尔主街123号	
Mary Ann Smith,女,1960/10/10,新泽西州蒂内克海湾路426号	Mary A. Smith,男,1960/ 10/10,新泽西州蒂内克海湾路426号	
Achmed Matsoumis,男,1971/04/06, 纽约州纽约西街202号	Achmed Matsoumes,男,1971/04/06, 纽约西街202号	
		信任上限
Billy Bob Yahoo,男,2000/04/12,1414街，路易斯维尔，KN	William Robert Yahoo,男,2000/04/12, 1414街，路易斯维尔，KN	
Abigail J. Worster,女,1987/03/04,俄勒冈州波特兰月亮街2020号	Abigail Jay Worster,女,1987/04/03,俄勒冈州波特兰月亮街2020号	
Martin Robert Piers,男,1961/05/22, 加利福尼亚州旧金山柯克伍德大道155号	Martin R. Piers,男, 1961/05/22, 加利福尼亚州旧金山柯克伍德大道155号	
		信任下限
Larry R. Matheson,男,1988/12/12,华盛顿州西雅图第15大道44号	Lorens R. Matheson,女, 1988/10/14,华盛顿州西雅图第15大道44号	
Bobby Kinnison,女,1977/09/06/,加利福尼亚州洛杉矶市梅森区125号	Robert Kinnison,男,1978/09/10,加利福尼亚州洛杉矶市梅森区125号	
Laura M. Garcia,女,1988/07/05,德克萨斯州阿比林百老汇202号	Laura A. Garcia,1990/07/10,德克萨斯州阿比林市百老汇313号A单元	

图 7.13 信任上限和下限被认为是自动匹配（上限）和自动不匹配（下限）的指定记录。在这些限制之间的记录需要进一步分析，以确定它们是否代表同一个实体

业务型数据专员必须为以下各项提供输入：

- 设置高于某分数的两条记录将被视为自动匹配的分数。这个分数有时被称为信任上限。得分高于信任上限的记录对被视为自动匹配。如果假阳性过多，业务型数据专员可能会建议提高此上限分值。在图 7.13 中，高于信任上限条的记录对会被自动认为代表同一个实体。
- 设置低于某分数的两条记录被视为自动不匹配的分数。此分数有时称为信任下限。得分低于信任下限的记录对被视为自动不匹配。如果假阴性太多，业务型数据专员可能会建议降低这一下限分值。在图 7.13 中，低于信任下限的记录对将被认为代表不同的实体（不匹配）。

介于信任上限和信任下限之间的记录对是需要进一步分析的候选对象。通常，操作型数据专员可以检查这些记录，并做出匹配或不匹配的决定。然而，如果这些记录太多，可能很难全部读完，而且很耗时。调整信任限制分数可以减少这些候选主体的数量，但需要考虑的是，这也可能增加假阳性或假阴性。

【说明】

除了调整表示信任上限和信任下限的分数外，业务型数据专员还可以推荐其他特征属性。他们还可能建议进行额外的数据清理、数据标准化或丰富数据（将在本章中讨论）。

7.4.2 查找记录和映射字段

业务型数据专员和技术型数据专员需要一起工作，内容如下。

- 弄清楚哪些系统包含的记录必须被整合到黄金副本中。如果要有一条实体主记录（黄金副本），那么所有包含该实体对应记录的系统中有关该实体的数据必须被映射，以便能够正确使用它们。
- 弄清楚每个系统中描述相关字段的元数据。字段名可能会提供线索，但它们通常不是全部。例如，住宅保险单系统中的"出生日期"字段实际上指的是住在家里的最年长的人的出生日期，而不一定是投保人的出生日期。假设该字段包含保单持有人的出生日期，则会导致假阴性，并且导致忽视"该客户拥有房主保单"这一事实。这项工作暴露了大量关于特征属性内容的信息，如图 7.14 所示。

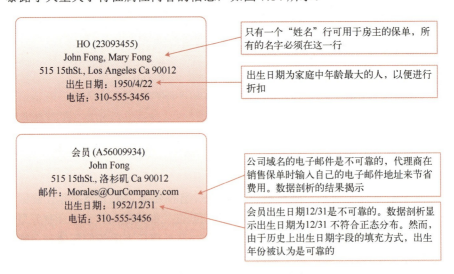

图 7.14 了解潜在特征属性的元数据和字段内容

- 剖析和检查特征属性中的数据。分析字段中存储的内容可以帮助理解字段的含义以及字段在特定系统中的使用方式。这对于了解哪些数据被存储以及以何种格式存储也是至关重要的。例如，一个全名字段可能包含多个全名（需要解析），在这种情况下,匹配算法不会将该系统字段中的全名与存储在另一个系统中的全名进行匹配。这里的问题是,为了匹配记录,需要能够清楚地定义记录中每个字段的内容和结构。另一个例子是地址。对地址字段进行剖析,发现了大量拼写错误和"不可能"的地址(底特律不在伊利诺伊州)。但是通过了解这些错误(这些错误不会与存储在其他系统中的地址匹配),我们能够应用地址标准化算法并获得匹配结果。从地址示例中可以看出,在系统之间匹配数据之前,尝试清理数据是至关重要的。

7.4.3　标准化数值

由于主数据管理在很大程度上依赖于对属性值做匹配来确定不同记录是否表示(或不表示)相同的现实世界实体,因此数据进行标准化的步骤对进行匹配非常重要。例如,在许多系统中,地址是自由格式的字段,这允许出现拼写错误(特别是在街道和城市名称中)、缩写的变化(street、Str.、St.),以及当没有其他字段可用时在地址行上输入的"额外数据"(John Smith 的受托人)。如果没有为"辈分代码"(Jr.、III 等)或敬语(Mr.、Dr.、Professor 等)提供字段,则名称字段可能存在同样的问题。电话号码格式差异很大,可以使用空格、破折号、双引号和其他符号。图 7.15 显示了与不同系统中的不同账户相关联的名称或地址可能要经过的一些步骤,以便进行匹配。

系统ID	字段	修改为	备注
Auto(XG12590) HO(23093445) PrsLiab (PL33490) Mbrship(A5609934)	Address	标准化至515 15th St., Los Angeles, CA 90012	正确的zip, 删除任何带有 "Trustee"的行, 使用St.、Ln., Ave.的标准缩写
HO(23093445)	Name	分析名称字段以提取个人名称	名称用 "/" 或 "*" 分隔
Auto(XG12590)	Name	将 "Jr" "III" 提取为后缀	自动系统在姓氏字段中生成辈分代码
HO(23093445) PrsLiab (PL33490) Mbrship(A5609934)	Name	费尔德地区电话代码 310-556-3456	不同系统中不同的电话号码

- 如果可能,应收集更多数据以填补数据空白。
- 在适当的情况下,可以增强系统使数据捕获更容易。
- 发现重大数据质量问题可能会导致激励措施的改变。

图 7.15　标准化多个记录中的数据有助于进行匹配

7.4.4　用外部数据源增强数据

通过使用外部资源(见图 7.16),可以丰富所拥有的数据和特征属性。例如,一个汽车保险单系统可能有不可靠的地址,但是对于投保人来说,驾照号码是非常准确的。另一方面,车管所则记录了与驾照号码相关联的可靠地址，因为驾照和其他文件必须邮寄给司机。通过使用驾驶执照号码从车管所检索地址，可以使用这些准确的信息来丰富地址。业务型数据专员通常会知道在哪里执行或怎样执行此操作，甚至可能会给出建议哪些外部资源最有效。业务型数据专员还可能知道数据质量在哪些方面存在问题，这些问题导致填充数据可能是不切实际的。例如，在一个案例中，代理人填写了假驾照号码，以便在不强迫投保人提供驾照的情况下撰写保单。在假驾照号码与一个真实驾照号码相对应的情况下（对应着其他人），从车管所返回的数据是不准确的（不代表投保人的数据），这代表了一个重大的数据质量问题，以及保险代理商的欺诈。

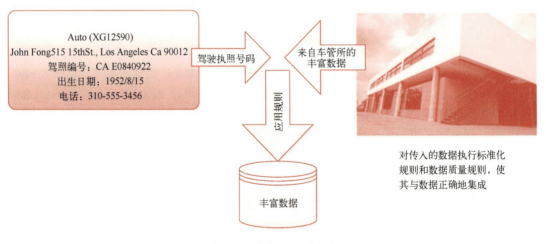

图 7.16　丰富和改进数据

【说明】

就像对个人进行实体解析一样困难，但在处理非个人客户（如公司、慈善机构、全资子公司等）时可能会更加困难。

7.5　数据认责在主数据管理遴选处理中的角色

主数据管理的另一个关键方面称为遴选。David Loshin 在他的著作《主数据管理》（Elsevier，2009，第 193 页）中将这一概念定义为："当表示同一个实体的两个（或多个）记录包含冲突的信息时所执行的流程，以确定哪个记录的值在最终合并的记录中保留。"要确定保留在黄金副本记录中的值，需要一组业务规则来解决冲突的值并从中选择一个。Loshin 这样描述它："主数据属性值是根据每个候选源的质量和适用性，由源到目标映射来引导完成填充的。业务规则描述了有效的源系统、它们相应的优先级、限定条件、转换以及应用这些规则的环境。"Loshin 的观点认为，业务规则必须由业务型数据专员确定，以便考虑各种重要的因素。

图 7.17 说明了遴选过程的简化视图。业务型数据专员和技术型数据专员（以及其他贡献者）识别每个主数据属性的各种来源。这通常是在主数据管理工作的早期阶段，与确定特征属性的工作一起完成。一旦记录了每个属性的来源，就需要指定遴选的业务规则。业务规则确定可用值的优先级，也就是说，应该选择哪些值来填充黄金副本。确定优先级的例子包括：

- 值缺失或为空。显然，如果一个值缺失或为空，就不能使用它，必须在其他地方找到该值。这可能发生在一个系统拥有该属性、但该属性并不总是被填充的情况下。
- 日期。如果多个系统对某个属性都有一个可用值，则可能的规则是选择最近日期的值。这并不总是一个好的选择，特别是当最近填充的属性值不完整或违反其他数据质量规则（例如，无效、格式错误或值分布可疑）时。例如，一个系统的出生日期比其他任何可用的来源都要晚，但出生日期的分布表明，至少有一个日期（12/31）是不可靠的。
- 数据质量。如前所述，如果某些系统中的值满足特定的数据质量规则，则可以选择（甚至是最近输入的数据）。

【说明】

请记住，在某些情况下可能会保留多个值，例如，地址。这反映了现实世界，人们可以有多个有效地址。然而，即使有多个值（或值集，如地址），在只允许一个值的情况下，也需要一个规则来选择要使用的值/值集（例如，一个只能存储一个地址的系统）。

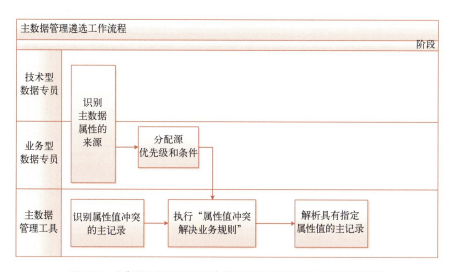

图 7.17　业务型和技术型数据专员设置主数据管理工具的遴选规则

一旦建立了业务规则，主数据管理工具就可以使用它们来解析遴选过程中的属性值。该工具从具有冲突属性值的多个来源中识别主记录，应用解析规则，并使用选定的属性创建（或更新）黄金副本。该过程的示例如图 7.18 所示。

图 7.18 遴选结果的示例以及最终主数据管理记录（"黄金副本"）中的值

7.6 数据认责在主数据管理异常处理中的角色

主数据管理工具（或中心，Hub）接收记录并执行大量流程，包括清理、匹配现有记录、插入新记录、更新现有记录、合并表示同一实体的记录、取消合并错误的记录以及删除过时的记录。这些流程遵循一组经过仔细建立和测试的规则，用来处理已知数据质量水平（通过剖析数据建立）及存在数据质量问题的接入数据。但是数据和数据质量随着时间的推移而变化，在这些情况下规则可能会失效。可能导致规则失效的源数据变化示例如下：

- 无效查找。通常来说，主数据管理中数据的接入代码或数据值会触发查找，将代码或值转换为统一代码（跨系统标准化的代码）、一个不同的（标准化的）数据值或是一段描述。当在查找表中找不到接入的代码或数据值时，可能会发生无效查找，导致错误，因为无法执行查找转换。

- 数据质量异常。主数据管理处理工具期望数据具有某些特征，例如，给定长度、数据类型（例如，数字或字符串）、格式、范围或样式。当到达的数据与预期不符时，可能会发生数据质量异常。例如，如果数据类型与预期不同（例如，预期为数字，但显示字母字符），这可能会导致必须修正的数据质量异常。另一个示例是当值超出预期范围时，会导致转换失败或产生违反允许值的结果。

- 缺少父级异常。主数据管理中心中的记录可能具有层次结构，当子记录在父记录不存在的情况下发生时，会发生缺少父级异常。

- 无效关系异常。主数据管理中心中的记录间可能具有强制关系，其中可能包括层次关系。如果缺少任一端的记录，则可能导致异常。例如，员工主数据中的个人可能与组织具有强制关系。如果组织记录缺失或无效，则会发生无效关系异常。

- 丢失数据异常。如果字段中缺少数据，则可能导致异常。这也可以被认为是违反了数据质量的完整性维度。例如，如果一个地址记录应该填充了所有字段（街道、城市、州、国家、邮政编码等），而一个或多个字段为空，则会发生丢失数据异常。

- 业务型数据专员要积极参与分析并减少异常。一旦主数据管理工具遇到异常，所涉及的流程如图 7.19 所示。

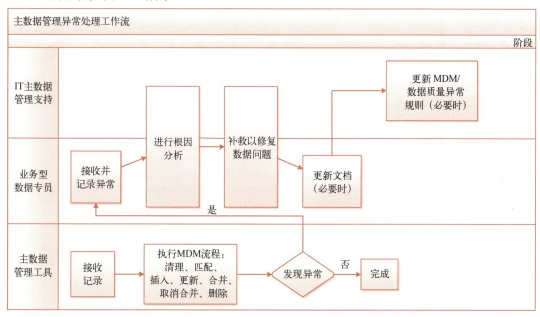

图 7.19　业务型数据专员必须调查主数据管理异常的原因，并提出对源数据的更正或对异常规则的更改

- 接收并记录异常。主数据管理工具跟踪所有异常并生成一份报告用于分析。报告至少必须包含违反处理规则的数据以及违反的规则。业务型数据专员（或指定人员如操作型数据专员）接收报告，并将异常情况作为问题进行跟踪处理。
- 进行根因分析。下一步是找出导致异常的原因。绝大部分的原因是数据没有达到预期的特征。当然，重要的问题是为什么数据不如预期。假设最初是在指定、构建和测试主数据管理过程时对数据进行了剖析和清理，那么一定发生了什么事情改变了数据的特性。例如，一个新代码值可能已添加到字段的有效值列表中，或者在源系统中的更改可能已允许输入新的数据类型。因为可能需要有关源系统和主数据管理相关的处理信息，所以 IT 必须协助进行根本原因分析。
- 修复以解决问题。找到问题后，需要进行更改以补救问题。这可能包括向数据生产者提供有关如何输入数据的新指令，在源系统中添加新的约束（这将需要 IT 的帮助），或更改主数据管理异常规则以处理新的数据特征（这也将需要 IT 的帮助）。
- 更新文档。必要时，必须更新有关主数据管理工具如何处理数据（包括转换和变型规则）的文档，以反映任何更改。
- 更新主数据管理/数据质量异常规则。如果必须更新异常规则以处理新的数据特征，IT 需要进行这些更改并测试新的异常规则。

7.7   数据认责在信息安全中的角色

保护数据的隐私和安全是业务型数据专员（以及其他许多人）发挥重要作用的另一项重要活动。整个过程如图 7.20 所示。该过程通常从一个标准或政策开始，该标准或政策确定了数据应归入的安全级别，以及如何使用和必须保护每个级别。这些级别的名称将类似于"公共、公司秘密和机密"。在许多行业（如医疗和保险），政策几乎总是由立法驱动的。立法通常规定必须如何处理数据，从而可以得出适当的信息安全级别。例如，在加利福尼亚州（以及许多其他州）的汽车保险业务中，驾驶员驾照号码必须在保存（数据库中）和传输（ETL）时进行加密。这导致我曾工作的保险公司将驾照号码归类为高度机密，因为该类别需要同样的保护。立法和政策也可以规定处理一组数据元素的隐私规则。例如，虽然客户的姓氏本身可能被视为"公共"，但姓氏、名字和邮政编码的组合很可能被认为是"机密"。

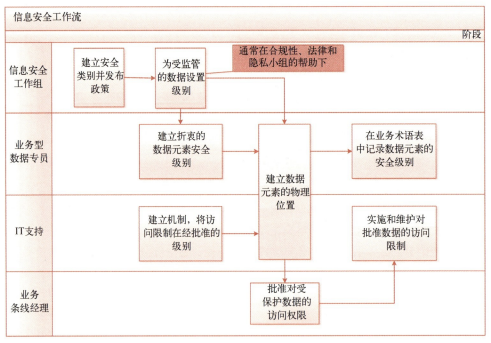

图 7.20   建立和实施信息安全需要许多不同角色的参与

【说明】

在过去几年中，随着各管理机构通过了严格的法律，保护信息的过程变得更加复杂，这些法律主要涉及保护个人身份识别信息（PII）数据和数据被存储的人们的权利。这些考虑因素将在后面的"数据认责在数据隐私规定中的角色"一节中讨论。

专家在运用法规中规定的规则时，通常会为法规中明确指出的业务数据元素建立安全级别，例如，前面讨论的驾照号码。这些专家通常来自法律、合规、隐私或其他与风险相关的团队。为了建立正确的安全级别，专家们将依赖于业务数据元素的定义。除此之外，信息安全策略通常将其留给"业务"来确定数据属于哪种安全级别。一共分为两个步骤。第一步，业务型数据专员确定一个业务数据元素的安全级别或多个业务数据元素的分组，这通常也是将政府法规应用于数据的结果。在第二步中，包括专家指派的业务数据元素在内，业务型数据专员与技术型数据专员（和其他 IT 支持）合作，确定数据在数据库中的实际位置。然后，IT 支持对机密或敏感字段进行适当保护，以确保不需要知道的人员无法访问。

数据认责专委会还可以建立（或参与建立）流程，让员工获得必要的权限（通常由其主管或其他负责人授权）以访问机密/敏感数据。此流程可能由人力资源、数据治理委员会或其他组织管理，但该流程本身应具有业务型数据专员的信息输入。

【说明】

人力资源作为负责获取访问权限流程的管理者是一个不错的选择，因为他们维护汇报关系的层次结构，负责招聘、调动和终止流程，并维护岗位工作描述。

【对数据组进行分级】

此为业务数据元素提供正确的安全级别更棘手的问题是如何处理一组业务数据元素。也就是说，单个字段（例如，邮政编码或名字）本身可能不被认为是敏感的或需要隐私保护，因为该字段本身不会识别某人或达到需要隐私保护的程度。然而，当与其他字段结合使用时，该字段确实需要保护，并且会上升到被认为是敏感的级别。也就是说，数据组合是敏感的，尽管它的各个成员可能不是。不幸的是，在没有更好的解决方案的情况下，许多公司只是将每个成员评为"敏感/机密"，这导致了一些奇怪的规则，比如任何带有邮政编码（包括公司地址）的东西都被视为机密。对字段的各种组合进行评级的想法尚未流行，因为即使只有 7 或 8 个字段，可能的组合数量也会增加到一个相当大的数值，即 7 个字段的组合数量为 5040 个，8 个字段的数量为 40320 个。

然而，这种方法没有考虑到的是，在现实世界中，用户通常会请求某些"数据集"。业务型数据专员可以将最流行的数据集设计为标准化产品，并为每个集进行安全分级。例如，当与人力资源部联系以获取员工数据时，人力资源部可能会提供包含名字和姓氏的员工信息，这些信息被视为"公司机密"。但是，如果将完整的地址添加到该信息中，则生成的数据集将变为"机密"。通过提供这些标准化的数据集（每个数据集都有一个安全级别），集合与安全级别的数量可以减少到较小数目。通过记录的数据集中包含的业务数据元素和整个集合的信息安全级别，可以将标准化的数据集记录在业务术语表中。

7.8　数据认责在支持质量保证中的角色

项目的质量保证（QA）阶段是指对应用程序或修改进行测试，以确保它符合所提出的业务需求。然而，在通常情况下，没有编写质量保证测试案例用于测试指定的数据质量水平或字段背后的数据含义。

业务型数据专员可以通过与质量保证分析师合作，在这两个领域编写测试案例来帮助解决这种情况。测试案例像任何其他测试一样由质量保证分析师负责执行，同样，像任何其他测试案例一样将结果和缺陷记录在质量保证跟踪系统中。然后，这些缺陷与任何其他测试发现的缺陷一起被优先纠正。

测试违反数据质量规则用例的主要关注点：

- 具有有效值集的字段允许的无效值。
- 应用程序允许的取值，但超出了关联范围、样式和类型。
- 基于字段值的关系缺失（房屋权益贷款必须有抵押记录）。
- 允许已声明为必填的字段未填充。
- 能够在缺少强制性数据时创建记录。
- 字段之间的关系无效（生效日期晚于到期日期）。

使用元数据编写的测试案例查找如下内容：

- 用户界面中的字段（如屏幕或报告）是否显示基于业务数据元素定义的预期值。
- 屏幕上显示的多个字段是否为同一字段（由于首字母缩写导致）。
- 是否使用业务数据元素的派生规则正确派生计算字段。
- 字段标签是否根据官方业务数据元素名称正确命名。

图 7.21 显示了此流程的简化图。

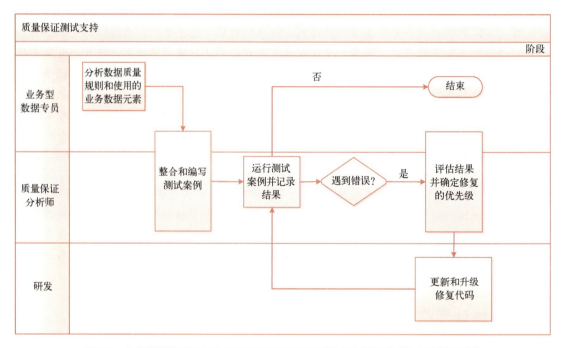

图 7.21 业务型数据专员和质量保证分析师可以编写和运行测试案例来检查数据质量

7.9 数据认责在编制血缘关系中的角色

有几种不同类型的血缘是很重要的。业务血缘关系到业务数据元素之间如何相互关联，我们已经讨论了业务型数据专员如何建立派生规则来定义这些依赖关系。

逻辑/物理血缘记录了业务数据元素在数据库中的物理存在方式。我们已经讨论过这种类型的血缘不仅是"治理数据"需要的内容，而且对于提高数据质量也是至关重要的，因为数据剖析测试的是物理数据的质量。

最后，技术血缘追踪了数据从源头到末端的路径，沿途经过不同的系统、数据存储和 ETL 转换。技术血缘展示了数据如何流动和变化的地图和审计踪迹。技术血缘对于证明数据的完整性至关重要，正如监管报告所要求的，以及推动对数据的业务依赖性的理解。正如第 6 章数据认责实践中所讨论的，这种技术血缘也使得影响分析（正向依赖关系追踪）和根源分析（反向依赖关系追踪）成为可能。

如图 7.22 所示，业务型数据专员在追踪技术血缘方面有几个作用。首先，在识别对企业最重要的业务数据元素的过程中，他们也识别了必须调查的数据流（信息链），也就是需要记录的技术血缘。一旦发现了业务数据元素的相应物理实例，元数据库就会接管并进行实际追踪，将发现的数据元素位置与源系统（数据的起源地）或"黄金源"（预期从该系统使用这些数据，并对数据进行关键控制以确保质量）进行比较。然后，元数据库将结果以图形的形式进行呈现。业务型数据专员和技术型数据专员检查此图，以确定在信息链上是否存在关键的系统，其物理数据应该链接到业务数据元素（创建的逻辑/物理血缘）。如果关键的数据存储或数据仓库在许多重要的业务流程中发挥作用，或者是复杂转换的前兆，这通常是很重要的。如果这些物理数据元素中的任何一个没有对应的现有业务数据元素，如果它足够重要，业务型数据专员可以选择定义它。

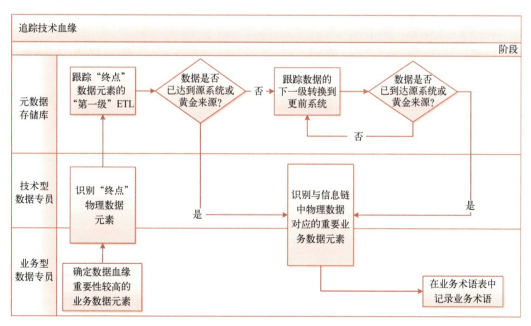

图 7.22　生成技术血缘的关键任务。对于这类工作，一个健全的元数据存储库工具是非常必要的

7.10 数据认责在流程风险管理中的角色

业务按照其流程运行。如果流程失败，业务就可能失败。业务流程的风险来自许多地方，包括流程所运行的网络、代码和服务器（如果它们是自动化的）、人员的培训不足以及流程所使用的数据。在一个运作良好的企业中，这些风险由业务部门（第一道防线）和企业风险部门（第二道防线）管理。企业风险部门的部分责任是确保业务能及时识别和处理风险。而企业风险部门可以做到这一点的方法之一是计算重要业务流程的风险水平。

毫不奇怪，这些流程中使用的数据质量会影响到流程的运行及输出的质量。然而，并非所有的数据都是平等的，数据中某些关键片段的质量差会对输出产生不成比例的影响。需要采取一些步骤来确定业务流程对其使用的数据质量的敏感程度，即数据质量风险指数（DQRI）。这是对一个业务流程因数据质量差而产生的风险的总体度量，但它取决于流程使用的单个数据片段的质量，以及流程对这些数据片段质量的敏感程度。

图 7.23 说明了这些关系。如前所述，业务流程具有整体的数据质量风险指数。该流程使用的数据由业务流程中使用的物理数据元素表示。每一个数据片段（与业务数据元素关联）都有一个指定的业务流程风险度量（BPRM）。业务流程风险度量是业务流程对数据元素质量的敏感性。业务流程风险度量由业务流程负责人分配，他也清楚该流程使用什么数据。

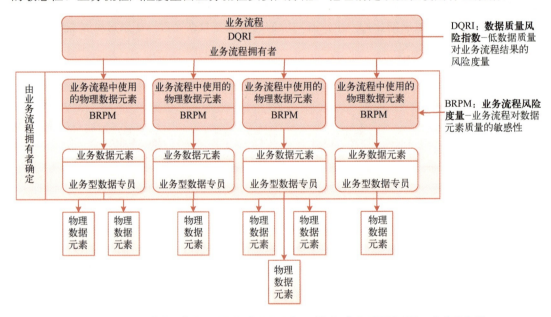

图 7.23 确定业务流程中使用的数据并确定该流程对数据质量的敏感性是一个关键步骤

一旦了解这些数据，业务型数据专员和技术型数据专员将与业务流程拥有者合作，将物理数据元素映射到业务数据元素，以验证这是正在使用的数据。然后对数据进行剖析，企业风险部门计算该业务流程的数据质量风险指数。这一系列步骤如图 7.24 所示。

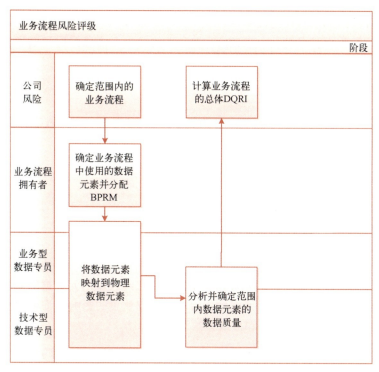

图 7.24　业务流程风险评级的职责和流程

　　表 7.5 中显示了一个计算示例。数据质量风险指数的计算是用业务流程风险度量的值乘以数据剖析整体结果（用分数表示）。在这个例子中，完美质量的数据质量风险指数应该是 802，因此这个流程似乎运作得很好，数值为 770.8。提高数据质量风险指数的最大机会是提高"拖欠付款数量"的数据质量，因为提高该数据的分数可以将整体数据质量风险指数提高到 800。

表 7.5　数据质量风险指数的样本计算

数据元素	业务流程风险度量	数据剖析整体结果（%）	数据质量风险指数组成
客户 ID	1　（L）	70	0.7
抵押金余额	5　（H）	99.7	498.5
拖欠付款数量	3　（M）	90.3	270.9
抵押品价值	1　（L）	66	0.66
业务流程数据质量风险指数			770.8

7.11　数据认责在数据隐私法规中的角色

　　在过去几年中，各种监管机构通过了一套隐私保护条例，为特定类型的数据提供保护，并赋予消费者比以往任何时候都更大的数据控制权。这些法规统称为"数据主权法规"。最初的主要立法有欧盟的《通用数据保护条例》（GDPR）、加拿大的《个人信息保护和电子文件法》（PIPEDA）和《加利福尼亚消费者隐私法》（CCPA）。

7.11.1　数据主权法规的关键信条

虽然这些法规之间肯定存在差异，但总体而言，它们都要求数据主体拥有某些权利，包括：

- 有权知道企业拥有哪些信息。
- 在某些情况下删除该信息的权利。
- 选择不出售这些数据的权利。
- 提供或拒绝同意某些数据使用的权利。
- 要求企业纠正不准确的个人信息，并及时处理不完整的个人数据。

7.11.2　遵守法规

遵守法规并提供治理控制，需要捕获新的元数据类型并提高已经收集的元数据的质量。表 7.6 详细列出了这些要求、所需的元数据以及对数据治理和数据认责的影响。许多元数据类型可以与前面讨论过的主题（如主数据管理和血缘）结合在一起。

表 7.6　遵守数据主权法规的组成部分

组成	所需元数据/控制机制
- 我们获取个人的哪些信息 - 我们怎么知道一个数据组指的是一个特定的个体 - 我们对于这些信息的置信度如何	- 主数据管理
- 我们在哪里获取个人的数据 - 我们如何在系统和数据存储之间移动数据 - 流程做了什么处理 - 哪些组织收到了数据（他们的地理位置在哪里）	- 技术血缘
- 流程需要什么样的个人数据	- 数据收集控制机制 - 捕获收集数据的目的
- 可接受的使用治理：是否提供并记录了处理个人数据的许可	- 已获取同意和收集详细信息 - 如何使用或不能使用数据、允许的例外情况、限制 - 最短和最长保留期
- 被遗忘权（管理生命周期）	- 通知、评估和影响的时间和细节 - 采取行动的时间和细节 - 建立运营控制机制
- 数据共享协议（DSA） - 数据移动协议（DMA）	- 数据共享协议已就位并经合规和法律部门批准 - 数据移动协议已就位并通过适当的保护措施与数据共享协议相联系
- 企业被要求纠正不准确的个人信息，"不得无故拖延"处理不完整的个人数据	- 获取通知和纠正请求的时间和细节 - 获取纠正的时间和细节 - 数据治理（控制），允许数据主体解决与其个人数据相关的任何数据质量问题

7.11.3 捕获其他元数据以实现合规性

除了专门针对新需求的元数据以及建立和执行控制措施相关的元数据之外，还必须采集一些辅助元数据，以便能够适当处理来自数据主体的请求。这些附加元数据包括：

- 最初生成数据的位置（交易的地理位置）。
- 查询时存储数据的位置（存储的地理位置）。
- 收集数据时这个人所在的实际地理位置。
- 这个人所属的地理实体（通常是公民身份）。

这些数据元素是至关重要的，因为这些规则往往取决于几种类型的地理环境。例如，虽然可能允许北美的用户（用户地理）查询发生在欧盟（交易地理）并存储在那里的交易的机密数据，但如果数据被转移到另一个国家（美国）或国际组织存储，就很可能不被允许。图 7.25 显示了这种情况。

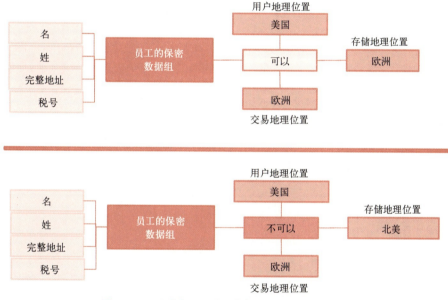

图 7.25 不同的地理位置可能会影响数据的处理方式

在数据认责的日常工作中，业务型数据专员（在合规、法律和隐私小组的协助下）需要了解这些规则和必须与敏感的个人身份信息（PII）一起捕获的关键数据。他们必须帮助确保在采集、存储和处理适当数据的过程中，收集数据的企业以及（在许多情况下）代表该组织处理数据的任何数据处理者都能够执行这些法规授予数据主体的各种权利。

7.11.4 初步了解数据和流程支持的数据主权法规

如前所述，需要采集新数据并建立新流程，以满足不仅要完成工作，而且要跟踪工作的完成方式和完成时间的要求。图 7.26 展示了可能需要采集数据的一个简单示意图（模型）。

该模型中圈出的数字表示图 7.27 中哪个流程负责处理该数据。

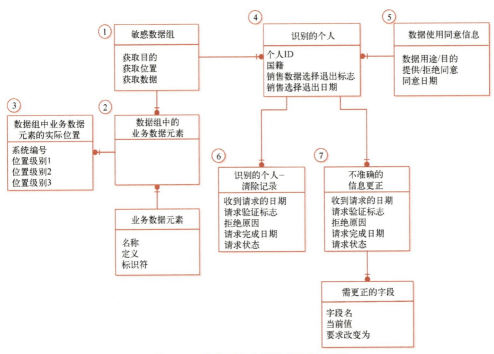

图 7.26　必须捕获的合规数据的简化模型

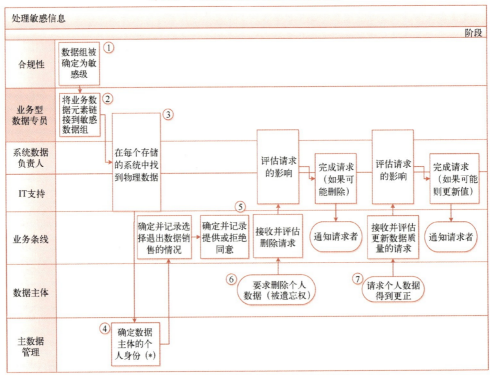

图 7.27　为数据主体提供合法权利的主要流程的角色和流程

从本质上讲，一切都始于敏感数据集的采集①。这些数据必须用于识别作为数据主体的个人④，而且还必须记录是否同意或拒绝将数据用于特定目的⑤。

为了管理和理解敏感数据集中的数据，每条数据都必须与一个受到治理和管理的业务数据元素相关联。敏感数据集含有的敏感数据与业务数据元素的关联关系②的物理位置必须被记录下来③，以便在有人提出删除请求时⑥组织可以找到关系所在的具体位置。此外，如果有人注意到任何敏感数据是不正确的，任何有关对该数据的更正请求的信息也必须被记录下来⑦。

如图 7.27 所示，为确保数据主体拥有法规所要求的所有权利和能力，有很多相关方参与其中。这些人包括：

- 能够确定所采集的数据是否为敏感/个人身份信息的专家，进而必须按照法规进行保护和处理该数据。
- 在第 1 步中做出判断的一部分涉及了解数据是什么，也就是说，什么业务数据元素定义了它，哪个业务职能或数据域委员会拥有它，等等。
- 为了管理敏感数据以及根据数据主体的要求删除或更新数据，必须知道它在哪里。因此，了解数据的物理存储位置变得至关重要。
- 敏感数据必须被识别到特定的个体，最好是使用主数据管理。关键是要知道删除或调整谁的数据，并验证该请求是否来自数据主体。也有必要记录谁选择接受或拒绝出售其数据。
- 法规要求必须书面记录数据的使用目的以及是否同意将数据用于特定目的。
- 数据生命周期的管理，包括被遗忘权，需要一个多步骤流程来处理此类请求。这些步骤包括：

a）接收并记录请求。这对于显示执行此过程需要多长时间很重要。

b）评估影响，特别是包括删除数据将如何影响个人与组织的关系。例如，如果没有记录这些信息，就无法拥有保险政策或经济账户，所以需要做出安排来终止这些关系。

c）验证该请求是由被授权的人提出的。

d）拒绝删除请求并提供适当的理由，或从组织的系统和数据存储中删除数据，这是两种完成请求的方式。

e）通知请求者是如何解决该请求的。

- 数据主体也有权要求更正其数据，企业有义务在合理期限内更正。步骤与第 6 步类似，只是需要进行修正。然而，仍然有必要知道数据存储的所有位置，以便可以在全部位置进行更正。

7.12　小结

数据专员在许多涉及提高企业数据资产质量和可用性的工作中发挥着关键作用。虽然在没有数据认责的情况下，提高数据质量和元数据质量、管理和协调参考数据、实施和管理主数据管理、处理信息安全（包括合规性和隐私要求）、确定业务流程风险以及管理元数据并非不可能，但难度更大、耗时更长，并且以后可能需要大量返工。即使这样也不太可能获得预期的结果。这是因为可能没有人对数据的决策负责，因此结果可能不是最佳的，并且可能没有考虑到所有利益相关者的需求。

提高数据质量需要业务型数据专员的参与，以了解数据的用途，建立数据质量规则，定义数据何时适合这些用途，并审核数据剖析结果，以辨别哪些地方的质量不符合运营业务所需的水平。提高数据质量既是实现数据认责的主要原因之一，也是业务型数据专员更显著地向企业展示其价值的方式。

提高元数据质量有助于提高数据质量，因为决定何为高质量数据的规则以及对数据应用这些规则（数据剖析）所得到的度量结果都是元数据。元数据可以根据一组规则进行剖析，这些规则决定了元数据的"高质量"含义，尽管这些规则很难使用和度量，因为有些规则难以自动化。业务型数据专员必须评估元数据质量规则和元数据质量。

根据需要处理业务的方式，源系统建立了有效值。业务型数据专员不仅要确定有效值应该是什么，而且通过决定每个数值的含义并在适当时增加新的数值。此外，在需要将源自不同系统的参考数据组合在一起（"协调"）进入数据仓库时，或使用其他机制合并来自多个系统的数据时，业务型数据专员必须将源数据值映射到统一数据值，以实现数据的整体企业视图。

随着主数据管理重要性的提高，进行实体解析的需求变得至关重要。业务型数据专员帮助确定特征属性，查找不同系统中表示主实体实例的记录，检查特征属性的内容以确定它们是否可用，并将不同系统中的不同属性映射到一起，创建实体的唯一"黄金副本"。他们还必须就实例间匹配的敏感性提供建议，以实现与数据使用用途一致的结果。

主数据管理还涉及遴选和异常处理。对于遴选，业务型数据专员必须建立规则，以确定当代表同一实体的记录包含冲突信息时，将遴选哪些数据保存在黄金副本中。随着新系统上线或不同源系统的可信度增加或降低时，这些规则可能会随着时间推移而改变。对于异常处理，业务型数据专员（在 IT 部门的大力协助下）必须分析新的处理异常，找出根本原因，并修复数据或变更处理规则以处理新的数据特征。

许多公司独立于数据认责建立了信息安全政策，并对法规特别要求的某些业务数据元素进行分级。为了平衡数据的保护和使用，业务型数据专员需要分配和记录关键业务数据元素的安全分级，并帮助定位根据政策 IT 必须保护以防止误用的物理数据元素。

质量保证测试案例可以测试是否违反了数据的质量规则和创建规则，以确保应用程序保持在确定的数据质量水平，并且如果数据丢失则无法创建相应记录。元数据测试案例检查数据元素的字段标签、字段中的值（基于定义）的正确性，以及元数据的其他违规情况。

在严格管理其元数据（特别是在元数据存储库中）的企业中，业务型数据专员有责任建立业务数据元素的定义、派生规则和数据质量，以及创建和使用业务规则。他们还必须参与将业务数据元素相互关联、将业务数据元素链接到物理对应元素的工作。业务型数据专员与 IT 密切合作，编制重要数据的血缘图，其中了解数据的源、目标和转换对于证明数据的完整性至关重要。

　　基于流程所使用的数据的质量计算关键业务流程的风险可能非常有用。虽然这是一个多步骤过程，需要对流程本身和流程使用的数据有大量了解，但这种计算使企业能够发现问题，并将数据质量提升工作集中到最需要的地方。业务型数据专员在识别数据、确定质量的规则以及根据规则分析数据剖析的结果等许多方面都提供帮助。

　　新的隐私条例（未来还会有更多）要求企业跟踪他们收集的个人数据信息，并让数据主体对这些数据有很大的控制权。为了能够提供所需的控制，整个企业的业务型数据专员在跟踪收集的个人数据、收集的目的、授予的数据使用权限以及存储数据的位置方面发挥着关键作用。如果没有这些信息，企业可能会违反规定，并面临巨额罚款和声誉风险。

第 8 章

衡量数据认责进度：指标

如前所述，企业需要投入大量的资源和精力来落实数据认责工程，以便不断改进对数据的理解和管理。因此，为了掌握数据认责方面的投入回报实情，需要衡量并报告数据认责工程的执行进度。

用于记录和报告的指标，大致分为业务成效指标和运营指标两类。业务成效指标衡量数据认责的效能，即实施数据工程的投入及通过良好的数据管理给企业带来价值回报。运营指标衡量数据认责工程的认可度和数据专员的履职情况。

【实践指引】

本章主要讨论如何使用和汇报这些指标，但是还需要关注几个关键成功因素，以确保这些指标的有效性及指标之间的关联性。

第一个因素（特别是业务成效指标），要衡量数据认责工程带来的长期价值。更好地理解数据含义、提高数据治理及充分领会业务规则等这些需要一定时间的活动，是能给公司带来成效的指标，需要在总体指标中予以体现。这些总体指标（将在本章中讨论）包括降低成本、增加利润和缩短上市时间等项目。

第二个关键成功因素是公司必须愿意将基于信息的企业能力的提升归功于数据治理和数据认责工程。当基于信息的企业能力得到提升时，应给予荣誉加以鼓励。如果不能将部分提升归功于通过数据认责努力而更好地管理数据，那么就很难展示（和量化）数据认责工程对公司损益的影响程度。

最后，必须周密地设定这些指标，确保它们具有意义。应该从最关键的业务流程入手。对于每个（和希望的）少量业务流程，要辨别与该业务流程相关的最关键业务数据元素。针对这类业务数据元素，来设计相关指标（例如，总体质量、具有定义的数据元素数量、持有数据元素数量、认责管理的数据元素数量等）。当有更多资源可用时，应增加对数据认责的投入。请注意，当衡量业务流程风险（如第 7 章"数据专员的重要角色"所述）时，可能已经知道哪些业务流程最为重要，这些流程在使用哪些数据。

8.1 业务成效指标

业务成效指标用于衡量数据认责工作所附加的业务价值。业务价值包括如下内容：

● 增加收入和利润。

- 降低重复数据和数据存储的成本。
- 提高数据使用的生产效率。
- 降低应用程序开发及系统集成的成本。
- 提高项目投资回报率（ROI）。
- 缩短产品上市时间。
- 强化审计合规和企业责任。
- 减少合规问题。
- 提升对客户和客户满意度的了解。

这些条目很多不能直接衡量。一种通用做法就是对公司的数据用户开展调查，了解他们对于数据认责工作业务成效的实际看法。具体来说，他们认为数据认责工作对下列问题发挥了怎样的作用：

- 能否更好地理解数据？
- 数据是否具有更好的质量？注意，可以将数据与指定的质量规则进行比对，来直接衡量数据质量的程度，同时还有助于了解这些感知的数据是否得到改进。
- 企业是否通过概要剖析来对前期数据质量问题提示（警告）进行了整改？
- 企业是否能确定有多少次客户投诉是由于数据质量差而引发的？该数字是否正随着时间在减少？
- 由监管机构和合规组织发现问题是否已减少？
- 企业清洗和修复数据的时间是否已缩短？
- 企业在辩论数据定义或如何计算数据所花费的时间是否已缩短？
- 企业是否通过以下方式减少或取消在不同报告保持协同一致方面所需的工作：
  - 一致的定义和派生规则。
  - 报告所含数据的一致性规范。

【实践指引】

按照约翰·莱德利的观点，"数据债务"是指当组织选择对所需（或者未来所需）的数据不"支付"相应资源而所得的"借贷"。这类债务通常可以通过资助和开展基本数据治理和数据管理活动来避免。如同"真正的"债务一样，这类债务最终也必须被偿还。数据债务将随着时间的推移缓慢产生（所谓"利息"，是今后为构建恰当的数据治理和数据管理而带来的更高额支出）或者以巨额开支（大额尾款，Balloon Payment）形式产生。

【业务成效指标示例】

在尝试判断数据认责成效的实际情况时，所提出的问题要侧重于业务本身。涉及的业务越具体，调查结果也会越好。此外，任何一份有关公司数据认责的正面评价声明，都应更具有说服性。这里提供的样例问题，部分来自一家具备健全数据认责体系的保险公司：

- 电话/邮寄费用：我们与特定类型保单客户或不符合该类型策略保单客户，通常联系多少次？会浪费多少邮费/时间？
- 生产效率/机会成本损失：如果代理商只联系符合条件的潜在投保人，本该售出多少份保单？这些保单到底值多少钱？

- 业务成本损失：有多少投保人，因为我们不了解他们的实际需求或者没有向他们展示保单业务价值（调查可以真正了解情况）而取消了保单？这些客户长期价值带来的损失意味着什么？
- 合规性成本：为了满足监管或审计需要（要求），我们需要支付多少？其中有多少是由于无法满足下列情况而产生的：
  - 展示/证明良好的数据质量？
  - 提供信息用于回答他们的问题？
  - 显示数据从提供方（来源方）到接收方（目标方）具备完整性，包括所有转换方式？
  - 显示并证明哪些人对数据负责？是的，监管机构特别要询问数据治理。我很清楚这一点，因为在我的数据认责培训课程上，有来自美国和其他国家的各类监管机构的代表。

请注意，首先应该建立数据认责的业务案例并确立一些用于比较的基线调查结果。

8.2　运营指标

运营指标是下列各种指标的汇总，主要包括：
- 业务部门的参与程度。
- 对于数据认责工作给予的重视程度。
- 取得成果的量化度量方法。
- 数据认责交付成果物的使用频率和有效性。

许多具体的指标可以作为运营指标进行跟踪和报告。包括以下内容。

- 衡量数据认责成熟度的指标发生了哪些变化（参阅第 9 章数据认责成熟度评估）？有多种方法可以衡量一项工作的成熟度，对这些方面的定期评估可以了解该项工作是否正在走向成熟，即从随意的、未受管理的数据管理尝试，到管理良好、企业级及标准化的数据管理模式。组织认知维度（如表 9.1 中所讨论的）包括开发用于衡量其有效性的指标。在第 3 级（即良好级），已确定操作指标，并且将一些参与度指标纳入到数据专员衡量指标中。此外，也会衡量对数据质量改进的影响。当组织达到第 4 级（即战略级）时，将会使用一种正式的方法去用于衡量和确定数据认责对数据质量提升的贡献度。
- 已经合并了多少不同的数据源？许多公司存在大量的数据源，有的来自"正规"系统，有的来自隐藏于人们办公 PC 所链接的服务器上存储的数据。当然，存在的数据源越多，就越意味着数据存在着具有不同的含义、不同的业务规则和不同的质量要求。数据认责工作的一个目标是实现数据的标准化，识别各类记录系统，并避免使用冗余数据源和数据存储。退役或关闭完全不同的数据源是衡量数据认责工作成功的指标，也是衡量数据管理文化的指标。

- 已经收集到多少个标准化/专用的业务定义？业务数据元素是提高理解和质量的基础。拥有普遍接受的定义是该项工作的起点。这是一个简单的指标，因为只需要统计在定义栏目具有"完成"状态的业务数据元素数量。另一种方法是计算那些具有定义且有一组创建和使用业务规则的业务数据元素的数量。

- 有多少业务部门已指定了数据专员参与数据认责工程？当第一次启动数据认责工程时，一些业务部门拒绝提供资源（即使指定了业务型数据专员）是很正常的。随着时间的推移，这种状况将会有所好转，数据认责成效和价值将日益显现。同时，建立记分卡反映哪些业务部门提供了所需资源，也是有益的。

- 有多少业务部门将数据认责绩效纳入本部门的薪酬考核体系中？虽然在前面说过，数据认责是岗位职责，它可能已经存在了一段时间。但对承担这些任务的业务型数据专员进行奖励是一个至关重要的成功因素。并不是说，如果不把数据认责纳入薪酬体系中，数据认责工作就不能开展。但与其他事情一样，如果对工作出色的人员进行奖励，会带来更好的效果。

- 哪些业务部门在会议、确定定义、数据质量规则等方面非常活跃？即使人们被指派承担数据认责职能，每个人参与程度也会有所不同。留意并报告最活跃的业务型数据专员的参与程度，可以鼓励和突出这些人，也可以吸引未参与的人加入进来，因为他们看到了参与的价值和回报。不过，参与程度的提高并不意味着增加了价值，因此需谨慎使用这一指标。

- 谁是每个业务部门中最积极的贡献者？如前所述，数据认责工作极大地受益于每个业务部门中数据分析师的支持和问题报告。随着这项工作的成熟，该领域出现了倡导者（通常是数据分析师）。这些倡导者帮助同事，在发现没有遵守数据认责原则时发出警告，并为业务型数据专员提供有价值的数据。当在每个业务部门中都有很多这样的倡导者时，就表明数据认责工程正在步入正轨，而这样的倡导者应该得到重视、认可和奖励。

- 有多少人接受过数据专员培训？衡量数据认责渗透程度的一个简单方法，就是统计有多少人通过培训后成为业务型数据专员。如前所述，这是一套严格的培训课程。即使当业务型数据专员因新的任命而轮岗，并由新的业务型数据专员所顶替，让先前（经过培训的）业务型数据专员轮岗对企业而言也是一件好事。

- 数据认责相关元数据可以被访问多少次？在完成收集和记录元数据的所有工作之后，希望这些元数据能够被积极地使用。一个很好的度量方法是度量用于存储元数据的所有记录工具（例如，元数据存储库或业务术语表）中访问元数据的频率。需要过滤一下视图的数量，例如，只显示不同用户的独立访问次数。如果元数据经常被查看，这是一个非常好的迹象，不仅表明元数据在被应用，而且还表明数据认责的相关信息正在融入企业。

- 数据认责工作进度是另一类合适的运营指标。这些要素可以通过表格方式进行跟踪（见表 8.1）或以仪表板中的图形方式进行显示（见图 8.1）。它们可能包括如下信息：
  - 已提议、已拥有/已认责、已定义的和已批准的业务数据元素。

- 已提议、已拥有、已定义的业务规则（如数据质量、创建和使用规则）。
- 业务数据元素从被"已拥有"到"已批准"状态变更，平均所用时间。
- 业务数据元素链接到物理数据元素及分析的数量。

表 8.1　记录关键数据认责工作进度的指标.

业务领域	从"已拥有"到"已批准"平均时间（天）	已批准的业务数据元素数量	被链接和被分析的数据元素	数据质量问题/已解决
保险核算	10	109	22	10/6
要求的付款	12	221	12	5/4
索赔	N/A	24	0	4/0
财务报表	16	156	67	14/12
会员	15	65	6	8/8
财务交易	8	130	45	9/9
人员和绩效	34	91	21	6/4
营销	12	57	31	10/8
销售	12	156	14	6/5

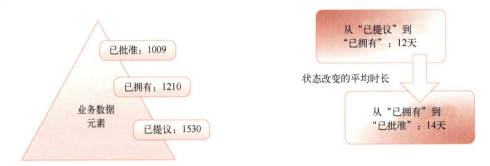

图 8.1　记分卡中的关键数据认责工作进展

【像项目一样开展数据认责工作】

　　数据认责和数据治理工作并非是项目管理的一部分。相反，数据认责和数据治理工作是一个工程。这就意味着，数据认责和数据治理工作（尽管很像一个项目）有交付成果物、需要资源，并在各细节层面上必须做到有效的管理，然而却没有"终止时间"（即只有起点没有终点）。作为整个数据治理体系的不可分割部分，数据认责是一项年复一年持续的工作。

　　正如必须将数据认责任务整合到项目管理原则中一样（如第 6 章数据认责实践所述），在实施数据治理和数据认责时，采用项目管理原则（包括指定项目/工程经理）也非常重要。您可能已经开始质疑了，因为提供的这么多路线图（也在第 6 章数据认责实践中所述）很像项目计划，是由时间进度表（时间轴）、里程碑和相关资源等组成。

　　首先，需要项目经理，因为时间进度表（时间轴）、交付成果及资源分配等必须有效地加以管理。业务型数据专员无法独自完成这类工作，因为他们通常缺乏项目经理的技能，而且许多人（至少最初）并不认为业务型数据专员是他们"主要工作"的一部分。此外，数据总监（在数据认责工作中担任业务型数据专员的上司）一般只会偶尔关注一下数据认责工作，并且通常（至少最初）缺乏对业务型数据专员的管理经验。数据治理办公室（DGPO）也许能够胜任这一角色，前提是他们具备相关技能。无论项目经理来自数据治理办公室，还是（更有可能）来自项目管理办公室（PMO），效果都应该是一致的。

效果应该是什么样？如同项目一样，项目经理要确保：

● 建立、维护和更新项目/工程。这要求项目经理与主题专家和数据总监合作开展如下工作：

■ 定义明确的交付成果，以实现数据认责工程的既定目标。

■ 划分交付成果的交付阶段。

■ 结合实际估算每个交付阶段的所需时间。

■ 与承担交付成果的相关人员确定时间承诺。

● 定期组织召开状态例会。这些会议明确交付成果更新情况（包括辨别新的交付成果）；检查项目计划和时间进度表，以便根据时间进度或所分配资源进行任何必要的调整；并确保每个人（包括高层负责人）对所负责的交付成果及其进度能够保持一致。

● 向数据认责工作的所有参与者公布并提供状态报告（见图 8.2）。这一点至关重要，以便所有相关人员，掌握所有工作的总体情况。如果没有这样的报告，数据专员通常只会关注各自所负责的工作，就像他们习惯于常规业务职能工作一样。有必要成立一个工作组（特别是在数据认责工作的早期阶段）来审查各项任务及工作，并邀请数据专员参加进度状态例会。

数据认责交付成果	交付日期	数据专员	状态	下一步/注释
业务术语表第1版	05/31/20	所有领导	●	- 元模型几乎完成 - 完成元模型 - 测试工作流程 - 文档和推广
在业务术语表中建立高优先级风险和监管报告	06/15/20	Joseph Smith（金融） Roberta Bell（风险）	●	- 初步清单已创建并正在审查中 - 要求在输入业务术语表之前实现元模型
建立命名和定义标准	02/15/20	数据治理办公室、所有数据专员	●	- 初步草案到位，正在讨论中
保险数据仓库的数据剖析分析	08/30/20	Alice Chan（保险精算），Dwayne Black（承销），Kevin Jordan（理赔）	○	- 正在进行数据剖析 - 详细交付物见项目时间表
业务术语表与数据质量工具的集成	03/31/20	John Vargas（数据质量）	●	- 等待企业架构的输入和计划

图 8.2　数据认责的状态报告示例

记住，数据认责工程没有终止日期。因此，最初需要商定一个时间周期，并且在明确新的目标和新的交付成果时加以定期延长。一般首次确定的合理时长可能为 1 年。

【说明】

虽然通常所有业务型数据专员（以及其他类型的数据专员）可能不需要参加这些定期状态会议，但如果某些关键人员的交付成果物出现进度滞后或交付质量不高等问题，则可能需要"邀请"他们参会。与第 6 章数据认责实践中讨论的"任务会议"一样，只有那些需要（被邀请）参加状态会议的人员才需要出席。

8.3　小结

为了展示数据认责给企业带来了价值，这些指标是非常重要的，同时也证明在数据认责工作中投入资源和精力是合理的。业务价值（成效）指标显示了数据认责工程为企业创造了价值，包括增加利润、降低成本、缩短上市时间、减少合规和监管问题以及其他可实现更好、更有效地开展业务的措施。运营指标通过计算已经定义和拥有多少业务数据元素、培训了多少数据专员、使用管理元数据的频率以及工程的其他指标，来表明数据认责工程的实际执行情况。

第 9 章

数据认责成熟度评估

随着数据认责工作深入开展并逐渐成熟，评估数据认责成熟度也是展现数据认责工作进展的好方法（除了在第 8 章衡量数据认责进度：指标讨论的指标之外）。评估数据认责工作的成熟度有助于量化工作进展，并能够让各利益相关者向该项工作投入相应资源。

9.1 设定数据认责成熟度模型：级别和维度

成熟度可以从不同级别和多个维度来评估。对每个维度都可以评定为不同的成熟度级别。通过矩阵列表的方式摆布不同的维度及相应的级别（本章将讨论），能够看到当前的成熟度及目标成熟度。

能力成熟度模型（CMM）有许多种类，鉴于提高数据治理是数据认责的主要目标之一，所以本章提出的成熟度模型与别的模型有诸多相似也就不足为奇。例如，在《信息质量应用：改进商业信息流程和系统的最佳实践，Wiley，2009 年版本》的第 3 章：被采纳的信息质量，Larry English 给出了信息质量成熟度管理矩阵。该矩阵（改编自 P.B. Crosby 的质量管理成熟度模型）以六个类别维度，并从不确定（即临时级）到确定（即优化级）等几个级别来显示数据质量工作。在 David Loshin 所著《数据质量提升实践指南（Elsevier，2011）》的第 3 章中，Loshin 归纳了八类主题的成熟度模型描述（其中就包括数据治理）。Loshin 详细介绍了八个主题（如数据质量预期、数据质量协议、信息策略等），并介绍了如何通过五个成熟度级别来评定进展情况，这个五个级别是初始级、可重复级、可定义级、可管理级及优化级。这套非常详细的成熟度描述，为构建成熟度模型提供了绝佳的参考依据。

9.2 数据认责成熟度级别

本章介绍的成熟度模型有五个级别，不包括"零级"，即完全没有开展数据治理或数据认责。每个级别可以按照四个维度再进行深入分析。企业可以结合实际，对该模型进行相应的调整。

9.2.1　成熟度级别 1：初始级

- 对数据问题的响应：该级属于"被动式的"；当发现数据问题时才做出响应，而不是主动预防问题的出现。原因在于，只修改目标源数据库内的数据是无效的。需要纠正的地方变得很明显。要形成针对修正数据问题的工作流程；这些"修改数据问题"的工作流程将辨别问题类型，开发出一套针对修复问题数据的框架，并将解决问题和解决方案形成文档。
- 管理层态度：认为数据质量差是 IT 问题，而非业务问题。几乎没人赞同组建负责管理数据和元数据的专门机构。
- 元数据的处理：试图采取零散的方式，对数据定义和元数据进行分类和管理，而非集中式地收集和归档元数据。
- 建立正规的组织架构：组建小团队负责提出变革建议。

9.2.2　成熟度级别 2：策略级

- 对数据问题的响应：开始采用可复用的流程来处理数据问题，并将这些流程逐步规范化。负责"修正数据"的员工可能发现在自己的岗位职责中包括数据认责的责任，并且这些责任与考核业绩挂钩。
- 管理层态度：尽管受劣质数据牵连的业务领域越来越多，仍认为数据质量是 IT 问题。共识则是业务部门（领域）应对他们的元数据、数据及数据质量负责。
- 元数据的处理：应到需要围绕系统和应用程序收集元数据，并将这些元数据集中存储，如元数据库。
- 建立正规的组织架构：开始任命业务型数据专员，同时还出现了一批数据治理标准。这些仅限于受数据问题牵连最多的少数几个业务职能。数据认责开始被大家所认可。

9.2.3　成熟度级别 3：良好级

- 对数据问题的响应：数据质量问题正被严格追踪管理。在各个项目流程中，组织包含了数据质量风险评估。开始启动数据集成工作，并且数据专员是重要参与者，数据质量指标开始被度量。
- 管理层态度：业务职能（领域）正在拥有自己的数据。数据和数据治理的重要性在企业广为传播。业务部门和 IT 部门联手一起支持数据治理和数据质量。
- 元数据的处理：认识到需要稳定健壮的业务元数据，并将这些元数据集中存储，例如，业务术语表。
- 建立正规的组织架构：标准被制定、记录和沟通。变革流程涵盖了数据质量和数据治理，这些专业领域已成为企业文化变革的一部分。数据治理和数据认责的绩效指标开始被度量。成立了正式的数据认责专委会和数据治理委员会，但并非所有业务职能都已派出代表。已初步建立数据治理办公室。

9.2.4 成熟度级别 4：战略级

- 对数据问题的响应：为了持续改进数据质量和报表分析，添加了专用工具。数据专员始终参与数据质量提升工作。提前完成项目的数据风险评估。就数据质量问题和解决方案开展评估、监测和沟通。
- 管理层态度：数据治理和数据认责指标已成为衡量整个企业数据管理成功与否的主要依据。数据被视为有价值的企业资产。整个企业实施数据质量责任制，并强化对数据的理解。数据质量是企业的整体目标，而非业务或 IT 问题。在数据管理和元数据方面持续投入，受到支持和肯定。认责指标包含项目评估及员工绩效考核。
- 元数据的处理：元数据管理和主数据管理的专业知识不断丰富。对元数据和数据的唯一真实来源进行识别并文档化。所有关键的业务数据元素都快速、高效地收集了完整元数据。
- 建立正规的组织架构：所有业务职能都指派了数据治理代表和数据专员，并且必须参与各项数据治理工作。高层领导定期更新并快速有效地处理各类升级问题。数据治理办公室人手充足，经费充裕，并定期向高层领导汇报工作进度、衡量指标及相关问题。

9.2.5 成熟度级别 5：优化级

- 对数据问题的响应：创新成为持续改进数据质量和修复数据问题的关键。对确保外部合作伙伴的数据质量提出要求。
- 管理层态度：公司准备在数据治理、数据认责及数据质量方面进行创新。创新驱动实现数据治理愿景。管理层和数据治理员工紧跟数据管理的重要发展趋势，并能顺势而为。倡导利用高质量数据提高创造力和竞争力。员工能够随意大胆地尝试新想法和新技术。
- 元数据的处理：所有元数据通过集中式的元数据库收集和存储。根据持续改进的基础，数据剖析结果能够用于自动处置和修复数据问题。
- 建立正规的组织架构：数据治理和数据认责已延伸到外部业务合作伙伴。标准和控制措施行之有效，成为企业文化的有机组成。公司被公认为全球商界数据治理和数据认责的标杆。

9.3 数据认责成熟度维度的各级别要求

数据认责成熟度维度对每个级别的成熟度确定了的评估准则。例如，价值创建维度的第 1 级（即初始级）：尚未意识到数据认责的价值，也不知道数据的价值。第 5 级（即优化级）：数据认责已得到验证可以持续创造价值。第 3 级（即良好级）：数据价值得到充分认可。如前所述，本模型包括四个维度，分别是"组织意识""角色和架构""标准、制度和流程"以及"价值创造"。

9.3.1 组织意识

"组织意识"维度主要包括数据认责与组织的融合程度、支持力度及指标设定。表 9.1 给出了"组织意识"各成熟度级别的指标。

表 9.1 "组织意识"维度各成熟度级别指标

级别	描述
初始级	● 数据认责与组织融合程度：业务职能（领域）希望用信息技术（IT）来管理数据 ● 支持力度：某些业务应用开始设定数据认责职责。某些部门的主题专家开始提倡业务数据认责对数据质量的价值，但极少能够获得必要的支持 ● 指标设定：没有数据认责指标（几乎没有数据管理指标）
策略级	● 数据认责与组织融合程度：对业务部门和 IT 部门协作开展数据管理的需求开始出现。部门级团队或个人正在成为组织内数据认责的倡导者和数据管理的实践者。偶然举行培养和提升数据认责价值意识的活动 ● 支持力度：某些业务职能展示采用数据认责方法所取得的成效，并获得决策管理层的关注与支持 ● 指标设定：一些关于数据认责参与度的指标正被提出，而数据质量相关的"坊间指标"也在被讨论着
良好级	● 数据认责与组织融合程度：努力提高数据认责价值意识，并在整个公司内部扩大数据认责需求。数据管理由业务部门和 IT 部门双方共同承担得到广泛认可（和赞同） ● 支持力度：出现企业级高层支持者。对企业级数据认责工程的推动也已开始 ● 指标设定：执行/参与数据认责指标已经就绪并启动相关评估。一些参与度指标被纳入对业务型数据专员的评估中。正在形成业务成效指标（数据认责如何支持数据项目）。能够衡量并公布数据治理提升的直接影响，数据认责对数据质量改进尚无法达成一致
战略级	● 数据认责与组织融合程度：数据认责已成为整个企业数据认责/数据治理框架的组成部分。数据认责已集成到 IT 开发流程中。面向所有员工开展数据认责培训 ● 支持力度：管理层对于跨职能领域和业务流程的数据认责需求有一致的认识和支持 ● 指标设定：已明确参与指标和业务成效指标，并将该指标纳入对数据专员绩效评估。对衡量提高数据质量的价值已经形成一套规范的方法，并将部分价值归功于数据认责工作
优化级	● 数据认责与组织融合程度：数据认责在公司层面实施。明确了正式的数据管理工程和指标。数据专员已成为数据管理不可缺少的部分 ● 支持力度：在组织内全面开展交流和培训，让全体员工知道各自的数据认责要求，明白数据认责要求来自最高管理层，从而获得各层级的主动配合 ● 指标设定：所有员工都承担着数据管理的责任已成为企业文化的一部分，每名员工绩效评估成果，也体现着将数据作为企业资产的重要性

9.3.2 角色和架构

"角色和架构"维度主要从数据认责角色设置合理性、各角色就职率及执行效率进行评估。此外，该维度还对组织架构完整性和整体性进行评估。表 9.2 给出了"角色和架构"维度各成熟度级别的指标。

表 9.2　"角色和架构"维度各成熟度级别指标

级别	描述
初始级	● 数据认责角色设置合理性：每个业务团队和 IT 团队都根据各自特定的数据管理需求（诸如数据定义、质量、访问、保护及保留等）来设定相关岗位 ● 数据认责角色就职率和执行效率：各个角色几乎没有共性或不能复用，也不清楚是否实现端到端对特定数据的认责。在公司内缺乏一套设定数据认责角色的办法和监督机制 ● 组织架构的完整性和整体性：每个业务团队和 IT 团队都分别组建了符合各自需要的支撑组织架构（例如，高层领导小组和数据主题专家组）。公司层面缺乏一套管理组织架构的方法
策略级	● 数据认责角色设置合理性：在某些业务领域，数据管理职责以更为正式文件形式进行规定。对一些业务岗位和 IT 岗位有了明确描述 ● 数据认责角色就职率和执行效率：虽然设定数据认责的相关岗位，但缺乏有效机制确保该岗位与其他业务领域保持一致 ● 组织架构的完整性和整体性：组织架构开始覆盖整个业务单元，尤其是那些必须共同解决数据质量问题的业务单元。一群来自不同业务单元的经理能够一起解决数据问题，并有效履行数据治理委员会的某些职责。然而他们尚未被相应的权威机构正式任命
良好级	● 数据认责角色设置合理性：正在制定并讨论公司级的数据认责工程。各层级数据管理岗位和责任都能落实到位。明确规定了业务岗位和 IT 岗位在数据管理中的各自职责 ● 数据认责岗位就职率和执行效率：在某些业务领域实施认责或对关键数据开展数据认责工作。高管支持积极推动数据认责体系在企业内部全面实施 ● 组织架构的完整性和整体性：设定并组建了相应组织支撑架构，如能力中心、决策委员会或理事会
战略级	● 数据认责角色设置合理性：明确规定了数据专员岗位和职责，并开展岗位绩效评估。数据认责被视为业务职责 ● 数据认责角色就职率和执行效率：从业务职能的需要出发，明确了业务型数据专员应具备的技能。数据专员接受过相关培训，并履行相关职责 ● 组织架构的完整性和整体性：成立了面向整个组织的数据认责专委会，与数据治理委员会和数据治理办公室协同工作
优化级	● 数据认责角色设置合理性：组织内的每名员工都清楚在数据和信息管理方面各自岗位职责。大家都认为，业务型数据专员是管理数据、解决数据问题的主要参与者 ● 数据认责角色就职率和执行效率：数据认责合理地融入数据治理及相关开发流程中。数据专员们作为一支凝聚力团队，让组织内的全体员工齐心协力、相互配合、共同工作，一起服务于项目实施 ● 组织架构的完整性和整体性：数据认责体系完整、合理地纳入组织架构中

9.3.3　标准、政策和流程

　　"标准、政策和流程"维度主要对政策、流程、实践及标准的框架合理完善程度进行评估。此外，还会对政策、流程、实践和标准的存在性和稳定性进行评定。最后，获得高层对于政策的支持（与认可）是一项关键的成功因素，认可度将随着成熟度提升而提升。表 9.3 给出了"标准、政策和流程"各级别成熟度指标。

表 9.3 "标准、政策和流程"维度各成熟度级别指标

级别	描述
初始级	• 政策和流程的支撑及共享体系框架的完善度：很少或几乎没有体系框架用以支撑标准、政策和流程 • 标准、政策和流程的存在性和稳健性：有一批关于数据、IT 开发及操作的标准。有些是关于数据管理的业务标准，有些是业务领域或数据专员采用的相关方法。业务数据标准仅在应用程序或业务领域的层面上找到，但只有少数标准企业内部全面推广使用 • 决策层对政策的支持与认可：很少或没有高层领导表示支持或认可
策略级	• 政策和流程的支撑及共享体系框架的完善度：局部的成功实践并与其他业务领域分享，并涌现一批最佳实践 • 标准、政策和流程的存在性和稳健性：按照业务、法规或监管驱动的数据管理准则和指南正在出现。既未形成一套完整的标准和方法论，也没有要求所有人了解这些标准和方法论 • 决策层对政策的支持和认可：已识别对于企业级标准和实践的需求
良好级	• 政策和流程的支撑及共享体系框架的完善度：明确了企业的数据管理策略和标准工作计划 • 标准、政策和流程的存在性和稳健性：将遴选出的最佳实践认定为事实标准，并在选定的业务领域和项目中尽早采用实施 • 决策层对政策的支持和认可：企业级的数据管理标准制定与实施，获得了数据治理委员会的认可。高管对标准的支持力度持续增强
战略级	• 政策和流程的支撑及共享体系框架的完善度：明确了企业的数据管理策略和标准工作计划。让各类流程在整个企业内部更标准化，并通过增加评审和审计机制，推动这些标准和最佳实践的贯彻实施 • 标准、政策和流程的存在性和稳健性：对认责流程进行了规定、评估和监控 • 决策层对政策的支持和认可：在整个企业内部关注标准、政策和流程的培训和交流。高管们认可并支持对员工开展标准规范、政策相关培训
优化级	• 政策和流程的支撑及共享体系框架的完善度：数据管理、数据认责相关标准及最佳实践已就绪，并持续改进 • 标准、政策和流程的存在性和稳健性：所有标准在企业内部被全面采用，并设立了异常管理流程 • 决策层对政策的支持和认可：形成了一套关于员工合规交流和培训机制的相关政策。高管们公开支持这些政策，积极推动这些政策的实施，并制定了相关规程确保落实

9.3.4　价值创造

价值创造维度主要对数据价值认可和组织内部对数据认责价值认可进行评估。表 9.4 给出了"价值创造"维度各级别成熟度指标。

表 9.4　价值创造维度的各成熟度级别指标

级别	描述
初始级	• 数据价值认可：数据仅在经营事务活动中去考虑。数据问题被认为是"IT 问题" • 数据认责价值认可：尚未完全认识到数据认责和数据的价值
策略级	• 数据价值认可：数据开始用于洞察业务运营状况和降低运营成本 • 数据认责价值认可：在选定项目或业务领域中，数据专员证明了良好的数据管理实践的价值。改善的数据质量和项目的成功被视为"双赢"。数据认责价值在整个组织中得到认可和传播

（续）

级别	描述
良好级	● 数据价值认可：具有前瞻性思维的业务职能和分析能力成为竞争优势 ● 数据认责价值认可：业务型数据专员协助并通过新的方法来利用信息，以获得独特的业务见解，并拓展业务能力
战略级	● 数据价值认可：数据被视为重要的业务资产，并在绝大多数业务职能中聚焦提升数据质量而得到有效管理 ● 数据认责价值认可：建立了认责和数据管理指标，对提升数据质量、通过标准化和复用削减成本以及客户满意度的价值有清晰认识
优化级	● 数据价值认可：视数据为业务资产的观念深植于企业文化 ● 数据认责价值认可：数据认责在驱动实际业务价值方面有着良好的记录。数据专员通过开发利用数据资产实现业务价值，而成为改革的推动者

9.4　收集成熟度模型的评估数据

要评估成熟度的现状，需要从各类使用数据的人员那里收集信息。通常采用调查问卷方式完成。调查问卷由精心挑选的问题组成，这些问题与上述评估维度相对应。这些问题的答案会成为证明并用来计算每个维度各成熟度级别的数据。例如，表 9.5 给出了成熟度模型维度的调查问题样例。

表 9.5　成熟度模型维度的调查问题样例

维度	问题
组织意识	● 管理层和领导团队的大多数人都了解数据认责和数据治理 ● 大多数管理人员对在全业务领域开展数据认责活动有兴趣并表示积极支持 ● 已建立数据认责专委会，提供足够的资源，确保满足企业开展数据认责活动相关需求 ● 制定了传达数据认责目标的沟通计划，并已推动该计划实施 ● 所有管理人员都愿意支持数据认责活动，并且将数据治理项目纳入各自预算中 ● 正式的交流计划被整个组织接受和采纳，并全面实施
岗位和架构	● 为制定和维护标准，设定、资助和配备特定的组织岗位 ● 能够简洁地描述组织的主要产品和服务 ● IT 与业务紧密结合 ● 可以简洁地描述治理体系和架构 ● 任命某人担任数据认责岗位，并让他人知晓、受人尊重、拥有权力 ● 职能型组织经理负责将员工职责对应到相关的数据认责岗位上 ● 被任命为数据认责岗位的员工应具备对质量的追求、相应技能和知识
价值创造	● 组织各个层级的员工都充分认可数据治理和数据认责的价值 ● 能否将数据价值货币化 ● 所有管理者都了解数据认责的价值，并形成了合作伙伴关系，共同促进发展 ● 制定一套完整的宣贯计划，以便在整个组织内宣传数据认责工程的价值

应该注意到，上述的"问题"实际上都是事实的陈述。调查的参与者，对这些问题可以选择同意（是）、不同意（否）或部分同意（部分同意）来表达意见。另外需要注意的是，问题的答案（是或否）相应地会直接影响到成熟度级别。例如，对问题列表中，某个问题的回答为"是"，则对应成熟度会获得高分；回答为"否"，则对应成熟度会打低分。这一点很重要，因为调查结果会转换为数值分数。因此，如果"是"的答案有时意味着更高的成熟度分数，而有时则意味着更低的成熟度分数，计算就会变得很复杂。

【说明】

本例中，每个"是"的回答分数为 1，每个"否"的答案分数为 0，而每个"部分"的答案分数为 0.5。

需要指出的是，计算比前面描述的更为复杂。需要处理平均值，并选择是否整个维度的平均值，还是某个特定业务领域的平均值。例如，一些侧重技术的问题最好由 IT 参与者回答。此外，还需要处理那些被跳过的问题，因为参与者不知道该如何回答。

9.5   评估成熟度调查结果

如前所述，一系列计算是基于调查答案而来的。在最基础的等级中，为每个答案分配一个分值，并为每个维度的各成熟度级别设定一个值域范围。表 9.6 给出了"组织意识"维度的取值范围。注意，各维度的各级别分数范围将会变化，因为问题的数量（以及最高分数）将随着维度的不同而有所不同。

表 9.6   "组织意识"维度的各成熟度级别

级别	分数范围
0:（没有）	0～5
1:（初始级）	6～13
2:（策略级）	14～20
3:（良好级）	21～25
4:（战略级）	26～30
5:（优化级）	31～37

9.6   衡量成熟度进展

最有效的方法是将对于各级别和成熟度维度的描述放到表格中的相应单元格内，如图 9.1 所示。通过检查每个维度与每个级别的单元格（如表 9.1～表 9.4 所示），可以对每个维度进行数据认责成熟度的打分。图 9.1 给出了计算用的单元格（每个维度与各级别的交集）。

接下来，让数据专员提出每个维度的目标等级建议（并由数据总监批准）。每个维度并非需要或者必到达 5 级，但数据专员和数据总监应该为组织设定努力实现的等级目标，该目标应能体现成熟度等级方面的提升。随后，这些目标可以用从当前状态向目标状态的箭头记录下来，如图 9.2 所示。

	1级 初始级	2级 策略级	3级 良好级	4级 战略级	5级 优化级
组织意识	IT管理数据，为某些业务应用程序确定某些主题领域或为数据质量倡导业务型数据专员。	一些业务领域成功采用了某些数据认责支持；一些高层支持数据管理的本地团队或个人。单独尝试教育和培养认知。部分认可IT需要业务和IT的共同努力。	公司高管发起人需要跨组织的数据业务认责。数据管理中需要业务和IT的责任制。推动企业级数据责任制，认责工程。	数据认责成为公司范围内的数据管理和数据治理的一部分。高层广泛理解需要跨职能开展认责。集成到开发流程中。广泛的教育工作。	数据认责在公司层面实施。正式和度量标准化工程和教育，持续的沟通和教育，使所有员工都知道他们的管理信息的责任。
角色和架构	每个业务/IT团队定义数据角色，但彼此之间没有共同之处。没有应用范围内的管理方法。角色或结构的方法，很少应用于公司范围。责任制不是端到端实现的。	在某些业务领域实现责任制，一些业务和IT角色到位。数据专员岗位可能没有建立，但没有经理人（角色）针对此角色的责任管理机制。	正在定义公司级数据认责工程。标准数据管理角色和职责支持实施。数据管理中业务和IT责任制已定义。认责在一些业务领域发起者积极推动全公司开展数据认责。	数据专员的角色和职责清晰且一致。数据认责是业务实践。成立实践社区。	数据认责与全公司数据管理流程完全整合和合理化。每个人都理解他们在数据管理中的角色。
标准、政策和流程	存在IT标准，业务中没有标准化的数据管理方法。一些应用程序或业务领域，不同于应用程序或业务领域。需要确定公司标准。开始出现局部和最佳实践。	数据管理原则基于业务和法律原因出现。没有一套完整的标准，不了解用于业务的数据。需求。开始出现局部和最佳实践。	支持实施公司数据管理标准。公司标准程序已定义。选定的做法成为标准。对标准加强了高层次对认责的支持。	为标准定义的数据管理/数据治理框架；跨组织教育和方法。管理工程和方法。标准化流程得到测量和审计。	数据管理标准持续改进，标准广泛采用，异常管理到位，对所有员工的沟通和教育。
价值创造	数据的价值未知。专员没有增加价值。数据用于交易和报告。数据用同问题是IT的职责。	专员在某些项目或业务领域证明了价值。改进了数据质量并获得价值认可。	公司范围内将数据视为资产。专员以新的方式使用数据并获得洞察和新能力。	认责和数据管理的度量已建立。清楚理解数据质量提升价值，如成本降低。	数据认责已有持续可验证推动了业务价值是变革的记录。数据专员管理数据总管人。

图9.1 认责成熟度网格展示每个维度的初始（当前）级别（实心圆角矩形）。每个单元格中的文本是对表9.1～9.4中的文本的总结

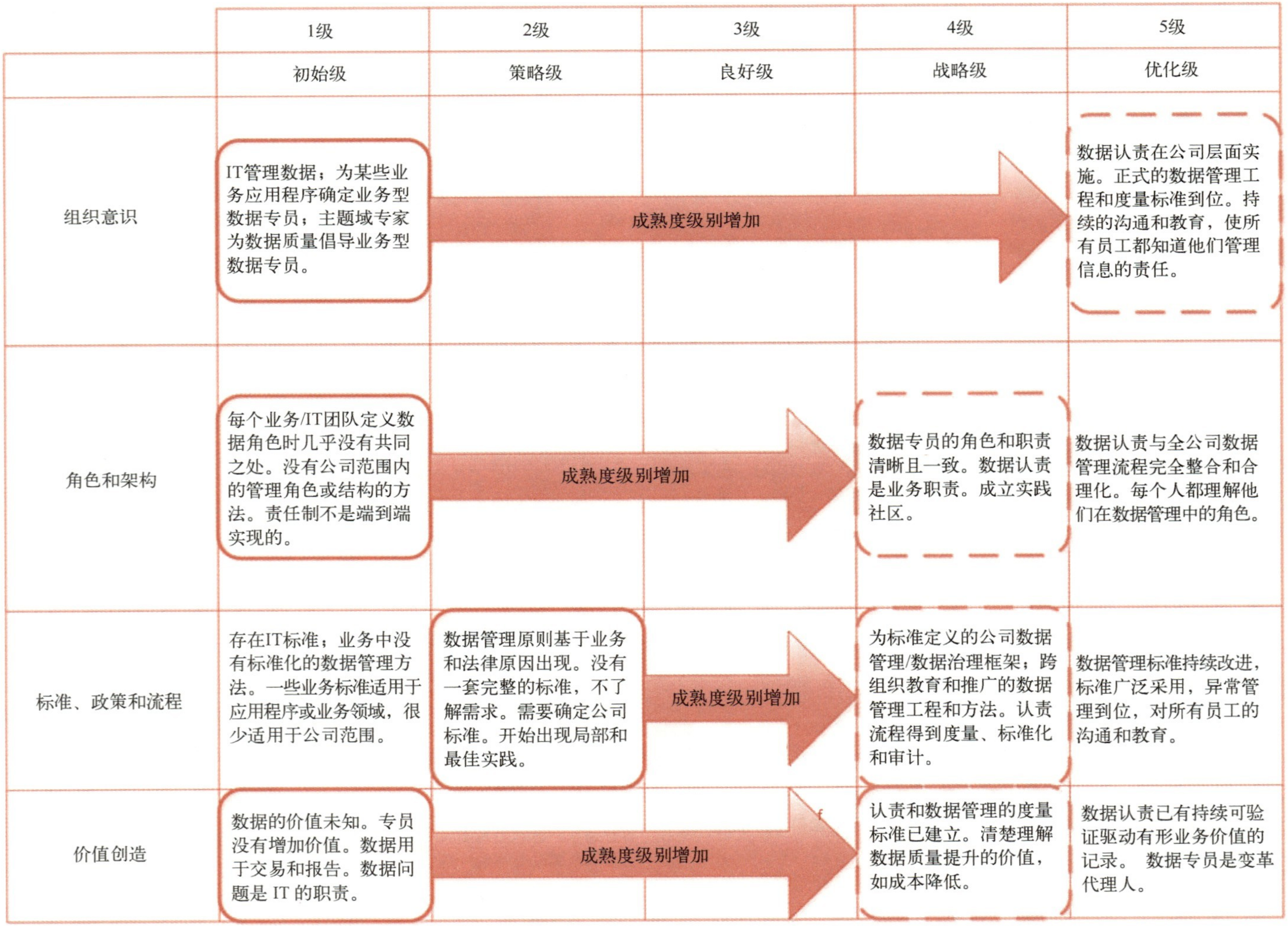

		1级	2级	3级	4级	5级
		初始级	策略级	良好级	战略级	优化级
组织意识		IT管理数据；为某些业务应用程序确定业务型数据专员；主题领域专家为数据质量倡导者型数据专员		成熟度级别增加 →		数据认责在公司层面实施。正式的数据管理工程和度量都标准到位，使所有员工都知道他们管理信息的责任。
角色和架构		每个业务/IT团队定义数据角色时几乎没有共同之处。没有公司范围内的管理角色或结构的方法。责任制不是端到端实现的。		成熟度级别增加 →	数据专员的角色和职责清晰且一致。数据认责是业务职责。成立实践社区。	数据认责与全公司数据管理流程完全整合和治理化。每个人都理解他们在数据管理中的角色。
标准、政策和流程		存在IT标准；业务中没有标准化的数据管理方法。一些业务标准适用于应用程序或业务领域，很少适用于公司范围。	数据管理原则基于业务和法律原因出现。没有一套完整定义的标准。需要完善确定公司标准。开始出现局部和最佳实践。	成熟度级别增加 →	为标准定义的公司数据管理/数据治理框架，跨组织教育和推广的数据管理工程和方法。认责流程得到度量、标准化和审计。	数据管理标准持续改进，异常管理广泛采用，对所有员工的沟通和教育。
价值创造		数据的价值未知。专员没有增加价值。数据没有交易和报告。数据问题是IT的职责。		成熟度级别增加 →	认责与数据管理的度量标准已建立。清楚理解数据质量提升的价值。	数据认责已持续可验证驱动有形业务价值。数据专员是变革的记录、对所有有价值的代理人。

图 9.2 认责成熟度网格展示每个维度的目标级别（虚线圆角矩形）

一旦记录了每个维度的初始级别，应该定期（假定每 6 个月）复查一次数据认责成熟度矩阵，并要求业务型数据专员明确每个维度所处的级别。为提升各维度的相应级别需要规划任务及设定目标。这些规划任务将随着时间推移导致成熟度级别的提升，即达到设定的目标级别和维持在相应数据认责的成熟度级别。

9.7　找准差距和改进提升

一旦明确了当前所处的现状（即每个维度的当前级别）和需要达到某种目标（即每个维度的目标级别），下一个任务就是确定差距以及如何缩小这些差距（即整改）。这是开展成熟度评估的价值所在，即创建一个待办工作清单。

要找出差距，即需要将低分的问题与该问题在目标级别上的回答方式进行比较。例如，"组织意识"维度的差距可能是管理者之间对于跨业务领域支持数据认责活动是否有兴趣或积极支持存在很大分歧。

一旦确定了差距，还需要确定该差距的风险/影响和优先级，通常需要与关键利益相关者（包括业务型数据业员和数据总监）进行讨论：

- 风险/影响：成功的数据认责工程需要管理层的支持，这有助于改变企业文化（即变革管理），让治理目标保持与公司一致。参与数据治理和数据认责不应是"可选择项"。
- 优先级：高。

缓解措施是缩小差距的普遍方法，而相关建议可能包括更详细的分步解决方案：

- 缓解措施：继续让团队参与进度和交付成果的相关讨论，以实现当前价值和短期价值。与数据总监和数据专员合作，确保他们了解对流程的直接影响，以及它如何在各个级别上使组织受益。
- 建议：
  - 确定关键管理者，他们的支持对每个业务条线的数据治理和数据认责至关重要。
  - 制定培训计划，告知数据治理和数据认责涉及什么、带来的利益以及确保成功需要什么。
  - 定期向选定的小组通报成果和风险（沟通计划的一部分）。
  - 数据治理办公室应该找到让高层支持的方法，并确保数据治理和数据认责与职责及其预算相符的各项工作得以在组织内推进。

差距分析的最后一步是确定必须参与缓解和建议的角色：高层领导小组、数据治理委员会、数据治理办公室（尤其是数据治理经理）。

9.8　小结

数据认责工作的成熟度（通过一组维度来衡量其级别）是评估计划进展并使之更加稳健的一种重要方式。第一步是建立级别和维度，最好是基于文献中提供的成熟度模型，针对组织进行调整。下一步是评价当前成熟度级别并确定目标级别应该是什么。此项实践能够确定需要改进的领域并确定其优先级，以便可以从数据认责进程中获得更多收益。从成熟度模型评价确定的差距中，确定缩小成熟度差距所需要采取的步骤，以及哪些角色需要参与该工作。最后，需要每隔一段时间重新检查成熟度以确定当前的成熟度级别，并确认是否取得了进展。

第 10 章

大数据和数据湖认责

随着"大数据"的出现和"数据湖"的实施推进，带来一个新问题，"大数据治理"（或者"大数据认责"）与"常规"数据治理或数据认责有何不同？提出这个问题的人们，一致认为两者之间一定有着很大的差异，在相关角色、规程和采集的元数据等方面也存在着较大的不同。同时，大家认为这些差异需要对数据治理和数据认责工作进行全面的调整。但事实并非如此。虽然存在一些差异（如本章所述），但大部分已形成并实施的数据治理或数据认责工作基本保持不变。大数据和数据湖使数据治理和数据认责变得更加重要，因为这些技术需要更深入的数据治理和数据认责才能发挥价值。

【非结构化数据的谬误】

一个误解是"非结构化数据"从某种程度上改变了数据治理和数据认责的重要性或必要性。非结构化数据一般是指由各种流程生产的文本数据，且没有采用类似关系型数据库的严格结构进行存储。例如，Web 日志通常包含有价值的信息（这些信息只存储于 Web 日志中），诸如谁登录了系统、登录频率以及访问了哪些网页。但是从数据治理的角度来看，这些数据并不是非结构化的。事实上，该日志就是一个定义良好的数据结构，并由一个应用程序按照该结构生成的文本。改变该结构的过程与关系数据库完全不同，（有些人认为这更容易）——"简单地"修改一下生成数据的代码就行。不需要新表、新列、变更数据类型或调整外键。但搞错了——这类数据是有结构的，并通过元数据向数据使用者提供该类数据的结构，否则这些非结构化的数据将毫无应用价值。

而且，如同其他任何类型的数据一样，如果认为以"非结构化数据"类型记录的信息也需要有效地治理才能具有价值，那么就应该采取相同的步骤将其置于治理范畴内。

另一个"非结构化数据"的实例就是文档（如 Word 文件或 PowerPoint 演示文稿）或"对象"，这类数据简单地按原样存储，随后可以用对应的应用程序或类似软件发现并打开。同样，当涉及治理时，需要治理文档或对象的元数据，该元数据具有结构。例如，要了解哪些业务职能管理一份 Word 文件，必须知道并记录诸如标题、话题、主题和敏感度等文档相关信息。

10.1 数据认责和大数据

近年来，许多公司发现，数据价值随着数据采集量的增加而增加。这归结为两个原因，一是数据基础设施（网络、存储和易于更改的结构配置）日益成熟且成本大幅降低；更为重要的是许多公司已经意识到通过分析和比较所收集到的数据可以获得更多价值。之所以说"更为重要"，是因为如果收集的大量数据没有价值，无论数据基础设施成本变得多么低廉，公司都不会采集数据。

　　举个例子，一家连锁超市，收银机记录每件出售的商品，对出售的商品进行分组（即记录在一张收据上），甚至记录谁购买了这些商品（针对连锁超市的会员）。可以想象，这会产生大量非常详细的数据，连锁超市可以从中获取价值。例如，通过分析经常一起被购买的商品清单（如冷冻华夫饼和糖浆），连锁超市可以向顾客提供更为实用、向公司提供更为实惠的优惠券。我曾经认为这种分析有可能不正确。我也许要买一盒冷冻华夫饼，超市给我一张一盒华夫饼的免费优惠券。这样做毫无意义，因为我愿意为华夫饼付费，为什么还要给我免费呢？相反，如果通过"大数据"分析表明华夫饼和糖浆经常一起被购买，那么当我买华夫饼而不买糖浆，给我免费（或打折）的糖浆会更有意义。这样会让我打算一起购买这些物品（对商店有好处）并获得了折扣（对我有好处）。

　　关键在于，以前，公司的采购数据无法达到用于分析的粒度，而仅是一些用于库存和订单管理的概要数据和汇总数据。需要治理和认责的业务数据元素和其他元数据过去不包括当今能够产生价值的细粒度数据（包括每一笔零售交易、按收据分组商品、客户身份识别等）。现在，这类添加的细粒度数据将给公司增值，这些添加的业务数据元素和其他元数据将被收集、治理和认责（如图 10.1 所示）。因此，数据治理和数据认责比以往任何时候都更加重要——尽管流程和角色在很大程度上是相同的。此外，需要业务型数据专员参与的流程范围会更大（例如，数据质量提升），但实际上工作内容并没有什么不同。收集数据越多，通常也意味需要收集更多的元数据。

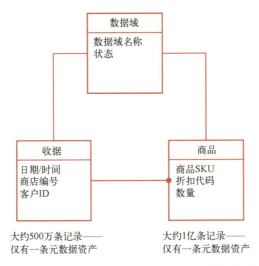

图 10.1　更多细粒度数据需要额外增加一些元数据，但可能会增加大量的额外数据

10.2　数据认责和数据湖

　　随着"大数据"的出现以及需要更加灵活的使用，出现了一种称为"数据湖"的体系架

构。数据湖是一个系统，从各类不同数据源系统收集数据，并将所有的数据存储在该系统中。从某个角度看，数据湖就像一个数据仓库，因为数据湖存储的数据是从其他系统组合而来的。但与数据仓库不同的是，数据湖将数据存储在不同的区域，包括"生数据（新鲜数据）"（如同数据来源系统中的数据一样）和各种转换表单。这些转换后的表单（通常由来自多个数据来源系统的数据所组成）专门用于报告、可视化、分析和机器学习等任务。

【说明】

讨论数据湖是什么、相对于经典数据仓库的优势以及数据湖（与一体化的数据仓库相比）更灵活性、更廉价等相关专著已经出版了许多。但本书不是一本关于数据湖的文献，本书仅讨论数据认责在数据湖治理中所扮演的重要角色。

10.2.1　数据湖和元数据

元数据在数据湖的使用和治理中起着重要作用。数据湖是一个数据管理平台，与任何其他数据管理平台一样，数据湖中的数据必须进行描述、理解、持有和编目。为了证明数据完整性，必须了解数据血缘，并且在大多数区域中，必须掌握数据质量情况。事实上，在没有完成元数据的收集和记录前，许多公司是无法将数据加载到数据湖生产环境中（该流程称为"摄取"）。许多数据湖甚至包含一个元数据"目录"（即元数据存储库），用来保存所有这些必需的信息。

你可能还听说过"数据沼泽"这个术语，它是指数据湖中的元数据未经妥善管理并缺乏数据治理。与数据仓库非常相似，随着元数据采集，需要开展数据认责和数据养护（Data Curation）。

【说明】

在数据湖内部创建一个元数据存储库，将数据湖的元数据与数据湖隔离开，并与公司的其他元数据分开。尽管将元数据孤立管理通常不是一个好主意，但对于一些数据湖架构却是无法避免的。

【定义】

养护是指在收藏或展出中选择、组织和照看物品的行为或过程。

数据定义、数据生产和数据使用等还需要有良好的准则。因为数据湖的可用性取决于充分掌握数据湖中各类数据集的特定事项，主要包括：

- 数据湖中有什么？与任何其他数据存储一样，必须先了解有哪些数据，然后才能使用。了解可用的内容不仅包括数据含义，还包括哪些系统是数据集的来源、这些数据集是如何转换和组合的，以及数据集的数据质量。许多此类信息都包含在（元数据）"目录"中。

- 怎样才能找到所需要的数据？相同的数据可能在数据湖多个区域内都能找到。众所周知，不同区域存在着不同的处理方式（即不同级别的数据清洁度和不同等级的数据治理水平）。因此，不仅需要知道有什么可用的数据，还需要知道存在哪个区域，或者如果该类数据存储在多个区域，那么需要选择哪个区域的数据最能满足需求。

- 如何选择数据？不同的数据选自不同的数据源系统，以不同的方式组合，并被摄取到数据湖中。根据选择数据的方式（以及从何处选择），可能会发现某些数据集比其他数据集更有用（或更没用）。

- 拥有什么样的数据访问权限？获得数据湖中的数据需要较为复杂流程才能申请到访问权限。存在不同的发布方法和分发控制系统以及不同级别的访问权限。例如，由于无权查看和使用某些敏感或私人信息，就不能访问含有这些数据的特定数据库。必须通过相关的申请流程，才能获得相应的访问权限。

从另一个角度看，利用数据湖进行数据分析时，需要回答采用数据仓库进行分析时的相同问题。这些问题凸显了数据认责的必要性，至少在执行数据分析的任何区域都是如此。

这些问题包括：

- 谁拥有数据并且可以回答有关这些数据的问题？这是用户提出的经典问题，也是开展数据认责最明确的驱动因素之一。如果有一套稳健的工具集来记录元数据，则这类信息就可以在业务术语表中找到（可以与元数据库结合使用）。
- 如何找到满足需求数据元素？稳健的数据认责（以及良好的业务术语表/元数据存储库）再次对这个关键问题给出了满意的答案。业务用户决定他们所需的数据来解决特定的业务需求，数据认责的结果会说明所需数据的位置。
- 如何将数据清洗到恰当的质量等级？通过咨询业务型数据专员（通过业务职能或数据域如第 11 章基于数据域开展数据治理和认责所述），可以确定满足业务需求的数据质量等级。确定之后，实际的数据质量等级可以通过数据剖析来查明，如第 7 章“数据专员的重要角色”所述。如果数据质量不能满足业务需求，可以提出问题，并启动“整改”项目解决这个问题，将数据质量提升到所需等级。
- 适用于所用数据的安全保护手段是什么？在规定业务数据元素时，应该明确数据合规性和隐私保护的相关参数。如果未明确这些参数，则有必要咨询领域专家（他们可能在风险、隐私和合规性团队中）以及对此数据负责的业务型数据专员，从而在摄取期间设定这些参数。该问题就变成了哪些试图使用数据的数据分析师是否被允许访问敏感的数据。如果他们没有获得所需的访问权限，则必须按照相应的流程（如第 7 章“数据专员的重要角色”所述）获得所需的数据访问权限。
- 数据标准符合性是否做到监控？数据治理/数据认责工作需要遵守数据相关的标准和政策。通常，安排另一个小组来负责监督数据的标准符合性情况，汇报任何不满足情况并设计“整改”方案。因此，尽管数据标准符合性监控通常是在数据认责工作之外完成的，但随之而来的成效，却是源于数据认责工作本身。

10.2.2 给数据湖确定数据治理的等级

如前所述，需要明确数据湖中数据的元数据以及数据湖各区域的数据治理等级。每个区域可能需要不同程度的“数据养护”及不同的数据治理“严格程度”。在某种程度上，元数据和数据治理等级是一种平衡行为。过度收集元数据（无论是在目录中还是在其他地方）会扼杀数据湖的实用性和灵活性，因为在引入新数据集或修改既有数据集之前收集元数据会带来额外管理成本。换句话说，知道的（即元数据）越多，数据就越有用，但这也需要做更多添加数据集和变更数据结构的工作。由于易于添加数据和灵活的数据结构是数据湖使用的两个主要优势，因此必须权衡收益与代价。

可能发生的情况是，收集的元数据和数据治理的等级将根据区域中数据的使用情况进行设置。目标是数据的置信度要与数据使用用途相匹配。需要考虑的事项包括：

- 需要根据数据的优先级和应用场景（即使用情况）调整数据治理等级。对于某些人来说，"数据沼泽"的水平对于他们的需求来说也是完全可以接受的。
- 某些决定会驱动数据湖的建设方向。例如，如果数据湖中的一个区域成为监管报告的数据来源，那么这个区域将需要非常好的元数据、编目、数据治理和血缘关系。
- 在某些区域，对数据开展添加、命名和养护等轻量级数据治理动作，可以确保数据湖的共享资源免受"公地悲剧"的影响。

【定义】

"公地悲剧"是指个人用户群体根据自身利益独立行事，通过该群体的集体行动耗尽或损坏共享资源，违背所有用户共同利益的行为。在数据湖领域，坚持完美的元数据和严格的数据治理与数据湖的目的并不一致，这样做对于不需要过度治理的用户来说是对数据湖的一种破坏，这些用户不会支持这项工作。

10.2.3　在数据湖中创建的元数据

由于数据在数据湖中以创造性的方式组合来服务于业务需求，因此出现了谁对新建/派生的业务数据元素负责的问题。在具有强大数据治理运营的组织中尤其如此，因为在这样的组织中，让大量业务数据元素没有定义且没有人对数据负责的想法是令人反感的，甚至可能违反数据管理政策。该问题尤其会导致数据质量问题，因为"新"数据通常是为新目的或业务需求而创建的，并且不能保证数据质量足以满足这些新目的。因此必须进行数据剖析才能找出答案。与数据质量评估紧密相关的是数据质量规则，数据将根据这些规则进行评估，并且必须有一个负责任的业务职能或数据域来定义这些规则。

那么在数据湖中操作数据时，谁来对必须生成的元数据负责呢？弄清楚这一点可能会有难度，因为当数据全面进入集成数据区时，它包括来自许多源系统（数据来源系统）的数据，因此集成了许多不同业务型数据专员的知识/元数据专业经验。数据集成必须谨慎和完整的进行，并能够链接回业务数据元素的通用术语表。随着新的业务数据元素的定义和派生规则，必须更新通用术语表。

数据最初从源系统进入数据湖的原始数据区，这个过程称为"摄取"。如果提供摄取数据集的源系统没有定义和管理所有业务数据元素，许多公司将要求在数据引入数据湖时完成这项工作。这将包括建立业务数据元素的隐私和合规性参数，将物理位置更新为数据湖的原始区域，以及监控数据标准符合性情况。此外，当源系统中的数据没有定义数据质量规则且未用于数据剖析时，也可以在摄取期间完成。

当各个数据区中的数据组合并集成在一起形成另一个数据区的内容时，这些相同的流程也必须开展。尽管根据数据区中所需数据治理等级的严格程度不同，一些步骤可能会被跳过。图 10.2 说明了这个过程。

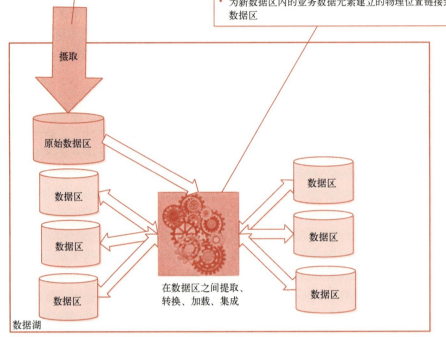

- 编目数据元素并链接到原始数据区作为物理位置
- 给新的业务数据元素添加合规性和隐私参数
- 给新的业务数据元素分配/确定负责的业务职能或数据域
- 如果源系统未创建数据质量规则，则确定数据质量规则
- 如果源系统未做剖析，则对传入的数据做剖析

- 建立新的业务数据元素，确定负责的业务职能或数据域、数据质量规则、隐私/合规参数给新的数据元素
- 为新的业务数据元素确定负责的业务职能或数据域
- 为新数据区内的业务数据元素建立的物理位置链接到该数据区

图 10.2　元数据的生成伴随着数据湖的发展和治理

【说明】

现在有一系列工具可以将数据剖析作为一部分与数据湖摄取整合在一起。

10.2.4　治理数据湖的建议角色

由于数据湖中数据操作的复杂性，有很多角色参与决定摄取什么数据、确定数据的含义、数据的敏感度、追踪血缘关系以及度量数据质量。其中许多角色是数据认责和数据治理的一部分，或者直接与数据认责和数据治理中的角色相重叠。此外，随着数据移动穿过数据湖中的各个区域，并组合和集成以满足新的业务需求，业务型数据专员扮演着越来越重要的角色。

有趣的是，这些角色中的大多数都不是新角色。我们已经在本书前面讨论了几乎所有这些角色，或者将在第 11 章基于数据域开展数据治理和认责中进一步讨论。图 10.3 给出了这些角色参与数据湖相关的常见任务，例如，声明新数据区、将新的数据引入湖中以及在湖内各数据区之间传输数据。

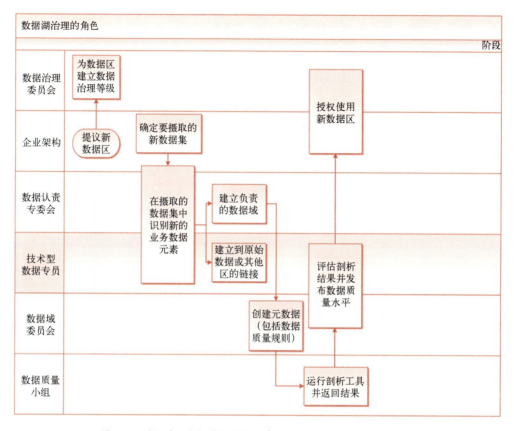

图 10.3　使用基于数据域的数据认责时，数据湖中的某些治理角色

10.2.5　数据湖和高速数据环境开展数据认责

与"大数据"（之前讨论过）一样，对数据湖执行数据认责并没有太大区别，只有少数例外。

- 必须快速响应。摄取的数据内容、如何操作数据以及如何访问数据，这些都有极快的变化；数据认责不能成为瓶颈，响应需求要快速高效，并且与不同数据区的数据治理的等级保持一致。
- 数据治理至关重要。数据湖带来了使用灵活性和便捷性，使用量可能会迅速增加。但是，如果数据被错误说明、被误解或数据质量不佳，则可能会做出错误的决策。因此，数据治理变得愈加重要。此外，由于许多数据流都汇聚在数据湖上，某些元数据（如血缘关系）也至关重要。

凭借大量的数据和极高的计算能力以及廉价的存储，可以进入"高速数据"的世界。快速数据处理和使用数据的速度与其到达时一样快，这将开启新发展趋势。从本质上讲，数据以每秒数百万个事件的速度被摄取，并且摄取速度与数据驱动的决策一样快，并进行实时分析。但随着自动决策的设定，责任也随之而来，许多使用高速数据的场景（例如，根据安全摄像头的馈送做出的决策）如果操作不当会产生重大后果。

10.3　小结

　　虽然在对大数据、高速数据和数据湖执行数据治理和数据认责时存在差异，但这些差异并不大，并且不需要进行大规模重组或放弃久经考验的规程。针对存在的差异需要做出一些以前不需要的决定（例如，为数据湖的数据区设置数据治理等级），但大多数差异都与"速度需求"有关，并且由于数据湖的本质增加了复杂度。此外，由于许多人需要在数据湖中贡献有关数据的知识，可以通过"数据域"来治理数据（第 11 章基于数据域开展数据治理和认责）。

基于数据域开展数据治理和认责

数据治理中最重要的理念就是必须做出有关数据的决策,以及定义关于这些数据的元数据,这几乎是所有数据治理成功的起点。正确做出这些决策和定义元数据的关键是从事这项工作的人员,即业务型数据专员,必须具备扎实的数据领域知识。此外业务型数据专员还必须了解并考虑其利益相关者的需求——那些依赖这些数据来完成相关业务的人员。在数据治理的早期(或现在的某些企业),这些工作是由一小群业务型数据专员完成的,这些专员从拥有数据的业务职能中选拔而来,他们了解数据,知晓谁是利益相关方,并且具备获得做出正确决策和定义元数据所需的知识及技能。但随着数据规模日益增长,复杂度日益增加,必须理解和记录的元数据数量变得越来越大,要充分了解它们并与所有需要的人协作就变得越发困难。因此,数据认责工作可能会转向"数据域驱动的数据认责"。

数据域是一种逻辑分组,将相似的数据汇聚在一起,并以正式小组的方式将具有丰富知识的业务型数据专员聚集起来,对这组数据做出相关决定。按照数据域模式开展数据工作,能够将以前业务型数据专员非正式执行的许多流程规范化。通过对非正式流程和利益相关者关系的规范化和制度化,许多流程会变得可复用和更高效。

然而,基于数据域开展数据认责的设置和运行,既不简单也不快捷。本章将探讨相关技巧和预期效果。

【说明】

因为数据域驱动的数据认责想要成功,需要达到相应数据治理的成熟度和具备相应实践经验(正如 11.7 节数据域驱动的数据认责需要一个成熟的组织所述)。所以很多组织都是先从业务职能驱动的数据认责开始,在建立平稳有效的数据治理工作体系后,再切换到数据域驱动的数据认责。

11.1 数据域驱动的数据认责案例

如前所述,将数据认责工作建立在数据域之上,可能是开展这一重要工作更妥善的方法。

数据域应用要求组织在数据管理体系方达到相应的成熟度级别。

11.1.1　数据域驱动的数据治理从何而来？

以前，数据治理倾向于建立在业务组织或业务职能基础上。基于业务职能的数据治理之所以吸引人，在于它尝试远离始终在重组变化的组织结构。实际上，业务职能往往近似地反映了组织结构。因此，随着时间的推移，当组织结构变化或人员职能变更，担任数据认责角色的人员也会更换。这就中断了数据认责知识的连续性，并且需要一直更换（和培训）各类数据专员。

此外，基于业务单元或业务职能的数据认责往往会导致业务数据元素术语表碎片化。这些碎片化的术语表（通常是基于业务职能形成的）使获得一个完整的业务数据元素术语表变得很困难或不可能，并且导致多个术语表中业务数据元素重复，术语定义相互冲突。

即使业务数据元素所有权共享成为现实，决定需要谁参与决策以及记录这些职责的工作也是零散且难以维持的，因为每个业务数据元素的决策者最终会不同。许多组织依靠指派业务型数据专员去识别利益相关者，并与他们进行协商，但少有审计报告表明他们确实这样去做。

理想情况（如果可能）是拥有一张唯一的、企业范围内共享的业务数据元素术语表，它遵循相同的命名标准，有严格的定义、衍生规则和使用规则，并且建立质量阈值。这并不意味着没有业务职能级别的术语表，它实际相当于一个术语在多个业务条线共享时，应该将各业务条线的业务数据元素收集到企业级术语表中，并进行集中管理。

11.1.2　数据域驱动的数据认责价值

数据域是一种经过验证的、管理跨企业职能领域业务术语的方法。数据域建立了数据的"逻辑"类别或分组，对公司正常运营是重要且必要的。它们由相对稳定的"治理小组"（在很多组织中称作数据域委员会）管理，这些小组管理着和每个数据域相关联的业务数据元素。业务型数据专员小组由数据专员组长牵头，在数据域委员会负责人（或主任）的管理下开展工作。每个数据域中的业务型数据专员都来自各业务条线，并且（一般来说）代表着每个数据域的业务数据元素专家。当然，并非每个治理小组中的业务型数据专员都是该相关业务数据元素的专家，因此决策机制必须允许那些认为自己不是特定业务数据元素专家的业务型数据专员在决策过程中弃权。图 11.1 是一个数据域、数据域委员会和基于数据域治理业务数据元素之间的简化结构。如图 11.1 所示，一个数据域委员会可以负责多个数据域，但每个业务数据元素只能关联到一个数据域。

如图 11.2 所示，业务数据元素的治理可能关联到其他重要的元数据，例如，物理数据元素、数据质量规则，以及影响受控业务数据元素使用的其他元数据。

- 一个数据域委员会可以管理不同级别的多个数据域。
- 数据域的组织方式使得每个业务数据元素属于一个（且仅一个）数据域。

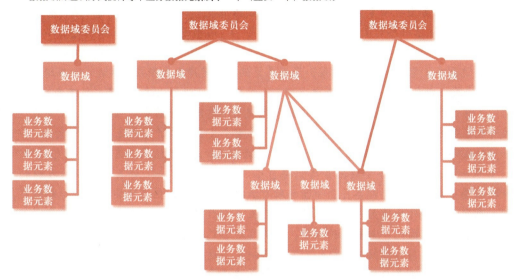

图 11.1　数据域治理基本结构

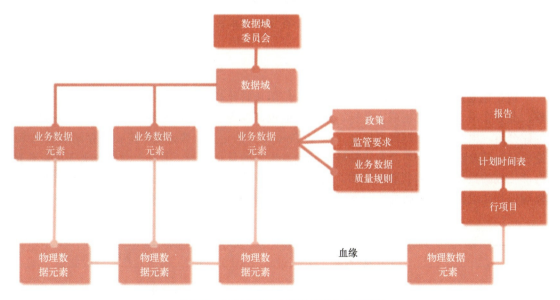

图 11.2　业务数据元素关联其他各类元数据

相对于单个业务型数据专员和利益相关者线下个别沟通的方式，利用数据域（和数据域委员会）的优势是显而易见的。所有利益相关者都应在数据域委员会中拥有代表，并且达成任何决议的过程都将被记录下来，包括有谁参与以及他们的个人选择是什么，从而留下清晰的跟踪线索。

【实用建议】

由于许多业务型数据专员对数据域（以及数据域委员会）相关联的元数据拥有决策"话语权"，因此必须依据参与者的个人选择（"投票"），用书面授权的规则来确定总体决策。此规程必须明确：

需要达到多少票数才能做出决策？显而易见的选择是绝大多数或一致通过。在绝大多数的情况下，决策公正直接——只需计算选票即可。然而，这可能会让许多业务型数据专员（他们觉得自己了解数据并且与决策利害攸关）感到被忽视而不愿意遵循该决策。另一方面，一致通过的决策可能很难达成。实际上，通常的流程中包括在整个委员会内进行全面、公开的讨论，在此环节任何分歧都能够被解决，甚至在投票开始之前就可以知道投票结果。这应该是理想的状况。

如果一个或多个业务型数据专员觉得自己没有资格做出决策会怎样？虽然理想的状况是数据域委员会的参与者对委员会管理的所有数据都感兴趣，但在现实中这种理想状况很少出现。肯定会有这样的情况，其中一名或多名业务型数据专员对某些数据因为用不到而缺乏相关知识或兴趣。因此，需要一种机制，允许发现自己处于这种情况的业务型数据专员放弃投票权，然后由具备实际投票资格的专家做出决策。这是说，弃权应该是一种主动的选择，而不仅仅是简单地不参与投票。否则，可能会面临许多业务型数据专员因为"太忙"而懒得投票的情况，这样就不能知道他们的真实用意，是真的代表放弃投票，还是忽视自己作为业务型数据专员的职责。

明确界定数据专员组长和数据域委员会负责人（或主任/经理）之间的责任分工。

11.2　数据域的定义

数据域是将数据按主题域关联性进行分组的逻辑结构。这些分组的创建通常基于业务流程、业务交易、参考数据或主数据、产品，但也可以为了契合特定用途和（或）业务架构而创建分组。根据企业数据管理协会（EDM Council）的定义，数据域不是物理存储或数据库。这些分类或分组被认为对企业正常经营活动是重要的且必要的。而且，这些分类还可以包括内部生成的数据和外部获取的数据。这些战略性数据分类必须能被识别、被定义和被编目，以确保其在组织中正确地维护和使用。表 11.1 是一个数据域（以及类型）的示例清单。

表 11.1　数据域示例（按类型）

类型	描述	数据域示例
交易类数据域	作为业务交易的一部分创建的数据，代表完整定义交易细节和结构所需的数据	1. 存款 2. 信用卡 3. 商业存款 4. 零售存款 5. 住宅贷款 6. 消费者贷款 7. 商业借贷 8. 汽车贷款 9. 市场咨询服务 10. 财富管理

（续）

类型	描述	数据域示例
参考类数据域	用于主数据和参考数据的数据，即数据元素描述对象用于构建任何系统都需要的基本构建模块（例如，客户数据、产品数据）	11．部门 12．产品 13．组织层级 14．雇员 15．地域
派生类数据域	以特定的方式组合交易数据而产生的结果数据，它们对一些必要的企业应用场景至关重要，例如，财务报告	16．会计 17．审计 18．财务 19．信用风险 20．市场风险 21．操作风险 22．监管报告 23．反洗钱 24．税收
洞察类数据域	数据用于调查分析，即开启关键洞察力的数据（例如，消费者行为）	25．销售 26．客户关系管理

数据域很重要。因为数据域能够组织数据，并建立由整个组织范围内的业务型数据专员组成的清晰的数据治理与管理体系，负责整个组织数据全生命周期过程中的数据质量和数据应用。

数据域的使用方法有：

- 为了在治理和管理方面达成共识，将数据域与业务职能建立映射关系。交易类数据域倾向于与业务条线建立映射关系，而派生类数据域倾向于与公司业务职能建立映射关系，例如，风控、财务和汇报。
- 用于给出某种认责模型，来对组织内部跨部门共享的关键数据进行定义、溯源和管理。

数据域通常由企业级数据治理确立，并遵循企业数据政策和标准，包括治理、元数据、数据质量和数据供应。

11.3　数据域的主要收益

尽管通过数据域进行设置和管理需要付出巨大的努力，但如表 11.2 所示，这样的付出具有显著的优势。

表 11.2　数据域的主要收益

基于业务职能的方法	基于数据域的方法
零散且不完整的数据治理架构	通过业务和 IT 融合（例如，在数据的授权数据供应点中），支持数据内容和物理架构的协调治理
治理与决策在企业和业务条线之间有限联动	将企业数据治理与业务条线和其他群组活动连接在一起
基于数据定义和具体用途的孤岛式组织形式	从数据方面建立起一致共享的含义、用途和业务价值

（续）

基于业务职能的方法	基于数据域的方法
没有确保业务战略与企业数据目标保持一致的机制	通过共享的沟通和监督机制确保业务战略与企业数据治理保持一致
治理流程由不稳定的组织结构和不平衡的业务条线合作驱动	用基于数据而不是层级汇报的表达方式，屏蔽了组织变更对数据治理活动的影响
一刀切的数据治理	不同的数据域能够灵活支持不同的取决于业务需要的数据治理需求

11.4　确定和设置数据域

　　首要任务之一（可以说是最重要的任务）是对需要治理的数据域集合及其相关联的业务数据元素进行详细描述。尽管没有特定方法来获取满足企业需要的数据域，但有一些值得考虑的重要问题，这需要业务职能付出相当大的努力，如图 11.3 所示。通常建议以咨询的方式获得来自"外部帮助"的经验和高效工具技能。经验丰富的咨询顾问可以提供一组数据域示例作为起点。如果可能还可以提供企业业务方面的一些专业知识。在一些行业领域，如医疗保健、零售、金融服务、保险以及其他大型产业集团等，数据域的最初集合可能和最终集合非常相似。

　　图 11.3 中的关键内容是：数据域应允许对跨业务主题域的数据内容进行协同的数据治理和数据认责，并通过授权数据供应点（Authorized Provisioning Point，APP）构建一个合理的物理架构。

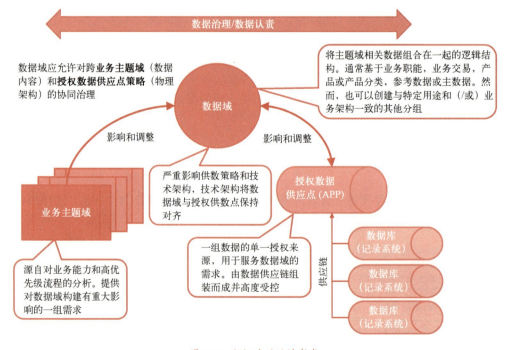

图 11.3　数据域的设计考虑

11.4.1　业务主题域

收集一份业务主题域列表是一个很好的起点。因为需要用数据域来反映这些主题域的数据。如果局部的业务术语表（业务数据元素集）可用，它们很可能已经和业务职能进行了关联，业务职能和业务主题域是非常相似的（在某些情况下甚至是相同的）。

通过企业销售和服务的产品来识别业务主题域也许是一种有效的尝试。例如，如果金融服务机构销售住宅抵押贷款，那么很可能意味着会有一个"住宅贷款"数据域。但是，不应局限于产品。企业从事的很多工作可能不是产品，但必须为这些工作相关业务职能治理数据。在当前示例中，组织可能有一个业务职能（和它关联的数据）用于收取拖欠贷款（通常称为"催收"）。尽管住宅贷款中的大部分数据都与催收相关，但这个业务职能仍将拥有自己的数据，它们关联到催收数据域。然而，另一种解决这种情况的方法可以是简单地有一个住宅贷款数据域，催收数据也在负责这个数据域的数据域委员会中。这两种情况如图 11.4 所示。

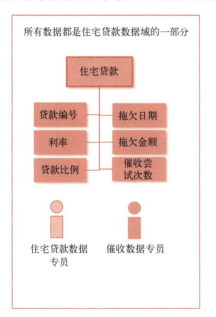
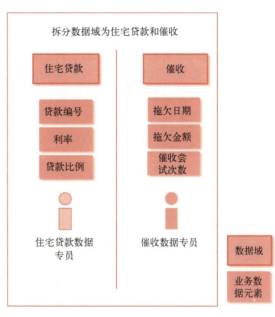

图 11.4　处理"催收"等非产品的数据域的两种方法

11.4.2　业务数据元素

理解企业数据通常会聚焦在业务使用的术语。这些术语（或本书称为业务数据元素）有一个用业务语言描述的定义，并且通常是一组业务规则。这些规则定义了它们的来源、它们可能具有的逻辑有效值、数据的隐私性/敏感性，以及它们与哪些业务流程相关，如何评估与其相关的物理数据质量是否优良等。事实上，数据治理工作通常从收集和定义关键或重要业务数据元素开始（如第 4 章实施数据认责所述），因为它们是作为开展更多数据治理工作的途径。此外，还要记录这类业务数据元素的"拥有方"和"认责方"。

当数据认责在业务职能定义的"孤岛"中执行时，业务数据元素的拥有方就是业务职能。因此，尽管一家银行可能同时提供住宅抵押贷款和商业抵押贷款，但如果这些产品由两个不同的部门或子公司提供，则业务数据元素可能存在于多个业务术语表中，通常定义略有不同，但事实上许多术语或多或少是相同的。图 11.5 显示了一组完整的贷款账户和交易数据域（和子数据域）示例。

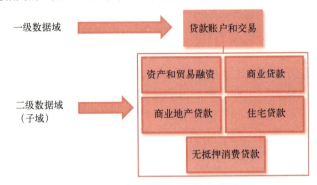

图 11.5 关联到贷款的两级数据域

在讨论参与某种交易的"各方"时，问题会变得更加复杂。一些业务数据元素应该属于通用的"参与方主数据"数据域，还有一些元素仅当参与方是个人时才存在；另一些元素仅当参与方是非个人时才存在，例如，组织或业务（见图 11.6）。当一个业务数据元素同时存在于个人参与方和非个人参与方时，情况更复杂，该元素在两者的敏感性可能不同，并且可能需要受到不同的保护。例如，虽然个人的全名是"隐私的和机密的"，但组织的全名却不是。

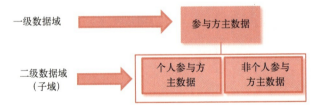

图 11.6 将"参与方主数据"数据域拆分为两部分

所有这些都会以两种方式影响数据域的选择：

- 数据域必须足够全面以涵盖所有业务数据元素，并为每个元素提供一个"家族"，通常反映了零散的业务术语表中已包含的业务职能或产品。
- 数据域必须有足够细的颗粒度，以便每个业务数据元素可以只能在一个数据域中作为成员进行管理。这就驱动数据域具有多层级结构以适应这种颗粒度要求，不至于变得太碎片化，以至于数据域的数量难以管理。如图 11.7 所示，一个风险管理的层次结构。注意，当父级域涵盖大量不同种类的数据时，数据域的数量会变得非常大。

11.4.3 授权数据供应点

"授权数据供应点"（APP）是高度受控的单一数据源，用于服务数据域的各类数据需求。它们很少（如果有的话）是数据的原始来源。相反，APP 代表数据的可信分发点，由数据供应链组装而来（见图 11.8）。拥有好 APP 的关键是数据完全受控，也就是说，在业务数据元素级别上要有完整定义，能够映射到物理实例（物理数据元素），拥有定义良好的业务数据规则，以及剖析结果证明数据质量足以满足业务目的。此外，数据供应链的数据血缘关系被完好地书面记录，以便可以从 APP 中获得数据完整性的审查（追踪）证据。

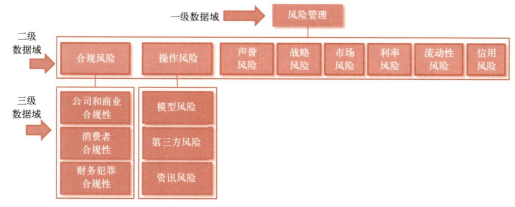

图 11.7　风险管理数据域涵盖了大量不同的数据

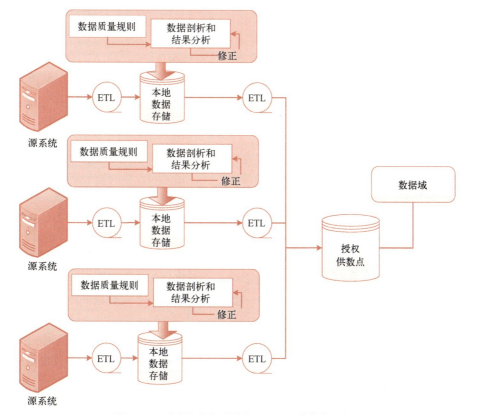

图 11.8　一个授权数据供应点（APP）有多条供应链

数据域对数据供应策略具有重要影响，架构师是参与确定数据域决策的角色之一。高效且构造良好的数据供应策略将数据域与授权数据供应点有机结合起来。总之，虽然创建服务于数据域的授权数据供应点不是确定数据域的主要约束条件，但当有条件创建合理的授权数据供应点来提供某些特定数据时，就应选择为这些数据创建一个数据域。

【说明】

授权数据供应点可以是数据湖中的一个区域。但无论如何，关于稳健的授权数据供应点要求都是一样的。

11.5　治理数据域

综上所述，显然，数据域对于数据治理的实施及持续开展极其重要，特别是：

- 数据治理日常工作要按数据域来实施和协同。
- 数据治理日常工作中的数据专员代表来自于企业的各业务和各职能。
- 数据域还引导着授权数据供应点的发展。
- 数据治理和数据认责的角色可以在数据域层面直接任命，或者以数据域委员会进行分组，一个数据域委员会管理或治理多个相关数据域。
- 数据域委员会应承担以下职责：
  - 治理纳入本数据域委员会的业务数据元素。
  - 确定元数据（定义、命名、分配合规性及隐私属性等）。
  - 对业务数据元素相关的其他元数据资产重要关系进行治理：例如，业务数据质量规则、创建和使用规则、影响业务术语的监管要求、相关制度等。

11.5.1　数据域和数据域委员会

数据治理角色可以在数据域层面直接任命，或分组建立数据域委员会，由各委员会负责多个数据域的数据治理决策。采用数据域委员会方式，虽然灵活性可能较差，但基于以下几个原因，这种方式还是可取的。首先，任何规模的企业都可能拥有许多数据域，独立管理每个数据域（以及管理承担治理角色的所有人员）是不现实的。由单个数据域委员会管理一组数据域，不但易于管理，也易于扩展。

其次，尽管不同的数据域可能有丰富的数据颗粒度来支持业务数据元素间和数据域间的关系基数，许多数据域之间的相似度是非常高的，在数据域委员支持下将它们放在一起管理是适宜的，并且更具可扩展性。在遇到多个子数据域链接到一个父数据域时，这种方式极其契合。

通过一个示例将有助理解。如图 11.9 给出如果在数据域层面尝试治理，工作会变得多么复杂。即使对于示例图表中的少量数据域，要确定治理角色和承担角色的人员也很麻烦，当治理小组必须频繁开会沟通时更是如此。

图例：■ 数据官　🄐 数据域委员会经理　▮ 数据专员组长　🁢 业务型数据专员

数据域分类	数据域	数据官业务领域							
		区域银行	国际银行	全球市场	证券	金融犯罪	风险管理	财务	贷款
事务数据	存款	组长				组长	组长	组长	
	住房贷款	组长				组长	组长	组长	专员
	商业贷款	官	组长						
	信用卡					组长	组长	组长	
	市场咨询服务		组长	组长	组长		组长		
	财富管理	组长					组长		
主数据/ 参考数据	参与方主数据	组长				组长		组长	
	产品主数据	组长				组长		专员	
	组织结构层级	组长						组长	
	地理位置			组长				专员	
派生数据	财务和会计	组长	组长	组长	组长			专员	
	风险管理	组长					组长		

图 11.9　数据域和业务条线的资源分配

通过分析数据域之间的相似性，可以组建数据域委员会来负责多个数据域的决策，（继而向委员会分配数据治理角色）。图 11.10 给出如何将数据域组合在一起。显而易见，这样分组治理的方式更为合理，而且更容易调配资源。

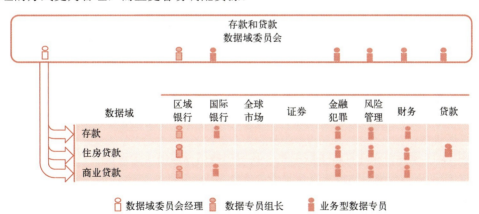

图 11.10　建立数据域委员会管理数据域

【说明】

本书将在"数据域委员会人员配备"一节讨论图中的各种角色。

随着数据域数量增加，每个域有一组独立的参与者（首席数据专员、业务型数据专员、数据域委员会经理）变得不切实际。许多数据域是同一组（或非常相似的）参与者，它们可以由一个"数据域委员会"管理。这在许多子域链接到同一个父数据域时特别有效。

11.5.2　数据域委员会结构和治理

图 11.11 给出了数据域委员会的整体结构及其与局部（业务职能）数据治理工作组之间的关系。

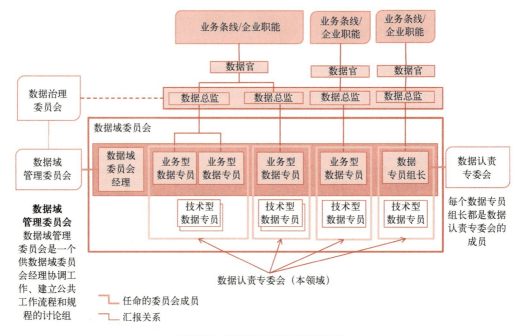

图 11.11　数据域委员会的整体结构

数据域委员会成员（业务型数据专员）来自特定的业务职能。他们由业务职能的数据总监任命，而数据总监由该领域的数据官任命。数据域委员会要任命一名业务型数据专员为"数据专员组长"，向委员会内的其他业务型数据专员提供指导、把握方向、传授专业经验。数据专员组长通常从与该数据域利益相关度最高的业务职能中遴选，该业务职能最关注该数据域相关的数据管理。

如图 11.11 所示，存在许多关联关系，其中一些已在前面讨论过。

● 数据专员组长是企业级数据认责专委会的成员。企业级数据认责专委会负责协调成员间的工作，建立数据域对业务数据元素的所有权，并做出其他重要的组织决策。该委员会由企业级数据专员领导。

● 数据总监是企业级数据治理委员会的成员，其职责已在第 1 章"数据认责和数据治理：二者如何结合"中介绍过。

● 数据域委员会经理是数据域管理委员会的成员。该管理委员会是一个协调工作、建立公共工作流程和规程、解决任何跨数据域问题的讨论组。

● 根据工作的复杂性，业务条线或企业职能部门可能有局部数据认责专委会，成员可能包括条线或职能部门的技术型数据专员，因为他们负责维护支撑业务职能运营的应用系统。

11.5.3　数据域委员会人员配备

每个数据域委员会成员都应职责清晰，如图 11.12 所示。

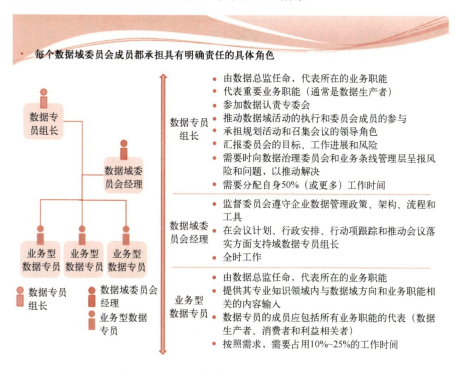

图 11.12　数据域委员会的成员由具体角色组成

数据专员组长由代表业务职能的数据总监任命。虽然"普通"业务型数据专员的工作量（通常）需占用承担者的时间少于 25%，但在数据域委员会领导一群业务型数据专员和代表业务职能的普通业务型数据专员工作，两者合起来很可能需要占用一个人50%的精力。数据专员组长负责以下工作：

（1）代表拥有方业务职能参与数据域委员会对所拥有数据域的管理

该业务职能产生并依赖该数据域内的数据。这样做的理论基础是：如果某些数据对于某业务职能不重要，则该业务职能不产生相关数据。

（2）推动举办数据域的各类活动，并督促委员会成员参与

● 推动举办各类活动，意味着参与者要就所需开展的工作、数据管理任务及优先级等达成一致意见。

● 委员会成员的参与对于开展工作非常重要，数据专员组长需要协助他们持续参与各项工作。有些业务型数据专员可能会优先考虑其他活动，而轻易地放弃参与数据域委员会的活动。这可能导致只有少数业务型数据专员定期参与委员会活动，而且活动所做决策不能反映所有利益相关者的利益诉求。

（3）汇报委员会的目标、工作进展和风险

因为目标是由负责数据域委员会的管理层确定的，所以数据专员组长需要与数据域委员会经理一起，将这些高层目标细化为数据域委员会层级的具体目标，并且汇报相关的进展情况。为了实现这些具体目标，需要制定相应的行动计划。最后，还需要汇报危及达成目的和目标的风险。例如，如果一定数量的业务型数据专员不参与委员会工作，就会存在委员会决策不能反映所有利益相关者最佳利益的风险，这种风险就必须进行汇报。

（4）提出解决方案

- 在数据认责专委会主持下，与其他的数据专员组长一起讨论工作问题，并就如何缓释风险提出解决方案。当风险和问题不能在数据认责专委会解决时，数据专员组长（再次与数据域委员会经理一起）根据需要向数据治理委员会和业务职能汇报，以推动问题解决。

数据域委员会经理是一个全职岗位（角色），可以代表多个数据域委员会。数据域委员会经理应该重点关注讨论的具体任务，其责任是：

- 监督委员会的日常工作，遵守企业的政策、架构、流程和工具等相关要求。许多其他团队会跟数据域委员会进行互动，并提出在这些领域需要数据域委员会遵循的专业要求。例如，可能有企业制度规定了如何确定元数据（命名、定义的质量、所有业务数据元素名称是否必须是唯一的），以及（从架构的角度来看）授权数据供应点必须与数据域一致。也可能有些规则正式批准和强制使用相关工具（业务术语表、元数据存储库、数据剖析）。数据域委员会经理负责确保委员会在做出决策时，遵守和关注这些要求。
- 支持数据专员组长的会议计划、行政安排、行动项目跟踪和推动会议落实。虽然数据专员组长负责这些工作，但许多工作没有（至少一开始没有）开展过。此外，数据专员组长除了领导数据域委员会外，还负责其他工作。因此，数据域委员会经理要具备这方面经验，同时，还期望能提供数据专员组长需要的其他帮助。

业务型数据专员由代表其业务职能的数据总监（理事）任命。根据需要，该岗位要确保有 10%～25%的时间参与委员会工作。如果业务型数据专员是目前某些工作（项目、监管、分析或其他目的）正在处理数据方面的专家，那么为向当前活动提供需要的输入内容，可能会占用大量时间，甚至偶尔会超过 25%的占比。业务型数据专员的责任：

- 为数据域的定位和功能，提供其专业领域内的知识作为输入内容。这些输入内容通常是他们非常了解的业务数据元素和相关元数据，以及在数据域职责中应该包含哪些其他信息或相关业务数据元素。
- 作为业务职能的联系人，根据需要提供输入信息。如前所述，业务型数据专员最重要的角色之一是所在业务职能的代表。对于专员不确定的事情，咨询业务职能（特别是数据总监）至关重要。

【实用建议】

与业务职能驱动的数据专员制度一样，重要的是不要让业务型数据专员不堪重负。如果治理的大量数据需求，需要某个或少数业务型数据专员的专业知识，这可能成为瓶颈。此时，必须相应调整专员的工作时间。

【说明】

数据域委员会中业务型数据专员成员必须代表数据生产者、消费者和利益相关者。

11.6　数据域驱动的数据治理关键活动

由数据域推动的五种主要数据治理活动可以产生有益的效果。通过关注数据域的这些活动，可以对数据的正确定义、质量和使用等做出决策。数据域委员会的工作议程都是由数据生产者和消费者的需求驱动。这些活动包括：

（1）建立标准的业务术语表和元数据

跨数据域管理的业务数据元素组成了企业级"术语表"。这个术语表需要包括企业使用高优先级的术语，并且必须遵循企业设置的规则。该规则规定哪些术语可认为是高优先级并需要进行治理和管理。此外，还必须遵循创建元数据的规则。这些规则包括命名约定、定义标准、数据质量规则标准、正确使用标准化的合规和隐私评级，以及其他应以标准化方式创建和管理的元数据。

（2）使用数据控制框架

可以（也应该）对数据域中的数据，使用标准化的数据控制框架。数据域委员会可以识别需要控制哪些数据，以及适宜采取哪些控制方式。

（3）识别和建立授权数据供应点

为域内的数据提供单个（或少量）授权数据供应点是一个好目标。很少存在囊括跨域的所有数据的存储库，但是数据域委员会可以与技术型数据专员和架构师合作，确定该域管理数据的"最佳"数据来源，以及是否可以将它们组合为一个授权数据供应点。即使不可行的，至少应该识别和记录"黄金来源"（最值得信任和受控的数据来源）。

（4）管理数据质量问题

因为数据域委员会处理许多与该域管理数据相关的工作，了解和解决这些数据的质量问题是委员会的主要职责。这不仅包括参与评估数据剖析的结果，还包括帮助识别根本原因、记录问题以及参与制定解决方案。该解决方案不仅修复现有数据，而且防止再次重现问题数据。

（5）评估和解决监管、审计的数据问题

多数大企业（以及许多小型企业）都受到严格的监管。监管机构会评估企业正在做什么，其中很多评估都是围绕数据开展的，包括数据应用或数据完整性验证流程中存在的弱点。监管机构发现的问题是企业必须处理的最重要的问题，因此这类问题对于数据域委员会开展活动十分重要。这类问题可能包括业务定义不清晰和不知道含义的数据、质量不佳或必须进行管控但未进行控制的数据，以及未知或不满足监管合规要求的数据质量情形。当这类问题与委员会管理的数据有关时，它们对数据域委员会来说都会变得非常重要。相比而言，审计问题的重要性稍微弱一点。虽然审计人员没有监管机构的执行（和惩罚）权，但他们的工作是在外部机构和监管机构之前发现问题。他们还会发现可能给企业带来各种风险的问题。审计人员作为"第三道防线"，通过在问题恶化之前发现它们，来保护企业的业务。因此，审计的"发现"也必须纳入到数据域委员会处理的最重要的工作议程中。

【说明】

在讨论企业风险时，通常会提到"三道防线"。第一道防线是业务职能，他们必须识别风险，并承担管理风险的责任；第二条防线是风险管理组织（可以采取多种形式），以确保业务职能履行其职责；如前所述，审计职能是第三道防线。

11.7   数据域驱动的数据认责需要一个成熟的组织

虽然使用数据域来管理业务数据元素可以更容易创建共享的企业级术语表，以及按逻辑分类管理数据。然而，这绝不意味着建立和维护一个高效协助的工作环境和相当成熟的数据治理组织是一件易于实施的工作。要想成功，达成如下目标是必要的。

（1）对公共的数据域集合达成一致，包括其层次结构

数据域不仅需要覆盖企业的所有重要业务种类，而且需要子数据域的颗粒度能足以实现每个业务数据元素都由一个数据域（和数据域委员会）管理。将代表各业务职能的人员组织在一起，建立数据域的组织结构是一项重大任务，企业必须有意愿来完成这项任务。虽然不是严格要求一步到位建立需要的所有数据域，也应该试着建立能涵盖尽可能多的业务职能。因为一旦发现缺少大量数据域，后续想要重新"聚集人气"的难度非常大。此外，一旦业务数据元素被关联到的数据域组织结构，也会越来越难再重组数据域的结构，再将业务数据元素移动到新数据域。成熟的组织能够对设置哪些数据域是适宜的，以及应该如何组织其结构有更好的见解。

（2）定义业务数据元素

寻找企业术语表的原始"种子"也可以是一项重要工作。如果各业务条线或业务职能都已有自己的业务术语表，那么这项工作就包括收集这些业务数据元素、分析它们的定义、删除这些术语表中重复的业务数据元素，以及就纳入企业术语表的业务数据元素达成一致。如果企业没有完善的业务术语表来使用，那么也可以使用所在行业的通用术语，例如，金融服务行业的"FIBO"或保险行业的"ACORD"。即使确实有企业业务术语表，考虑"行业标准"术语表通常也是明智的。因为可以思考一下企业的"具体"业务数据元素是否与行业"标准"术语真的不同。成熟的组织将拥有自己的业务术语表，以及用于命名和定义业务数据元素的可行且经过验证的标准。

（3）将业务数据元素关联到单个数据域

业务数据元素是需要管理的，并且由它所归属的数据域所在的数据域委员会负责管理。为了降低复杂性，每个业务数据元素应该只关联到单个数据域。有关一个业务数据元素应该归属哪个数据域的争论相当激烈，特别是早期定义的数据域层级颗粒度不够细的阶段，从而

无法"显而易见"地正确为它选择数据域。成熟的组织将有现成的业务流程来检查、讨论和解决业务数据元素关联建议之间的差异。

（4）识别业务型数据专员

识别业务型数据专员社区中专员的专业知识（通常可以从业务条线数据治理组获取），并将他们关联到相关数据域委员会。成熟的组织将会在各业务职能中识别具有专业知识的业务型数据专员，从中挑选参加数据域委员会的业务型数据专员。

【说明】

一个数据域组织结构可能不正确的警告信号，使一个业务型数据专员（具备业务职能的专业知识）最终成为了多个没有关联的数据域委员会的成员。

（5）识别和指派数据域委员会经理

识别和指派数据域委员会经理，由其来负责管理每个数据域的数据域委员会。这些经理们在协调他们的工作的同时，监督数据域委员会的业务型数据专员。他们通常是委员会负责的数据域中具备专业知识的资深人员。数据域委员会的业务型数据专员与数据域委员会经理间有一条"虚拟"的汇报路径，但正规路径是向其所在业务条线汇报，并且可能仍然参与业务条线的数据认责专委会的工作。成熟的组织更愿意让高级管理人员投入时间来担任数据域委员会经理，并促使业务职能的业务型数据专员除了承担部门日常工作外，还能参与企业级数据域委员会工作。

【创建数据域】

创建新的数据域需要深思熟虑和规范描述数据域的元数据。在面对新数据域要管理哪些数据，以及在现有数据域组织结构中处于哪个位置时，就需要深思熟虑。通常，创建一个新的数据域需要数据域委员会经理以及涉及的所有数据域数据专员组长一致同意。

除了数据域名称外，还必须确定以下内容：

- 目的：通常，创建一个数据域的理由包括：需要管理一个不"适合"纳入现有数据域的新数据集。发现数据域颗粒度失效，且必须处理。例如，初始的数据域中已经处理了"参与方"信息，但很明显，"个人"参与方（自然人）和非个人参与方（组织、法人）之间存在很大的差异。某组织的非个人参与方（称为"公司"）数据与个人参与方数据由不同团队负责管理。因而，需要有独立的数据域委员会中一群不同的业务型数据专员。另一家企业，两类参与方数据都由一组专员管理，但两者的业务数据元素、数据质量控制、隐私控制和来源方面存在很大的差异，因此有必要将两类数据分离到不同的数据域中管理。
- 数据域的层级结构：需要确定新的数据域是否具有父数据域（个人参与方的父数据域是参与方）以及哪个数据域是其父数据域。通常可以依据创建数据域的原因做出相当直接的决定。
- 要管理的数据集是新的：对应的数据域将是一个"层级 1"（顶级）域。
- 数据域颗粒度失效：父数据域将被分割为子数据域，它们在数据域层级结构中比原数据域低一级。

- 数据域委员会：需要确定新数据域是否可以由已有数据域委员会来管理，还是否需要创建新的数据域委员会（成员是不同的业务型数据专员）。如果是基于新数据集来创建数据域，则更有可能创建新的数据域委员会。数据域颗粒度失效很可能是该域与父数据域在同一个数据域委员会，尽管可能委员会需要添加额外的成员代表。
- 授权数据供应点或其他数据源：数据域的理想情形是它具有单个授权数据供应点。如果是这种情况，则应确定并记录这个物理应用系统、数据存储库或其他位置信息。即使没有单个授权数据供应点，通常也认为有一个小的数据来源组是可信的，因此也应将其记录下来。

11.8 小结

由于业务职能驱动的业务型数据专员管理数据导致了碎片化的数据，一种更全面的方法得到了业界的普遍认可。这种方法就是"数据域"：使用称为"数据域"的逻辑数据分组，来分类和管理业务数据元素已经变得非常普遍，特别在数据治理能力成熟的企业。这些数据域及其管理的业务数据元素和相关元数据一起，实现了降低数据管理的碎片化，并且更可能推动形成了一种数据管理的通用方法。此外，数据管理流程变得更严格、文档更完整，并且进一步减少对允许个人创建自用流程的依赖。但是，采用数据域管理数据，则需要更多工作量和资源，特别是创建初始数据域并将业务数据元素关联到单个数据域的过程。

数据域还推动了以更标准化的方式执行关键数据治理活动。这些活动包括创建业务术语表和元数据、遵守数据控制框架、确定授权数据供应点、管理数据质量问题以及处理监管和审计问题。

数据域由数据域委员会管理，该委员会由数据专员组长和参与的业务型数据专员组成，所有委员会成员来自业务职能或利益相关者，他们产生、消费数据域所管理的数据。数据专员组长负责协调委员会的各项活动，并与全职的数据域委员会经理一起工作。数据域经理的职责是负责委员会的日常行政工作，并确保委员会的各项工作与企业的政策、流程和工具保持一致。如第 3 章"认责管理的角色与职责"所述，数据专员组长与数据专员委员会的其他数据专员组长和企业级数据专员一起工作。

附录

附录 A　定义及派生规则示例

1."唯一报价成交比率"的定义

促成交易的唯一是完整的报价比率（以百分比表示）。当保单由该报价产生并且报价因此确定生效时，视为交易完成。

"唯一报价成交比率"可用于保险和销售中作为产品整体竞争力的衡量标准。比率的突然变化可能表明竞争条件突然改变。此外，该比率帮助销售经理和销售人员了解每月有多少报价实际上已经成交，从而了解提供报价所做的工作实际上产生了多少新业务。

该业务数据元素不考虑报价的代理归属权，"代理唯一报价成交率"会考虑此问题。

2."唯一报价成交比率"的计算方法

"唯一报价成交比率"是通过在给定时间段内将实际成交的报价（导致出具保单）数量除以该时间段内的唯一且完整报价数量来确定的。所有账户（包括主账户）都将被计算在内。

实际成交的报价是通过查找那些已出具保单并附有保单号码的报价来确定的。

完整的报价是指提供了最小数量的信息并生成了保费的报价。对于汽车、摩托车和水上交通工具的报价，这意味着至少产生了 BI 保费。对于 HO、CEA 和租赁报价，这意味着生成了 C 保费。对于个人责任险，这意味着已为伞形责任险承保生成了保费。请注意，由于这是在伞形责任险上唯一提供的保障，因此任何保费都表明了完整性。

唯一的报价被视为针对特定类型的保险业务为某个客户（根据姓名和地址确定）提供的报价。

附录 B　培训计划大纲范例

B1　技术型数据专员培训

1. 数据治理

● 代表企业处理所有与数据和元数据有关的事项。

- 元数据：定义、派生规则及创建和使用业务规则。
- 数据质量：检查、整改、制定数据质量规则以及适当使用。
- 数据相关的政策和程序。
- 倡导数据质量的改进和发起项目。
- 发起方法论变革以确保元数据的记录并保护数据质量。
- 参与数据治理和数据认责的人员对数据质量和元数据负有责任。
- 数据治理委员会成员是具有决策能力的高层人员。
- 数据认责专委会成员是熟悉数据并能就数据问题提出建议的专业人员。

2. 业务所有权和 IT 所有权

- 业务拥有数据。
  - 业务负责数据定义、派生规则、数据质量、数据清理的资金和质量改进。
  - 业务所有权是通过数据治理和数据监管努力实现的。所有拥有数据的业务职能（包括 IT）都有代表参与。
  - 战略揭示数据定义和使用方面的差异。
- 业务所有权。
  - 拥有业务数据元素的业务职能或数据领域也拥有元数据（定义、派生规则、制定数据质量规则以及创建和使用业务规则）。未经拥有业务职能或数据领域的许可，不得更改。
  - 拥有者的确定是通过"谁会关注"来确定。如果业务数据元素的含义、允许值或格式或质量发生改变，通常只有一个业务职能或数据领域会受到重大影响。
- IT 拥有系统和应用程序。
  - 制定元数据和数据质量的信息政策。
  - 确保系统运行满足业务要求。
  - 确保系统在其能力范围内保护数据和数据质量。
  - 确保系统保护数据完整性。

3. 业务数据认责

- 业务型数据专员。
  - 被数据治理委员会成员指定为其业务职能的代表。
  - 拥有已经存在的角色，并被正式指定为专员。也就是说，业务型数据专员通常被同行认可为具有数据专业知识的人。
  - 是有权回答关于含义和规则问题的人。
  - 可以获得数据分析师的支持从而回答问题。
  - 可以执行他们的决定。
  - 批准所监管的业务数据元素的拟议更改。未经业务型数据专员批准，不得更改数据元素和元数据。
  - 从每天使用数据并直接受到决策影响的数据分析师处获取信息。这些分析师通常知道数据质量问题的存在，或者哪些决策可能会对业务数据元素的质量产生负面影响。

- 业务型数据专员是数据认责专委会的一部分。该委员会：
  - 负责日常的数据认责决策，并协调业务型数据专员的整体工作。
  - 决定哪个业务职能或数据域拥有业务数据元素。
  - 共同努力确定"新"术语是否实际上是新的或重复的。
  - 支持项目分析师。
  - 审查并提出与数据相关的流程变更建议。

4. 技术数据认责

- 技术型数据专员。
  - 负责 IT 数据治理的发起。
  - 是一组具有系统知识的 IT 支持人员。
  - 具备对系统、ETL、存储（例如，操作数据存储）、数据仓库和数据集市、商业智能和代码的洞察力和专业知识。
  - 回答数据"为什么变成这样"的技术问题。
  - 负责通过信息系统生成数据，以支持业务流程。
  - 支持影响分析，以了解提议的变更的范围。这包括正在进行的项目以及临时查询。
  - 协助提供信息链的理解。
  - 负责警告业务，如果变更会导致应用程序、系统或流程发生问题。
- 每个重要系统、应用程序和技术流程（ETL）都有一个技术型数据专员。
- 如果一个业务数据元素经历多个系统或应用程序，可能存在多个技术型数据专员。
- 技术数据认责常常会将一个已经存在的角色正式化。
- IT 拥有实施业务流程的系统、应用程序和流程，这些不能在没有技术数据认责的批准下更改。

5. 数据质量、报告和业务流程

- 在没有技术数据认责的情况下，对系统和应用程序的影响。
- 在没有技术数据认责的情况下，对数据质量的影响：
  - 系统设计错误导致数据质量下降。
  - 当字段过载时，数据质量会下降。
  - 难以确定数据质量问题的根本原因，也难以估计解决这些问题的方法。
- 在没有技术数据认责的情况下，对报告的影响：
  - 系统生成的数据无法被系统报告处理。
  - 对源系统或 ETL 的更改没有经过报告影响的审查。

6. 在没有技术数据认责的情况下，对业务流程施加影响

- 提出并实施了新流程，但现有的系统和应用程序无法支持。这可能会导致数据损坏和数据字段的误用。

- 业务流程拥有方必须与技术数据认责合作，了解：
  - 建议更改哪些流程和数据。
  - 解决哪些业务问题以及这些问题的重要性。
  - 建议的技术解决方案是什么，对下游系统和流程有什么影响。

7. IT 在数据治理和数据认责中的作用

- 支持数据治理工具和应用程序（例如，业务术语表、元数据库、数据剖析、自动数据清理、Web 门户）。
- 数据保管员（即备份、优化、访问权限、物理实现、数据清理执行、数据安全实施）。
- 变更管理：
  - 通知业务型数据专员。
  - 引入技术型数据专员。
  - 进行影响分析并进行沟通。
  - 数据专员为产生数据质量负面影响的变更签字。
- IT 支持和发起方：
  - IT 发起方代表并支持 IT 中的数据治理和数据管理，并提供资源（即数据技术专员、工具支持和数据保管员）。
  - IT 发起方是一位备受尊重和倾听的领导人。发起方还有一个与数据和数据结构密切合作的组织。
  - IT 发起方直接负责向业务交付解决方案。

B2　项目经理培训

1. 数据治理

- 代表企业处理所有与数据和元数据有关的事项：
  - 元数据：定义、派生规则及创建和使用业务规则。
  - 数据质量：检查、整改、制定数据质量规则以及适当使用。
  - 数据相关的政策和程序。
  - 倡导数据质量的改进和发起项目。
  - 发起方法论变革以确保元数据的记录并保护数据质量。
- 参与数据治理和数据管理的人员对数据质量和元数据负有责任。
- 数据治理委员会成员是具有决策能力的高层人员。
- 数据认责委员会成员是了解数据的专业人员，可以就如何纠正数据问题提出建议。

2. 业务所有权（业务拥有数据）

- 业务负责数据定义、派生规则和数据质量，资助数据清理和质量改进。
- 通过数据治理和数据管理的努力实现业务所有权。所有拥有数据的业务职能（包括 IT）均有代表。
- 策略是揭示数据定义和使用的差异。

3. 业务所有权

- 拥有商业数据元素的业务职能也拥有元数据（定义、派生规则、数据质量规则以及创建和使用业务规则）。未经拥有方许可，这些不能更改。
- 拥有方的确定基于"如果元数据更改，谁会关心"。通常，如果业务数据元素的含义、允许值或格式、质量发生变化，其中一个业务职能将受到重大影响。

4. 业务数据认责

业务型数据专员：

- 由数据治理委员会成员指定，代表他们的业务职能。
- 承担的角色已存在，指定专员是为其角色正式化。也就是说，业务型数据专员通常是被同行认可的对数据具有专业知识的人。
- 是关于含义和规则问题的权威。
- 可以获得数据分析师的帮助来解决问题。
- 可以强制执行他们的决定。
- 批准所管理的业务数据元素的提议的变更。未经业务型数据专员批准，数据元素和元数据不能更改。
- 获得每天使用数据分析师的意见，这些分析师直接受到决策的影响。这些分析师通常知道数据质量问题或者知道决策可能会对业务数据元素的质量产生负面影响。

5. 数据认责专委会

- 检查定义、派生规则、数据质量规则以及创建和使用商业规则，并确定每个元数据的官方版本。
- 决定哪个业务职能拥有业务数据元素。
- 共同确定"新"术语是否真正是新的还是重复的。
- 支持项目分析师。
- 检查并提出与数据相关的流程更改的建议。

6. 项目数据认责

- 项目型数据专员代表项目对数据的认责。
  - 所有数据治理的交付成果（例如，定义、派生规则、数据质量规则、剖析）。
  - 将结果记录在企业级业务术语表和元数据库中。
  - 与负责的业务型数据专员验证交付成果。
- 项目型数据专员由数据治理提供和培训，但必须由项目提供资金。

7. 在项目中具有数据治理和数据认责的价值

- 收集数据定义。构建一个受认责和可理解的数据定义集有利于所有使用数据的人。这在数据转换和迁移中至关重要。项目型数据管理专员可以向项目交付官方定义，而不必让项目人员参与长时间的讨论。
- 收集数据派生规则。这是计算数字的常规方法。项目可以提供符合官方计算方法的结果。项目型数据管理专员可以向项目交付适当的派生规则，而不必让项目人员参与长时间的讨论。

- 识别和解决数据质量问题。数据质量差可以阻止项目投入生产，及早识别和解决数据质量问题可降低项目风险。
- 检测低质量数据。识别和记录数据质量规则（定义高质量数据的规则）。然后检查数据并与数据质量规则进行比较（称为剖析过程），以便及早发现低质量数据。

8. 调整项目方法论以允许数据治理的交付成果

- 将数据认责活动与项目生命周期保持一致。
- 与项目管理办公室资金职能合作，为数据认责支持预算。
- 对项目进行数据治理交付成果的初始评估：
  - 项目目标。
  - 添加、更改或删除数据以及数据的范围。
  - 项目降低或损害数据质量的可能性。
  - 该项目将影响多少系统。
  - 评估结果得出所需的数据治理工作。
- 项目经理与企业数据专员的初始任务。
  - 在项目计划表中增加数据管理任务（包括数据分析）。
  - 确定数据治理资源（即项目数据管理者和企业数据管理负责人）的时间安排。
  - 帮助项目经理了解数据治理的好处。
  - 确定必须涉及数据治理资源的项目任务（例如，模型审查、接口审查、转换映射、数据质量问题审查等）。
  - 适当的会议邀请。
  - 在必要时规划数据剖析（一般都需要）。
- 需求期间的数据治理任务。
  - 收集和记录数据定义和派生规则。
  - 对业务术语表中的数据进行差距分析。
  - 提供业务术语表中的定义和派生规则给项目。
  - 由业务型数据专员提供新的数据定义和派生规则。
  - 经业务型数据专员批准的数据和元数据记录在业务术语表中。
- 分析和设计期间的数据治理任务。
  - 收集和记录数据质量规则。
  - 分析数据质量问题的范围（剖析数据、剖析结果）。
  - 规划改进和低质量数据的影响。
- 质量保证期间的数据治理任务。
  - 使用数据质量规则编写和执行质量保证测试用例。
  - 使用定义编写和执行质量保证测试用例，包括屏幕是否显示基于定义的预期数据、正确的有效值集和显示相同数据的多个字段。

- 设计期间的数据治理任务。评估提议的解决方案对数据质量的潜在影响。问题可能包括重用现有字段、过载字段、现有代码值，缺乏数据完整性检查字段、将字段内容更改为违反现有数据质量规则和将字段内容更改为不同的粒度。

附录 C　用于命名业务数据元素的类词

类词表

必须严格按照企业标准命名业务数据元素，第 6 章"数据认责实践"中提供了一个示例。除了此处用于描述的名词和修饰词，名称应以"类词"结尾，以帮助理解业务数据元素描述的数据类型。多年来有许多使用的类词，表 C.1 就是一个比较好的示例。

表 C.1　用于命名业务元数据的类词

类词	定义
金额	数量的数字表达式，精确到小数位，表示基本数量，例如，贷款总额
余额	基本金额的总和，例如，贷款费用应计余额
代码	用于表示特定含义的字母和/或数字的体系（分类方法），有时用于企业内部理解，例如，州代码：CA
频数	给定一个单位或样本中所有物品的总数，可以通过对所有物品或其子样品进行计数来获得
日期	仅包含日历日期的时间点（即不包含时间戳以及一天中的时间）
描述	描述或定义某事物的自由格式文本，如参与方角色描述
标识符	用一组唯一的数字或字母作为某事物的唯一标识，大多是由计算机系统内制造，在某些情况下是自然生成的
指标	布尔值（Y 或 N，0 或 1）也可用于表示标志或开关
名称	人员、地点或半结构化事物的名称
编号	用于标识某物的数字或数字和/或其他符号的组合。这些标识符是自然出现的，并且在企业中容易被理解，例如，分行号、账号
百分比	显示为百分率或比例的数值
级别	用于表示特定标准的事物相对地位或位置的数字
比率	一种数字利率（汇率、利率等），由带有小数位数的数字表示，并且可以包含多精度数字
比值	一个值或者与另一个值的比，用于具体表示两个数量之间的关系
半结构化	表示半结构化的数据，例如，XML 或 JSON 数据
序列	计数顺序的数字表达式，专门用于指示一组数据的顺序
期间	表示协议生效时长的时间段
文本	没有特定格式或结构的自由格式文本，不是专门针对某事物，但通常提供有关某类事物的特定出现的信息，例如，地址文本
时间	仅包括一天中的时间且不包括日期的时间点
时间戳	包含日历日期以及一天中时间的时间点
非结构化	表示没有结构的数据、原始数据或二进制数据